ライブラリ新数学大系＝E20

多変量解析法入門

永田　靖・棟近雅彦　共著

サイエンス社

サイエンス社のホームページのご案内
http://www.saiensu.co.jp
ご意見・ご要望は　rikei@saiensu.co.jp　まで.

まえがき

　本書は，入門的な統計的方法を習得した方々を対象とした多変量解析法の入門書である．

　多変量解析法は自然科学と社会科学の多くの分野で用いられており，様々な参考書がすでに刊行されている．「数学的な理論をしっかりと解説した本」「おはなし的に手法の概要を解説した本」「事例を集めた本」「多変量解析法の解析ソフトの解説本」などというぐあいに切り口も多様である．パソコンソフトの解説書や事例集は，副読本としては有用だが，多変量解析法の中身を知るには十分でない．理論的な内容がしっかりと記述された本は，線形代数の多くの知識を必要とし，理解することはなかなか困難である．さらに，おはなし的な内容の本は，理解の糸口をつかんだり，すでに持っている知識を深めるためには有効だが，これだけを勉強しても不十分であろう．

　本書では，おはなし的な内容よりももう少ししっかりした理論を知りたいという読者を想定した．さらに，線形代数を用いた理論展開の導入あたりを勉強してみたいという読者も想定した．

　多変量解析法の解析過程の中では，「逆行列」や「行列の固有値・固有ベクトル」を求める作業が登場する．したがって，行列の次数が大きくなると必然的に統計ソフトに頼る必要が生じる．そこで，複雑な解析部分はブラックボックス化して解析ソフトに任せ，データのインプットの仕方と解析結果のアウトプットの見方を理解すればよいという考え方がてっとり早い．しかし，これでは適切な理解と使用にはつながらないと思う．また，いくら複雑だといっても，2次程度の行列計算ならば，どのような形で解析を進めていくのかを電卓などを用いながら確認することができる．そういった作業が，多変量解析法に限らず，統計的方法を適切に理解する際には必要不可欠だと筆者は考えている．

本書では，このような考え方に基づいて，できるだけ簡単な例を用いて理論的な説明を 2 次程度の行列を用いて解説する．こういった執筆方針もすでに多くの参考書で試みられているが，本書では，もっと徹底的に実施する．行列やベクトルの表示を避けて通ることはできないが，「行列やベクトルの成分が具体的に記述されているか」「行列やベクトルがアルファベット 1 文字だけで記述されているか」の違いが初学者にとって理解しやすいかどうかの大きな分かれ目だと思う．本書では，前者に重きをおいて一通りを解説し，その後，一般論として p 次元の場合に触れる．さらに，線形代数を用いた記述も部分的に行う（♣印の付いた章または節）．この部分は，中上級レベルの本へステップアップしようと志す読者にとって基礎知識となるだろう．そこまでの理論的な知識を必要としない読者はこの部分をスキップすればよい．

多変量解析法はいわゆる多変量データの様々な解析法の総称である．多変量解析法の方法論はたくさんあり，データの形式の違いや解析目的の違いなどにより用いる方法が異なる．本書では，入門書という性格を考慮して，できるだけオーソドックスな方法論を解説する．その中でも，「回帰分析」は特に重要であり，その考え方は多くの方法論の基本になるので，「単回帰分析」の内容からていねいに解説する．「単回帰分析」は入門的な統計的方法の中で解説されるべき内容だが，第 4 章で単独の章として取り上げる．「単回帰分析（第 4 章）」と「重回帰分析（第 5 章）」を対比しながら学ぶことでより理解しやすくなると思う．

これらに続いて，「数量化 1 類（第 6 章）」「判別分析（第 7 章）」「数量化 2 類（第 8 章）」「主成分分析（第 9 章）」「数量化 3 類（第 10 章）」「多次元尺度構成法（第 11 章）」「クラスター分析（第 12 章）」を解説する．

第 1 章では，これらの方法が「どのようなデータに」「どのような目的で」適用され，「どのような解析結果が得られるのか」を概観する．

これらの他に，「パス解析」「グラフィカルモデリング」「因子分析」「正準相関分析」「多段層別分析」についても第 13 章で簡単に触れる．これらの方法論も重要だが，ページ数の制限から詳述できないことをご了承いただきたい．

第 2 章では，入門的な統計的方法の内容についてまとめている．第 2 章でこれらの内容を新たに勉強してほしいということではなく，読者がこれらの内容をすでに習得しているかどうかの確認と本書で用いる記号の確認という意味で活用してほしい．

　第 3 章は，♣印の章であり，その後の章で♣印の節を読む際に必要となる線形代数の知識をまとめる．線形代数を用いた理論的な展開について興味のない読者はこの章およびその後の♣印の節をスキップすればよい．

　本書で用いているデータは，説明を容易にするためにサンプルサイズが非常に小さい．実際のデータ解析では十分な大きさではないことに留意していただきたい．

　本書では，解析ソフトとして主に JUSE-StatWorks を用いた（第 11 章については STATISTICA を用いた）．本書で取り上げた方法の多くは，たいていの解析ソフトでサポートされている．

　足立恒雄先生（早稲田大学）から本書の作成の機会を与えていただいた．紙屋英彦先生（岡山大学）には，原稿をていねいに読んでいただき，多くの貴重なコメントをいただいた．また，本書の作成にあたり，サイエンス社の田島伸彦氏と鈴木綾子氏には何かとお世話になった．そして，これまでに多くの先輩・知人の方々からたくさんのことをご教示いただいた．お世話になった方々に心から感謝したい．

2001 年 3 月　　　　　　　　　　　　　　　　　　　　　　　　　著　者

目　　　次

1　多変量解析法とは　　　1

1.1　多変量データ　……………………………………………………1
1.2　重回帰分析とは　…………………………………………………2
1.3　数量化1類とは　…………………………………………………3
1.4　判別分析とは　……………………………………………………4
1.5　数量化2類とは　…………………………………………………5
1.6　主成分分析とは　…………………………………………………6
1.7　数量化3類とは　…………………………………………………7
1.8　多次元尺度構成法とは　…………………………………………8
1.9　クラスター分析とは　……………………………………………10

2　統計的方法の基礎知識　　　11

2.1　データのまとめ方　………………………………………………11
2.2　確　率　分　布　…………………………………………………17
2.3　検定と推定　………………………………………………………25
　練　習　問　題　……………………………………………………30

目 次　　　v

3 ♣ 線形代数のまとめ　　32

3.1 行列とベクトル ... 32
3.2 固有値と固有ベクトル ... 37
3.3 ベクトルによる微分 ... 39
3.4 変数ベクトルの期待値と分散・共分散 ... 40
練習問題 ... 42

4 単回帰分析　　43

4.1 適用例と解析ストーリー ... 43
4.2 解析方法 ... 45
4.3 ♣ 行列とベクトルによる表現 ... 56
練習問題 ... 60

5 重回帰分析　　61

5.1 適用例と解析ストーリー ... 61
5.2 説明変数が2個の場合の解析方法 ... 63
5.3 説明変数が p 個の場合の解析方法 ... 78
5.4 ♣ 行列とベクトルによる表現 ... 83
練習問題 ... 85

6 数量化1類　　87

6.1 適用例と解析ストーリー ... 87
6.2 説明変数が1個の場合の解析方法 ... 88
6.3 説明変数が2個以上の場合の解析方法 ... 93
6.4 説明変数に量的変数と質的変数が混在する場合 ... 97
練習問題 ... 98

7 判別分析　　99

- 7.1 適用例と解析ストーリー ... 99
- 7.2 変数が1個の場合の解析方法 ... 100
- 7.3 変数が2個以上の場合の解析方法 ... 107
- 7.4♣ 行列とベクトルによる表現 ... 116
- 練習問題 ... 118

8 数量化2類　　119

- 8.1 適用例と解析ストーリー ... 119
- 8.2 変数が1個の場合の解析方法 ... 120
- 8.3 変数が2個以上の場合の解析方法 ... 126
- 8.4 変数に量的変数と質的変数が混在する場合 ... 130
- 練習問題 ... 131

9 主成分分析　　132

- 9.1 適用例と解析ストーリー ... 132
- 9.2 変数が2個の場合の主成分分析 ... 134
- 9.3 変数がp個の場合の主成分分析 ... 142
- 9.4♣ 行列とベクトルによる表現 ... 146
- 練習問題 ... 151

10 数量化3類　　152

- 10.1 適用例と解析ストーリー ... 152
- 10.2 数量化3類の基本的な考え方と解析方法 ... 153
- 練習問題 ... 163

11　多次元尺度構成法　　　164

- **11.1**　適用例と解析ストーリー …………………… 164
- **11.2**　非計量 MDS の解析方法 …………………… 165
- **11.3♣**　計量 MDS の考え方 …………………………… 171
- 練習問題 ……………………………………………… 173

12　クラスター分析　　　174

- **12.1**　適用例と解析ストーリー …………………… 174
- **12.2**　変数が 2 個の場合のクラスター分析 ……… 175
- **12.3**　変数が p 個の場合のクラスター分析 ……… 179
- **12.4**　クラスター間の距離 …………………………… 180
- **12.5**　ウォード法 ……………………………………… 181
- 練習問題 ……………………………………………… 185

13　その他の方法　　　186

- **13.1**　パス解析 ………………………………………… 186
- **13.2**　グラフィカルモデリング …………………… 191
- **13.3**　因子分析 ………………………………………… 197
- **13.4**　正準相関分析 …………………………………… 206
- **13.5**　多段層別分析 …………………………………… 212
- 練習問題 ……………………………………………… 216

練習問題の解答 ………………………………………… 218
付　表 ………………………………………………… 233
参考文献 ……………………………………………… 242
索　引 ………………………………………………… 244

第1章

多変量解析法とは

本章では,「多変量解析法とは何か」について概観する.「どのような方法があるのか」「どういう形式のデータに適用するのか」「どのような目的で用いるのか」「どのような解析結果が得られるのか」などについて本書で使用する例を取り上げて説明する.本章の目的は,読者に多変量解析法のイメージを抱いてもらうことである.

1.1 多変量データ

n 個のサンプルのそれぞれに対して p 個の**変数**(変量とも呼ぶ)$x_1, x_2, \cdots, x_p$ の値が観測されているとしよう.これは表 1.1 の形式にまとめることができる.この (サンプル)×(変数) の形式のデータを**多変量データ**と呼ぶ.

多変量解析法で扱う変数は,離散的な値をとるなら**質的変数**,連続的な値をとるなら**量的変数**と区別する.さらに,これらは,表 1.2 に示すように**名義尺度**,**順序尺度**,**間隔尺度**,**比率尺度**に区分される.

表 1.1 多変量データ

サンプル No.	変数(変量)			
	x_1	x_2	$\cdots$	x_p
1	x_{11}	x_{12}	$\cdots$	x_{1p}
2	x_{21}	x_{22}	$\cdots$	x_{2p}
$\vdots$	$\vdots$	$\vdots$		$\vdots$
i	x_{i1}	x_{i2}	$\cdots$	x_{ip}
$\vdots$	$\vdots$	$\vdots$		$\vdots$
n	x_{n1}	x_{n2}	$\cdots$	x_{np}

表 1.2 データの区分

質・量	名称	特徴
質的	名義尺度	性別や職業などのようにカテゴリーの違いだけを表す
質的	順序尺度	優・良・可・不可のように順序に意味があるが,カテゴリー間の差は同じでない
量的	間隔尺度	温度のように,順序も間隔も意味があるが,原点の位置はどこでもよい
量的	比率尺度	長さや重さのように,間隔尺度であり,そして原点が定まっている

1.2 重回帰分析とは

表 1.3 は東京のある駅の徒歩圏内の中古マンションに関するデータである．

表 1.3 中古マンションのデータ

サンプル No.	広さ x_1 (m²)	築年数 x_2 (年数)	価格 y (千万円)
1	51	16	3.0
2	38	4	3.2
3	57	16	3.3
4	51	11	3.9
5	53	4	4.4
6	77	22	4.5
7	63	5	4.5
8	69	5	5.4
9	72	2	5.4
10	73	1	6.0

このデータに基づいて知りたいことは次の通りである．

(1) 価格は広さと築年数とによって予測できるだろうか．
(2) 予測できるとすればその精度はどのくらいか．
(3) 同じ地区で $x_1 = 70$, $x_2 = 10$, $y = 5.8$ を提示された．価格は妥当か．

表 1.3 のデータを重回帰分析で解析することにより次のことがわかる．

(1) 回帰式は次のように推定される．

$$\hat{y} = 1.02 + 0.0668 x_1 - 0.0808 x_2$$

築年数が同じなら広さが 1m² 増加するとき価格は 66.8 万円高くなり，広さが同じなら築年数が 1 年経つとき価格は 80.8 万円減少する．
(2) 自由度調整済寄与率は 0.933 であり，回帰式の精度は十分高い．
(3) $x_1 = 70$, $x_2 = 10$ を代入すると $\hat{y} = 4.89$ となる．また，信頼率 95% の予測区間を求めると (4.21, 5.57) を得る．したがって，この物件が 5.8（千万円）なら，相場より高い．

1.3 数量化1類とは

　表 1.4 は大学卒業時の総合成績 y，線形代数の成績 x_1 およびサークル所属の有無 x_2 のデータである．x_1 と x_2 は共に質的変数である．

表 1.4　成績のデータ

サンプル No.	線形代数 x_1	サークル x_2	総合成績 y
1	優	所属	96
2	優	所属	88
3	優	無所属	77
4	優	無所属	89
5	良	所属	80
6	良	無所属	71
7	良	無所属	77
8	可	所属	78
9	可	所属	70
10	可	無所属	62

このデータに基づいて知りたいことは次の通りである．

> (1) 総合成績は線形代数の成績とサークル所属の有無より予測できるか．
> (2) 予測できるとすればその精度はどのくらいか．
> (3) 例えば，線形代数が優でサークルに無所属の学生の総合成績はどのように予測されるか．

すなわち，説明変数が質的変数のときに重回帰分析と同様の目的で解析を行いたい．表 1.4 のデータを数量化1類で解析することにより次のことがわかる．

> (1) 回帰式は次のように推定される．
> $$\hat{y} = 83.0 + \begin{Bmatrix} 0 & (優の場合) \\ -10.0 & (良の場合) \\ -19.0 & (可の場合) \end{Bmatrix} + \begin{Bmatrix} 0 & (無所属の場合) \\ 9.0 & (所属の場合) \end{Bmatrix}$$
> (2) 自由度調整済寄与率は 0.727 であり，精度はそこそこよい．
> (3) 上の回帰式より，線形代数が優でサークルに無所属の学生の総合成績の予測値は $\hat{y} = 83.0$ となる．

1.4 判別分析とは

表 1.5 は健常者とある疾病にかかっている患者に対する 2 種類の検査値 x_1（量的変数）と x_2（量的変数）のデータである．

表 1.5　健常者・患者の検査値のデータ

サンプル No.	健常者・患者	検査値1　x_1	検査値2　x_2
1	健常者	50	15.5
2	健常者	69	18.4
3	健常者	93	26.4
4	健常者	76	22.9
5	健常者	88	18.6
6	患者	43	16.9
7	患者	56	21.6
8	患者	38	12.2
9	患者	21	16.0
10	患者	25	10.5

このデータに基づいて知りたいことは次の通りである．

(1) 疾病にかかっているか否かを検査値1と検査値2より判別できるか．
(2) 判別できるとすればその精度はどのくらいか．
(3) 例えば，$x_1 = 70$，$x_2 = 19.0$ ならどのように判別されるか．

表 1.5 に基づいて検査値 1・2 による判別方式を構成し，その疾病にかかっているかどうか不明のサンプルの判別を行いたい．表 1.5 のデータを判別分析で解析することにより次のことがわかる．

(1) 判別方式は次のようになる．線形判別関数の推定式 $\hat{z} = -8.843 + 0.158 x_1$ が求まり，個々のサンプルに対して $\hat{z} \geq 0$ なら健常者，$\hat{z} < 0$ なら患者と判別する（検査値2は不要と判断される）．
(2) 本当は健常者なのに患者と誤判別する確率は 0.1075，本当は患者なのに健常者と誤判別する確率も 0.1075 である．
(3) 線形判別式に $x_1 = 70$ を代入すると $\hat{z} = 2.217$ となり，このサンプルは (1) の判別方式より健常者と判別される．

1.5 数量化2類とは

表 1.6 は健常者とある疾病にかかっている患者に対する吐き気の程度 x_1（質的変数）と頭痛の程度 x_2（質的変数）のデータである．

表 1.6 健常者・患者の症状のデータ

サンプル No.	健常者・患者	吐き気 x_1	頭痛 x_2
1	健常者	無	少
2	健常者	少	無
3	健常者	無	無
4	健常者	無	無
5	健常者	無	無
6	患者	少	多
7	患者	多	無
8	患者	少	少
9	患者	少	多
10	患者	多	少

このデータに基づいて知りたいことは次の通りである．

> (1) 疾病にかかっているか否かを吐き気と頭痛より判別できるか．
> (2) 判別できるとすればその精度はどのくらいか．
> (3) 例えば，吐き気が無く，頭痛が多い人はどのように判別されるか．

すなわち，変数が質的変数のときに判別分析と同様の目的で解析を行いたい．表 1.6 のデータを数量化2類で解析することにより次のことがわかる．

> (1) 線形判別関数の推定式は次のように求まる．
> $$\hat{z} = 12.80 + \begin{Bmatrix} 0 & (\text{吐き気が無}) \\ -9.60 & (\text{吐き気が少}) \\ -20.80 & (\text{吐き気が多}) \end{Bmatrix} + \begin{Bmatrix} 0 & (\text{頭痛が無}) \\ -6.40 & (\text{頭痛が少}) \\ -14.40 & (\text{頭痛が多}) \end{Bmatrix}$$
> 各サンプルに対して $\hat{z} \geq 0$ なら健常者，$\hat{z} < 0$ なら患者と判別する．
> (2) 判別表の作成より，本当は健常者なのに患者と誤判別した割合は 0，本当は患者なのに健常者と誤判別した割合は 0 となる．
> (3) 吐き気が無く頭痛の多い人は $\hat{z} = -1.60$ となり，患者と判別される．

1.6 主成分分析とは

表 1.7 は，4 教科の試験の成績である．すべて量的変数と考える．

表 1.7　試験の成績のデータ

生徒 No.	国語 x_1	英語 x_2	数学 x_3	理科 x_4
1	86	79	67	68
2	71	75	78	84
3	42	43	39	44
4	62	58	98	95
5	96	97	61	63
6	39	33	45	50
7	50	53	64	72
8	78	66	52	47
9	51	44	76	72
10	89	92	93	91

この（4 次元）データに基づいて知りたいことは次の通りである．

(1) 主成分の構成により低い次元でデータを解釈できないか．
(2) それぞれの主成分の説明力はどれくらいか．
(3) 科目や生徒の特徴付けおよび分類をどのようにできるか．

表 1.7 のデータを主成分分析で解析することにより次のことがわかる．

(1) 主要な主成分として次の第 1 主成分 z_1 と第 2 主成分 z_2 を得る．

$$z_1 = 0.487u_1 + 0.511u_2 + 0.508u_3 + 0.493u_4$$
$$z_2 = 0.527u_1 + 0.474u_2 - 0.481u_3 - 0.516u_4$$

ここで，u_j は変数 x_j を標準化したものである．

(2) z_1 の寄与率は 0.680，z_2 の寄与率は 0.306 である．第 2 主成分までの累積寄与率は $0.680 + 0.306 = 0.986$ である．
(3) 係数の値より，z_1 は「総合的学力」，z_2 は「文系・理系の学力の違い」を表すと解釈できる．各生徒に対して z_1 と z_2 を計算することにより，生徒の特徴付けや分類ができる．

1.7 数量化3類とは

表 1.8 は，児童 10 人の得意科目のデータである．各科目は，各サンプルに対して○印が「あるか」「ないか」のいずれかなので，質的変数と考える．

表 1.8 児童の得意科目のデータ（○印が得意科目）

児童 No.	国語	社会	算数	理科	音楽	図工	体育
1	○			○	○		
2			○		○	○	
3	○						○
4	○	○	○	○			
5		○					○
6				○	○	○	
7			○	○	○		
8	○	○		○			○
9			○			○	○
10	○	○	○	○			

このデータに基づいて知りたいことは次の通りである．

> (1) 科目と児童に数量を与え，低い次元でデータを解釈できないか．
> (2) そのような数量化によって説明力はどれくらいあるか．
> (3) 科目や児童の特徴付けおよび分類をどのようにできるか．

表 1.8 のデータを数量化 3 類で解析することにより次のことがわかる．

> (1) 科目に与える主要な数量として成分 1 ($-0.581, -0.840, \cdots, -0.949$) と成分 2 ($-0.336, -0.335, \cdots, 1.000$) を得る．一方，児童に与える主要な数量として成分 1 ($0.167, 1.120, \cdots, -0.291$) と成分 2 ($-0.179, 0.397, \cdots, -0.616$) を得る．
> (2) 成分 1 の寄与率は 0.437，成分 2 の寄与率は 0.218 である．成分 2 までの累積寄与率は $0.437 + 0.218 = 0.655$ である．
> (3) 各科目と各児童に与える数量を散布図に描くことにより，科目や児童の特徴付けや分類ができる．

1.8 多次元尺度構成法とは

表 1.9 は，10 種類の自動車についてある評価者が，10 段階の尺度で類似性を評価したデータである．値が大きいほど似ていることを示す．

表 1.9 自動車の類似性のデータ

	1	2	3	4	5	6	7	8	9	10
1. クラウン	10									
2. セドリック	9	10								
3. サニー	6	7	10							
4. マーク II	7	9	8	10						
5. カローラ	5	6	8	8	10					
6. スカイライン	2	3	6	3	6	10				
7. マーチ	2	3	5	4	7	6	10			
8. ヴィッツ	1	2	4	3	5	5	9	10		
9. RAV4	1	1	2	1	3	3	7	8	10	
10. パジェロ	2	3	3	4	5	2	5	5	4	10

このデータに基づいて知りたいことは次の通りである．

(1) この評価者は，自動車のどのような特徴を考慮して似ている・似ていないを判断しているのか．その特徴は何項目ぐらいあるのか．
(2) その特徴に基づいて自動車をグルーピングできないか．

表 1.9 に基づいて対象間の類似性を距離と考えたときに，最も矛盾のないように対象の空間座標を求める．それを散布図（図 1.1）にプロットして，軸を解釈することにより次のことがわかる．

(1) 1 つの軸は「セダン系か RV 系か」を表し，もう 1 つの軸は「年輩者向けか若者向けか」を表すと解釈できる．したがって，この評価者は 10 台の自動車を，「用途」と「好まれる年齢層」という特徴で似ている・似ていないを判断している．

(2) 「セダン系の年輩者向け」がクラウン，セドリック，マーク II,「セダン系の若者向け」がスカイライン,「RV 系の年輩者向け」がパジェロ,「RV 系の若者向け」がマーチ，ヴィッツ，RAV4，そして「中間的な車」としてサニー，カローラというように分類できる．

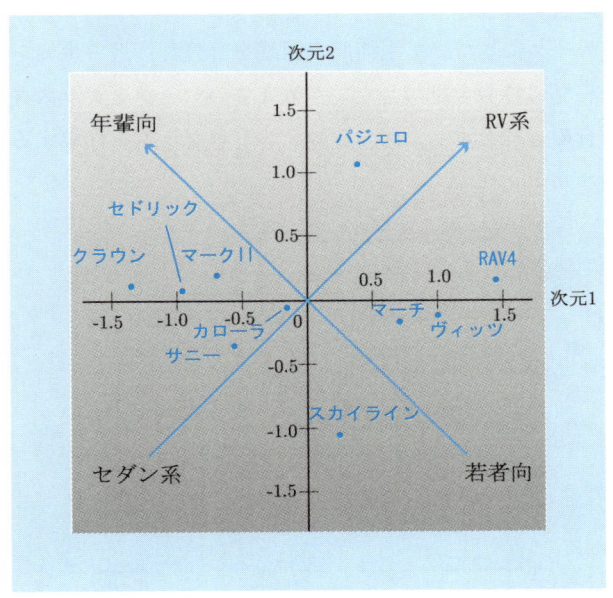

図 1.1　得られた座標のプロット

1.9 クラスター分析とは

表 1.7 に示した 4 教科の試験の成績について考える．
この（4 次元）データに基づいて知りたいことは次の通りである．

(1) 似た能力を持った生徒をグルーピングできないか．
(2) あるグループにはどのような特徴を持った生徒が集まるのか．

表 1.7 のデータに基づいて生徒間の距離を計算し，近い生徒をグルーピングしてグループの特徴を把握したい．表 1.7 のデータをクラスター分析で解析して，統合の過程を示した図 1.2 のデンドログラムを作成することにより次のことがわかる．

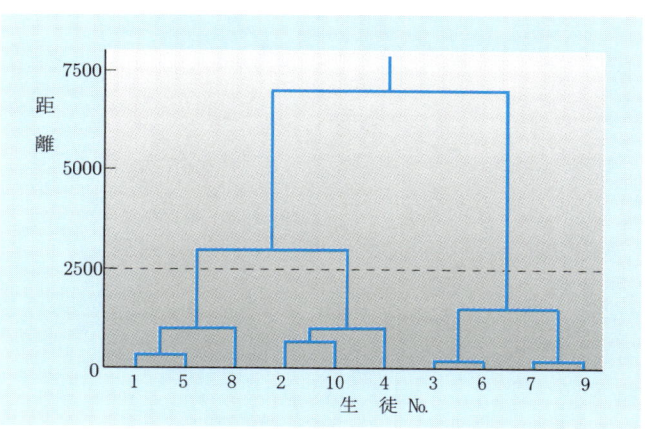

図 1.2　表 1.7 のデータのデンドログラム（ウォード法）

(1) 距離 2500 で切ると，生徒 No. が $\{1, 5, 8\}$, $\{2, 4, 10\}$, $\{3, 6, 7, 9\}$ の 3 つのグループに分けることができる．
(2) $\{1, 5, 8\}$ は総合的学力が高く文系科目の得意な生徒，$\{2, 4, 10\}$ は総合的学力が高く理系科目の得意な生徒，$\{3, 6, 7, 9\}$ は総合的学力の低い生徒である．

第2章

統計的方法の基礎知識

　多変量解析法は変数の個数が増えた場合の統計的データ解析の方法論だから，入門的な統計的方法の考え方や原理を直接的に拡張しているところが多い．本章では，「データのまとめ方」「確率分布」「検定と推定」などの入門的な内容を復習する．

2.1　データのまとめ方

（1）1つの量的変数の場合

　変数 x に関する n 個のデータ $x_1, x_2, \cdots, x_n$ に基づいて，次に示す**基本統計量**を計算する．標本という言葉を付けることもある（例：標本平均，標本分散など）．平均はデータのばらつきの中心位置を表し，それ以外はばらつきの大きさを表す．

平均
$$\bar{x} = \frac{1}{n}\sum_{i=1}^{n} x_i \tag{2.1}$$

平方和
$$S_{xx} = \sum_{i=1}^{n}(x_i - \bar{x})^2 = \sum x_i^2 - \frac{(\sum x_i)^2}{n} \tag{2.2}$$

分散
$$V_x = \frac{S_{xx}}{n-1} \tag{2.3}$$

標準偏差
$$s_x = \sqrt{V_x} \tag{2.4}$$

範囲
$$R_x = x_{\max} - x_{\min} \quad (= \text{最大値と最小値の差}) \tag{2.5}$$

(注1) 平方和を S_x でなく S_{xx} と表示しているのは，この後すぐに S_{xy} という表現を用いるためである．分散 V_x を求める際，平方和を n で割ることもあるが，本書では $n-1$ で割る．平方和 S は大文字，標準偏差 s は小文字で表す．

次に，データの標準化について説明する．

> **標準化** 次の計算を標準化と呼ぶ．
>
> $$u_i = \frac{x_i - \bar{x}}{s_x} \quad (i = 1, 2, \cdots, n) \tag{2.6}$$
>
> 標準化により，$u_1, u_2, \cdots, u_n$ の平均は 0，分散は 1 になる（【問題2.9】を参照）．
>
> $$\begin{aligned} \bar{u} &= 0 \\ V_u &= 1 \end{aligned} \tag{2.7}$$

（2）2つの量的変数の場合

表2.1に示したデータの形式を考える．表1.1に示した多変量データで $p=2$ の場合であり，2つの変数はともに量的変数とする．

表 2.1　2つの量的変数のデータ

サンプル No.	変数 x	y
1	x_1	y_1
2	x_2	y_2
3	x_3	y_3
⋮	⋮	⋮
n	x_n	y_n
平均	$\bar{x}$	$\bar{y}$
平方和	S_{xx}	S_{yy}
分散	V_x	V_y
標準偏差	s_x	s_y

第（1）項と同様にして，x, y ごとに平均や分散などの基本統計量を計算する．さらに，2変数の関連を表す統計量として次の量を計算する．

偏差積和
$$S_{xy} = \sum_{i=1}^{n}(x_i - \bar{x})(y_i - \bar{y}) = \sum x_i y_i - \frac{(\sum x_i)(\sum y_i)}{n} \qquad (2.8)$$

共分散
$$C_{xy} = \frac{S_{xy}}{n-1} \qquad (2.9)$$

相関係数
$$r_{xy} = \frac{C_{xy}}{\sqrt{V_x V_y}} = \frac{S_{xy}}{\sqrt{S_{xx} S_{yy}}} \qquad (2.10)$$

相関係数 r_{xy} は，散布図において x と y の直線的な関連の程度を表すもので，$-1 \leq r_{xy} \leq 1$ を満たす（【問題 2.11】を参照）．r_{xy} が 1 に近いほど「**正の相関が強い**」と呼び，x が増加するにしたがって，y が直線的に増加する傾向が強くなる．r_{xy} が -1 に近いほど「**負の相関が強い**」と呼び，y が直線的に減少する傾向が強くなる．また，r_{xy} が 0 に近いときは**無相関**と考える．$r_{xy} = 1\ (=-1)$ となるのは，n 個のすべての点 (x_i, y_i) が右上がり（左下がり）の直線上にある場合である．注意しなければならないのは，$r_{xy} \fallingdotseq 0$ だからといって x と y に関連がないとは限らないことである．曲線関係にあって，$r_{xy} \fallingdotseq 0$ となることがある．散布図を描いてデータの直線性を確認した上で，相関係数の値を評価することが定石である．

x と y を入れ替えても相関係数の値は同じである．つまり，$r_{xy} = r_{yx}$ である．

2 つの変数 x と y をそれぞれ標準化して，それらから共分散を求めると，それは x と y の相関係数 r_{xy} に一致する（【問題 2.12】を参照）．

$$\begin{aligned} u_{x_i} &= \frac{x_i - \bar{x}}{s_x},\ u_{y_i} = \frac{y_i - \bar{y}}{s_y} \\ \Longrightarrow C_{u_x u_y} &= \frac{S_{u_x u_y}}{n-1} = \frac{\sum_{i=1}^{n} u_{x_i} u_{y_i}}{n-1} = r_{xy} \end{aligned} \qquad (2.11)$$

（3） 2つの質的変数の場合

表 2.1 の形式で，2 つの変数がともに質的変数の場合を考えよう．例えば，x は性別，y は成績（優・良・可・不可）とする．このとき，質的変数を**項目**または**アイテム**と呼び，アイテムのそれぞれの中身を**カテゴリー**と呼ぶ（例：アイテム「性別」は「男」「女」のカテゴリーをもつ）．そのとき，データは表 2.2 の形になる．

表 2.2 2つの質的変数のデータ例

サンプル No.	変数 性別 x	成績 y
1	男	良
2	女	優
3	男	不可
4	男	可
5	女	良
⋮	⋮	⋮
n	女	可

これらは質的変数なので平均や分散を求めることはできない．表 2.2 のデータは表 2.3 に示す**分割表**にまとめることができる．

表 2.3 分割表

項目 x（性別）	項目 y（成績） 優	良	可	不可	合計
男	n_{11}	n_{12}	n_{13}	n_{14}	$n_{1\cdot}$
女	n_{21}	n_{22}	n_{23}	n_{24}	$n_{2\cdot}$
合計	$n_{\cdot 1}$	$n_{\cdot 2}$	$n_{\cdot 3}$	$n_{\cdot 4}$	n

表 2.2 の 2 つの質的変数の関連度合いを表す量として**ピアソンの χ^2 統計量**がある．表 2.3 に基づいて次のように計算する．

ピアソンの χ^2（カイ 2 乗）統計量

$$\chi_0^2 = \sum_{i=1}^{a} \sum_{j=1}^{b} \frac{(n_{ij} - m_{ij})^2}{m_{ij}} \quad (a:\text{行数}, b:\text{列数}) \tag{2.12}$$

m_{ij} は**期待度数**であり，次のように求める．

$$m_{ij} = \frac{n_{i\cdot} \times n_{\cdot j}}{n} = \frac{(\text{行合計}) \times (\text{列合計})}{(\text{総合計})} \tag{2.13}$$

(注2) 2×2分割表（行数，列数がともに2）の場合には，期待度数を別途計算することなく，ピアソンの χ^2 統計量を

$$\chi_0^2 = \frac{n(n_{11}n_{22} - n_{12}n_{21})^2}{n_{1.}n_{2.}n_{.1}n_{.2}} \tag{2.14}$$

と求めることができる．

(2.12)式の χ_0^2 の値の大きい方が2つのアイテムの関連が強いと考えることができる．しかし，χ_0^2 の値は分割表の行数 a や列数 b（2つのアイテムのカテゴリー数）に依存するので，次のような指標を計算することもある．

$$V = \sqrt{\frac{\chi_0^2}{n\{\min(a,b) - 1\}}} \tag{2.15}$$

ここで，$\min(a,b)$ は a と b の小さい方を表す．指標 V は $0 \leq V \leq 1$ を満たす．V を**クラメールの連関係数**と呼ぶ．

（4）**質的変数と量的変数が混在した場合**

表2.1の形式で，x は質的変数，y は量的変数とする．例えば排水処理について4種類（A_1, A_2, A_3, A_4）の方法があり，その処理を施した場合の有害物質の濃度の変化量 y が観測されているとする．データは表2.4のようになる．

この場合には，質的変数で層別して，層ごとに量的変数のばらつきの様子を観察する．表2.4のデータを層別して表2.5にまとめる．ただし，ここで，量的変数 y の添え字を付け直している．また，それぞれの処理方法ごとのサンプルサイズ n_i は等しいとは限らないことに注意する．

表 **2.4** 質的変数と量的変数の混在したデータ例

サンプル No.	変数	
	処理方法 x	濃度 y
1	A_2	y_1
2	A_1	y_2
3	A_2	y_3
4	A_3	y_4
5	A_4	y_5
⋮	⋮	⋮
n	A_3	y_n

表 2.5　層別したデータ

処理方法	データ y	計	平均	標準偏差
A_1	$y_{11}, y_{12}, \cdots, y_{1n_1}$	$T_1.$	$\bar{y}_1$	s_{y1}
A_2	$y_{21}, y_{22}, \cdots, y_{2n_2}$	$T_2.$	$\bar{y}_2$	s_{y2}
A_3	$y_{31}, y_{32}, \cdots, y_{3n_3}$	$T_3.$	$\bar{y}_3$	s_{y3}
A_4	$y_{41}, y_{42}, \cdots, y_{4n_4}$	$T_4.$	$\bar{y}_4$	s_{y4}
		総合計 T	総平均 $\bar{\bar{y}} = T/n$	

サンプルサイズ n_i が大きければ，各処理方法ごとにヒストグラムを描いて比較することができる．一方，表 2.5 は 1 元配置分散分析のデータの形式になっているから，次のような平方和の分解が可能である．

平方和の分解

$$S_T(総平方和) = S_A(級間平方和) + S_E(級内平方和) \tag{2.16}$$

ここで，

$$S_T = \sum_{i=1}^{a}\sum_{j=1}^{n_i}(y_{ij}-\bar{\bar{y}})^2 = \sum\sum y_{ij}^2 - CT, \quad CT = \frac{T^2}{n} \tag{2.17}$$

$$S_A = \sum_{i=1}^{a} n_i(\bar{y}_i - \bar{\bar{y}})^2 = \sum_{i=1}^{a} \frac{T_{i\cdot}^2}{n_i} - CT \tag{2.18}$$

$$S_E = \sum_{i=1}^{a}\sum_{j=1}^{n_i}(y_{ij}-\bar{y}_i)^2 = S_T - S_A \tag{2.19}$$

であり a は x のカテゴリー数，CT は**修正項**を表す（【問題 2.13】を参照）．

S_A は処理方法の違い（＋誤差）によるデータのばらつきの程度を測る量であり，S_E は誤差によるデータのばらつきの程度を測る量である．(2.16) 式より，

$$相関比（寄与率） = \frac{S_A}{S_T} = 1 - \frac{S_E}{S_T} \tag{2.20}$$

を考えると，処理方法の違いによるデータのバラツキ S_A が相対的に大きいほど（または，誤差平方和 S_E が小さいほど），この量は 1 に近づき，逆の場合には 0 に近づく．この量は，分散分析の用語では**寄与率**と呼ばれるが，多変量解析法では**相関比**と呼ばれることが多い．

2.2 確率分布

(1) 確率密度関数

本節では量的変数の場合を説明する．

サンプルサイズ n がある程度大きいと，ヒストグラムを作成してデータのばらつきの様子を考察することができる．ヒストグラムの面積が1となるように調整しておき（縦軸を (度数)/(nc)，c は区間幅とする），サンプルサイズをどんどん大きくしていくと，図 2.1 に示すように $n = \infty$ ではヒストグラムの輪郭が滑らかな曲線になることが想像できる．この曲線 $f(x)$ を**確率密度関数**と呼ぶ．この曲線は $f(x) \geq 0$ であり，ヒストグラムの面積を1としたもとで $n \to \infty$ として得られたのだから，$f(x)$ と x 軸に挟まれた領域の面積は1である．すなわち，

$$\int_{-\infty}^{\infty} f(x)dx = 1 \tag{2.21}$$

である．また，x が a と b の間に入る確率は次のように求めることができる．

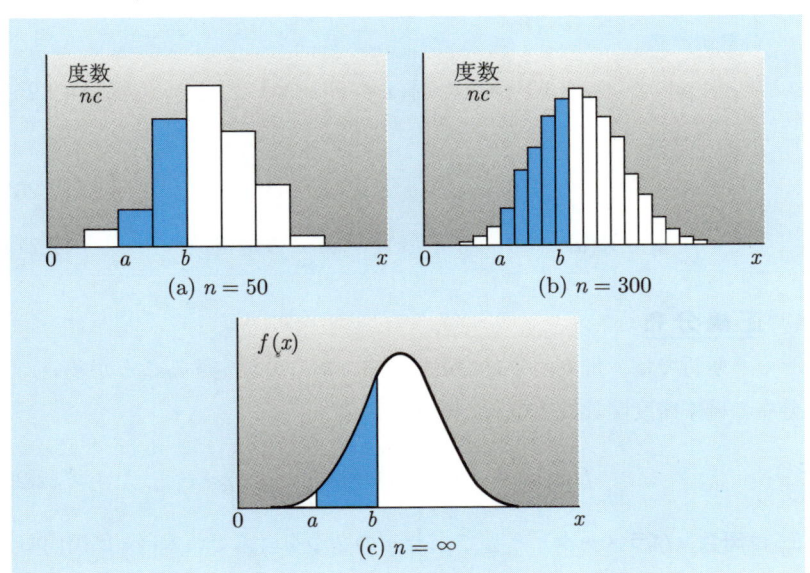

図 2.1　ヒストグラムと確率密度関数

$$Pr(a \leq x \leq b) = \int_a^b f(x)dx \tag{2.22}$$

確率密度関数 $f(x)$ は**母集団分布**を表している．ヒストグラムを作成する目的の1つは，$f(x)$ の形状を推測することである．

（2）期待値と分散

変数 x の母集団分布の中心的位置を表す指標として x の**期待値**があり，x の**母平均**と呼ぶこともある．その定義と性質を次にまとめておこう．

期待値の定義

$$E(x) = \int_{-\infty}^{\infty} xf(x)dx \tag{2.23}$$

期待値の性質

$$E(ax+b) = aE(x) + b \quad (a と b は定数) \tag{2.24}$$

x の母集団分布のばらつきの大きさを表す指標として**分散**がある．「母集団」を強調するために**母分散**と呼ぶこともある．その定義と性質は次の通りである．

分散の定義

$$V(x) = E\{(x - E(x))^2\} \tag{2.25}$$

分散の性質

$$V(x) = E(x^2) - \{E(x)\}^2 \tag{2.26}$$

$$V(ax+b) = a^2 V(x) \quad (a と b は定数) \tag{2.27}$$

（3）正規分布

データ解析では，母集団分布が**正規分布**であると仮定することが多い．正規分布の確率密度関数は次の通りである．

$$f(x) = \frac{1}{\sqrt{2\pi}\sigma} \exp\left\{-\frac{(x-\mu)^2}{2\sigma^2}\right\} \tag{2.28}$$

$f(x)$ は**母数（パラメータ）**として μ と σ の2つを含んでいる（π は円周率）．図 2.2 に示したように，$f(x)$ は左右対称の形状で，μ は中心位置を表し，σ

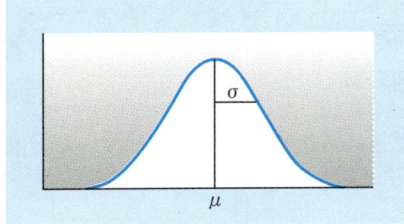
図 2.2　正規分布の確率密度関数

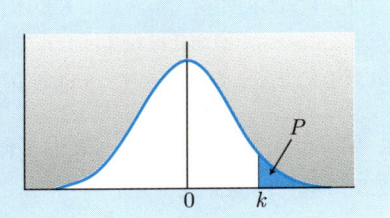
図 2.3　標準正規分布の確率

はばらつきの大きさを表している．そこで，μ を**母平均**，σ を**母標準偏差**，それを 2 乗した σ^2 を**母分散**と呼び，この正規分布を $N(\mu, \sigma^2)$ と表記する．

(2.23) 式と (2.25) 式の定義に基づいて，(2.28) 式を用いて期待値と分散を計算すると次式を得る．

$$E(x) = \int_{-\infty}^{\infty} x f(x) dx = \mu \tag{2.29}$$

$$V(x) = E\{(x-\mu)^2\} = \int_{-\infty}^{\infty} (x-\mu)^2 f(x) dx = \sigma^2 \tag{2.30}$$

正規分布の場合，$\mu \pm k\sigma$ の範囲内にデータの入る確率が次のようになる．

$$Pr(\mu - 1.645\sigma \leq x \leq \mu + 1.645\sigma) = 0.900 \tag{2.31}$$

$$Pr(\mu - 1.960\sigma \leq x \leq \mu + 1.960\sigma) = 0.950 \tag{2.32}$$

$$Pr(\mu - 3.000\sigma \leq x \leq \mu + 3.000\sigma) = 0.997 \tag{2.33}$$

特に，母平均が 0 で母分散が 1 の正規分布 $N(0, 1^2)$ を**標準正規分布**と呼ぶ．一般の正規分布 $N(\mu, \sigma^2)$ と標準正規分布 $N(0, 1^2)$ のあいだには次の関係がある．

> **標準化**　次式の x から u への変換を標準化と呼ぶ．
> $$x \sim N(\mu, \sigma^2) \implies u = \frac{x-\mu}{\sigma} \sim N(0, 1^2) \tag{2.34}$$

ここで，「$\sim$」は，その左の変数が右の確率分布に従うことを意味している．

(注3) 2.1 節の第（1）項でも標準化が登場した．そこでは標本の世界の話だった．上に述べた標準化は母集団分布の世界の話である．意味する内容 (平均が0，分散が1になるように変換する) は同じである．

標準正規分布 $N(0, 1^2)$ に対して確率を求める数値表が用意されている．図 2.3 に示した関係式

$$Pr(u \geq k) = P \tag{2.35}$$

において，k から P を求める数値表（付表1）と，P から k を求める数値表（付表2）がある．

（4） **2 次元分布**

2つの変数 x と y を同時に考えることもある．次の2つの条件を満たす $f(x, y)$ を (x, y) の**同時確率密度関数**と呼ぶ．

$$f(x, y) \geq 0 \tag{2.36}$$

$$\int_{-\infty}^{\infty} \int_{-\infty}^{\infty} f(x, y) dx dy = 1 \tag{2.37}$$

そして，

$$f(x) = \int_{-\infty}^{\infty} f(x, y) dy \tag{2.38}$$

を x の**周辺確率密度関数**と呼ぶ．同様に，

$$f(y) = \int_{-\infty}^{\infty} f(x, y) dx \tag{2.39}$$

を y の周辺確率密度関数と呼ぶ．

(x, y) の関数 $g(x, y)$ の期待値を

$$E\{g(x, y)\} = \int_{-\infty}^{\infty} \int_{-\infty}^{\infty} g(x, y) f(x, y) dx dy \tag{2.40}$$

と定義する．特に，$g(x, y) = x$, $g(x, y) = ax + by$ の期待値は，(2.38) 式と (2.39) 式を用いて次のようになる．

$$E(x) = \int_{-\infty}^{\infty} \int_{-\infty}^{\infty} x f(x, y) dx dy = \int_{-\infty}^{\infty} x f(x) dx \tag{2.41}$$

2.2 確率分布

$$E(ax+by) = \int_{-\infty}^{\infty}\int_{-\infty}^{\infty}(ax+by)f(x,y)dxdy$$
$$= a\int_{-\infty}^{\infty}xf(x)dx + b\int_{-\infty}^{\infty}yf(y)dy = aE(x)+bE(y) \quad (2.42)$$

x と y の関連具合いを表す指標として**共分散**がある．また，それに基づいて**母相関係数**を定義できる．この定義と性質は次の通りである．

共分散の定義
$$C(x,y) = E\{(x-E(x))(y-E(y))\} \quad (2.43)$$

母相関係数の定義
$$\rho_{xy} = \frac{C(x,y)}{\sqrt{V(x)V(y)}} \quad (2.44)$$

共分散の性質
$$C(x,y) = E(xy) - E(x)E(y) \quad (2.45)$$
$$V(ax+by) = a^2V(x) + b^2V(y) + 2ab\,C(x,y) \quad (2.46)$$

母相関係数 ρ_{xy} は $-1 \leq \rho_{xy} \leq 1$ を満たす．

同時確率密度関数 $f(x,y)$ と周辺密度関数 $f(x)$, $f(y)$ のあいだに

$$f(x,y) = f(x)f(y) \quad (2.47)$$

が成り立つとき，x と y は互いに**独立**であるという．独立な場合には次の性質が成り立つ．

---

x と y が独立な場合の性質
$$E(xy) = E(x)E(y) \quad (2.48)$$
$$C(x,y) = 0 \quad (2.49)$$
$$\rho_{xy} = 0 \quad (2.50)$$
$$V(ax+by) = a^2V(x) + b^2V(y) \quad (2.51)$$

（5）2次元正規分布

(2.28) 式を 2 次元に拡張して **2 次元正規分布** の同時確率密度関数を次のように定義する．

$$f(x,y) = \frac{1}{2\pi\sqrt{1-\rho_{xy}^2}\sigma_x\sigma_y}\exp\left(-\frac{1}{2}D^2\right) \tag{2.52}$$

ここで，

$$D^2 = \frac{1}{1-\rho_{xy}^2}\left\{\frac{(x-\mu_x)^2}{\sigma_x^2} - 2\rho_{xy}\frac{(x-\mu_x)(y-\mu_y)}{\sigma_x\sigma_y} + \frac{(y-\mu_y)^2}{\sigma_y^2}\right\} \tag{2.53}$$

である．(2.52) 式を y または x で積分すると次の周辺確率密度関数を得る．

$$f(x) = \int_{-\infty}^{\infty} f(x,y)dy = \frac{1}{\sqrt{2\pi}\sigma_x}\exp\left\{-\frac{(x-\mu_x)^2}{2\sigma_x^2}\right\} \tag{2.54}$$

$$f(y) = \int_{-\infty}^{\infty} f(x,y)dx = \frac{1}{\sqrt{2\pi}\sigma_y}\exp\left\{-\frac{(y-\mu_y)^2}{2\sigma_y^2}\right\} \tag{2.55}$$

(2.54) 式は $N(\mu_x, \sigma_x^2)$ の確率密度関数であり，(2.55) 式は $N(\mu_y, \sigma_y^2)$ の確率密度関数である．(2.52) 式には (2.54) 式と (2.55) 式に含まれていない母数 ρ_{xy}（母相関係数）が含まれている．

母平均ベクトル $\boldsymbol{\mu}$ と分散共分散行列 Σ を

$$\boldsymbol{\mu} = \begin{bmatrix} \mu_x \\ \mu_y \end{bmatrix}, \quad \Sigma = \begin{bmatrix} \sigma_{11} & \sigma_{12} \\ \sigma_{12} & \sigma_{22} \end{bmatrix} = \begin{bmatrix} \sigma_x^2 & \rho_{xy}\sigma_x\sigma_y \\ \rho_{xy}\sigma_x\sigma_y & \sigma_y^2 \end{bmatrix} \tag{2.56}$$

と定義して，2 次元正規分布を $N(\boldsymbol{\mu}, \Sigma)$ と表示する（3 次元以上になっても表示の仕方は同様である）．

x と y の値を定めると，(2.52) 式の $f(x,y)$ の値が決まる．関数 $f(x,y)$ の概略として，その等高線を図 2.4 に示す．

x と y が正規分布に従うとき，$ax + by$ も正規分布に従う．

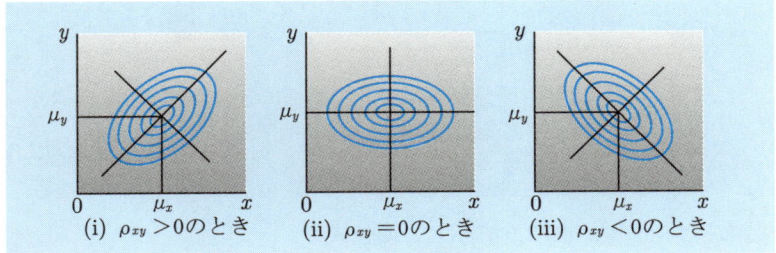

図 2.4　2次元正規分布の等高線

（6）統計量に関係する確率分布

母集団分布が $N(\mu, \sigma^2)$ の母集団から n 個のデータ $x_1, x_2, \cdots, x_n$ をランダムに採取するとき，データから計算される統計量について，次が成り立つ．

$\bar{x}$ の分布

$$\bar{x} \text{ は正規分布 } N(\mu, \sigma^2/n) \text{ に従う．} \tag{2.57}$$

χ^2（カイ2乗）分布

$$\chi^2 = \frac{S_{xx}}{\sigma^2} \text{ は自由度 } \phi = n-1 \text{ の } \chi^2 \text{ 分布（} \chi^2(\phi) \text{ と表示）に従う．} \tag{2.58}$$

χ^2 分布については，図 2.5 に示した関係式

$$Pr(\chi^2 \geq \chi^2(\phi, P)) = P \tag{2.59}$$

において，ϕ と P から $\chi^2(\phi, P)$（自由度 ϕ の χ^2 分布の**上側 $100P\%$ 点**と呼ぶ）を求める数値表（付表3）が準備されている．

次に，(2.57) を標準化すれば

$$u = \frac{\bar{x} - \mu}{\sqrt{\sigma^2/n}} \sim N(0, 1^2) \tag{2.60}$$

となる．さらに，上式に σ^2 の推定量として $\hat{\sigma}^2 = V_x = S_{xx}/(n-1)$ を代入すると次が成り立つ．

> **t 分布**
> $t = \dfrac{\bar{x} - \mu}{\sqrt{V_x/n}}$ は自由度 $\phi = n - 1$ の t 分布（$t(\phi)$ と表示）に従う．
>
> (2.61)

t 分布については，図 2.6 に示した関係式

$$Pr(|t| \geq t(\phi, P)) = P \tag{2.62}$$

において，ϕ と P から $t(\phi, P)$（自由度 ϕ の t 分布の<u>両側 $100P\%$ 点</u>と呼ぶ）を求める数値表（付表 4）が準備されている．

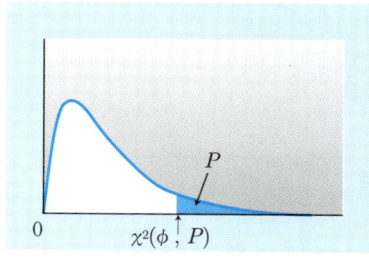 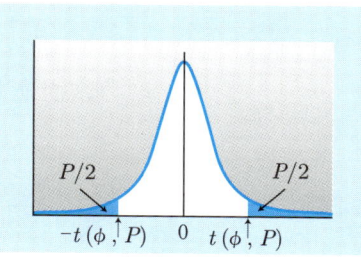

図 2.5　χ^2 分布の上側確率　　図 2.6　t 分布の両側確率

2 つの母集団があり，それぞれの母集団分布が正規分布 $N(\mu_1, \sigma_1^2)$，$N(\mu_2, \sigma_2^2)$ と仮定する．それぞれからサンプルサイズ n_1, n_2 のデータ $x_{11}, x_{12}, \cdots, x_{1n_1}$（第 1 標本）および $x_{21}, x_{22}, \cdots, x_{2n_2}$（第 2 標本）をランダムに取る．第 1 標本から求めた分散を V_1，第 2 標本から求めた分散を V_2 とするとき，次が成り立つ．

> **F 分布**
> $F = \dfrac{V_1/\sigma_1^2}{V_2/\sigma_2^2}$ は自由度 $(\phi_1, \phi_2) = (n_1 - 1, n_2 - 1)$
> の F 分布（$F(\phi_1, \phi_2)$ と表示）に従う．
>
> (2.63)

F 分布については，図 2.7 に示した関係式

$$Pr(F \geq F(\phi_1, \phi_2; P)) = P \quad (2.64)$$

において，(ϕ_1, ϕ_2) と P から $F(\phi_1, \phi_2; P)$（自由度 (ϕ_1, ϕ_2) の F 分布の**上側 $100P\%$点**と呼ぶ）を求める数値表（付表 5）が準備されている．

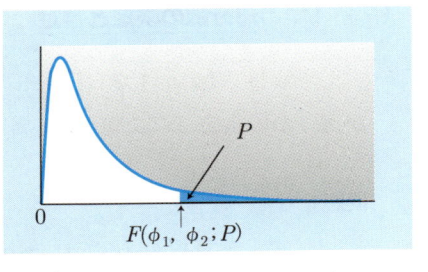

図 2.7　F 分布の上側確率

2.3　検定と推定

(1) 1つの母平均の検定と推定

1つの母集団を想定し，その母集団分布が正規分布 $N(\mu, \sigma^2)$ であるとする．n 個のデータに基づいて，母平均 μ が指定された値 μ_0 と異なるかどうかを判定する作業を 1 つの母平均の**検定**と呼ぶ．

仮説を

$$\text{帰無仮説 } H_0 : \mu = \mu_0, \text{ 対立仮説 } H_1 : \mu \neq \mu_0 \quad (2.65)$$

と設定し，検定統計量

$$t_0 = \frac{\bar{x} - \mu_0}{\sqrt{V_x/n}} \quad (2.66)$$

を計算する．t_0 の分子は母平均 μ と μ_0 の違いを統計量 $\bar{x}$ を介して測っている．$|t_0| \geq t(n-1, 0.05)$ なら，**有意水準 5%で有意である**と判定し，H_0 を棄却して，「μ と μ_0 は異なる」と判断する．

一方，$E(\bar{x}) = \mu$ となるので，μ の**点推定量**は $\hat{\mu} = \bar{x}$ である．また，μ の**信頼率** 95%の信頼区間は

$$\bar{x} \pm t(n-1, 0.05)\sqrt{\frac{V_x}{n}} \quad (2.67)$$

である．「小さく見積もれば■■，大きく見積もれば●●」と区間（■■, ●●）の形で μ を**区間推定**している．

(2) **1つの母分散の検定と推定**

> 正規分布 $N(\mu,\sigma^2)$ から採取した n 個のデータに基づいて，母分散 σ^2 が何らかの指定された値 σ_0^2 と異なるかどうかを判定する．

仮説を

$$\text{帰無仮説 } H_0: \sigma^2 = \sigma_0^2, \text{ 対立仮説 } H_1: \sigma^2 \neq \sigma_0^2 \tag{2.68}$$

と設定し，検定統計量

$$\chi_0^2 = \frac{S_{xx}}{\sigma_0^2} \tag{2.69}$$

を計算する．$\chi_0^2 \leq \chi^2(n-1, 0.975)$ または $\chi_0^2 \geq \chi^2(n-1, 0.025)$ なら，有意水準5%で有意であると判定し，H_0 を棄却して，「σ^2 と σ_0^2 は異なる」と判断する．

また，$E(V_x) = \sigma^2$ なので，$\hat{\sigma}^2 = V_x$ である．σ^2 の信頼率95%の信頼区間は

$$\left(\frac{S_{xx}}{\chi^2(n-1, 0.025)}, \frac{S_{xx}}{\chi^2(n-1, 0.975)} \right) \tag{2.70}$$

である．

(3) **2つの母平均の検定と推定**

> 正規分布 $N(\mu_1, \sigma^2)$（第1母集団）から採取した n_1 個のデータと正規分布 $N(\mu_2, \sigma^2)$（第2母集団）から採取した n_2 個のデータに基づいて，2つの母平均が異なるかどうかを検定する（ここでは2つの母分散は等しいと仮定する）．

仮説を

$$\text{帰無仮説 } H_0: \mu_1 = \mu_2, \text{ 対立仮説 } H_1: \mu_1 \neq \mu_2 \tag{2.71}$$

と設定し，検定統計量

2.3 検定と推定

$$t_0 = \frac{\bar{x}_1 - \bar{x}_2}{\sqrt{V\left(\dfrac{1}{n_1} + \dfrac{1}{n_2}\right)}} \tag{2.72}$$

を計算する．ここで，

$$V = \frac{S_{11} + S_{22}}{(n_1 - 1) + (n_2 - 1)} \tag{2.73}$$

であり，S_{11} と S_{22} はそれぞれ第1標本，第2標本から計算した平方和である．$|t_0| \geq t(n_1 + n_2 - 2, 0.05)$ なら，有意水準5%で有意であると判定し，H_0 を棄却して，「μ_1 と μ_2 は異なる」と判断する．

$\mu_1 - \mu_2$ の点推定量は $\hat{\mu}_1 - \hat{\mu}_2 = \bar{x}_1 - \bar{x}_2$ である．また，$\mu_1 - \mu_2$ の信頼率95%の信頼区間は

$$\bar{x}_1 - \bar{x}_2 \pm t(n_1 + n_2 - 2, 0.05)\sqrt{V\left(\frac{1}{n_1} + \frac{1}{n_2}\right)} \tag{2.74}$$

である．

（4）**2つの母分散の検定と推定**

> 正規分布 $N(\mu_1, \sigma_1^2)$ から採取した n_1 個のデータと正規分布 $N(\mu_2, \sigma_2^2)$ から採取した n_2 個のデータに基づいて，2つの母分散が異なるかどうかを検定する．

仮説を

$$\text{帰無仮説 } H_0 : \sigma_1^2 = \sigma_2^2, \text{ 対立仮説 } H_1 : \sigma_1^2 \neq \sigma_2^2 \tag{2.75}$$

と設定する．そして，$V_1 = S_{11}/(n_1 - 1)$，$V_2 = S_{22}/(n_2 - 1)$ を計算し，

$$V_1 \geq V_2 \text{ のとき } F_0 = \frac{V_1}{V_2} \geq F(n_1 - 1, n_2 - 1; 0.025) \tag{2.76}$$

$$V_1 < V_2 \text{ のとき } F_0 = \frac{V_2}{V_1} \geq F(n_2 - 1, n_1 - 1; 0.025) \tag{2.77}$$

なら，有意水準 5% で有意であると判定し，H_0 を棄却して，「σ_1^2 と σ_2^2 は異なる」と判断する．(2.76) と (2.77) で F_0 の分子に対応する自由度が第 1 自由度であることに注意する．

σ_1^2/σ_2^2 の点推定量は $\hat{\sigma}_1^2/\hat{\sigma}_2^2 = V_1/V_2$ である．また，σ_1^2/σ_2^2 の信頼率 95% の信頼区間は次の通りである．

$$\left(\frac{V_1}{V_2} \cdot \frac{1}{F(n_1-1, n_2-1; 0.025)}, \frac{V_1}{V_2} \cdot F(n_2-1, n_1-1; 0.025)\right) \quad (2.78)$$

(5) 母相関係数の検定と推定

(2.10) 式で計算する x と y の相関係数 r_{xy} は，(x, y) が 2 次元正規分布に従うと仮定したもとで，その確率密度関数 (2.52) 式に登場する母相関係数 ρ_{xy} の点推定量である．すなわち，$\hat{\rho}_{xy} = r_{xy}$ である．そこで，r_{xy} に基づいて ρ_{xy} が 0 と異なるかどうかを検定する．

仮説を

$$\text{帰無仮説 } H_0 : \rho_{xy} = 0, \text{ 対立仮説 } H_1 : \rho_{xy} \neq 0 \quad (2.79)$$

と設定して，

$$|r_{xy}| \geq r(n-2, 0.05) \quad (2.80)$$

なら，有意水準 5% で有意であると判定し，H_0 を棄却して，「ρ_{xy} は 0 と異なる」，すなわち「x と y には相関がある」と判断する．これを**無相関の検定**と呼ぶ．ここで，$r(\phi, P)$ は自由度 $\phi = n-2$ の ($\rho_{xy} = 0$ のもとでの) r_{xy} の確率分布の**両側 $100P\%$ 点**であり，数値表（付表 6）が準備されている．$r(\phi, P)$ は $t(\phi, P)$ と次の関係がある．

$$r(\phi, P) = \frac{t(\phi, P)}{\sqrt{\phi + \{t(\phi, P)\}^2}} \quad (2.81)$$

$\rho_{xy} \neq 0$ のとき，r_{xy} は複雑な確率分布をもつが，次のような変換（**z 変換**と呼ぶ）を行うと正規分布に近似できる．

$$z = \frac{1}{2} \ln \frac{1+r_{xy}}{1-r_{xy}} = \tanh^{-1} r_{xy} \ \sim\ N\left(\zeta, \frac{1}{n-3}\right) \ \left(\zeta = \frac{1}{2} \ln \frac{1+\rho_{xy}}{1-\rho_{xy}}\right) \quad (2.82)$$

これを利用して，母相関係数 ρ_{xy} の信頼区間を構成できる．まず，r_{xy} を z 変換する．z に基づいて次のように ζ の信頼率 95% の信頼区間を作成する．

$$\zeta_L, \zeta_U = z \pm \frac{1.96}{\sqrt{n-3}} \tag{2.83}$$

これらを次のように逆 z 変換する．

$$\left(\frac{\exp(2\zeta_L)-1}{\exp(2\zeta_L)+1}, \frac{\exp(2\zeta_U)-1}{\exp(2\zeta_U)+1}\right) = (\tanh\zeta_L, \tanh\zeta_U) \tag{2.84}$$

(2.84) 式が母相関係数 ρ_{xy} の信頼率 95% の信頼区間である．

（6）**分割表による独立性の検定**

2.1 節の第（3）項で分割表について述べた．分割表において行アイテムと列アイテムに関連があるかどうかを検定することができる．これを **分割表による独立性の検定** と呼ぶ．これは，表 2.2 に戻って考えれば，変数 x と y に関連があるかどうかを検討することになる．

仮説を

帰無仮説 H_0：行と列には関連がない，対立仮説 H_1：行と列には関連がある
$$\tag{2.85}$$

と設定して，(2.12) 式のピアソンの χ^2 統計量に基づいて，

$$\chi_0^2 \geq \chi^2(\phi, 0.05), \quad \phi = (a-1)(b-1) \tag{2.86}$$

なら，有意水準 5% で有意であると判定し，H_0 を棄却して，「行と列は関連がある」と判断する．

（7）**分散分析**

2.1 節の第（4）項では，質的変数によって量的変数を層別して表 2.5 を作成した．これは 1 元配置のデータ形式であり，(2.16) 式に示した平方和の分解が可能だった．この平方和の分解に基づいて，**分散分析表** を

作成して，層別された a 個の母集団の母平均が一様に等しいかどうかを検定することができる．これが，**1元配置分散分析**である．

分散分析表は表 2.6 の形式である．

表 2.6　分散分析表（1元配置法）

要因	平方和 S	自由度 ϕ	分散 V	分散比 F_0
A	S_A	$\phi_A = a-1$	$V_A = S_A/\phi_A$	$F_0 = V_A/V_E$
E	S_E	$\phi_E = n-a$	$V_E = S_E/\phi_E$	
T	S_T	$\phi_T = n-1$		

この場合の仮説は，

帰無仮説 H_0：母平均は一様に等しい，対立仮説 H_1：一様に等しくはない
(2.87)

である．そして，分散分析表において，

$$F_0 \geq F(\phi_A, \phi_E; 0.05) \tag{2.88}$$

なら，有意水準 5% で有意であると判定し，H_0 を棄却して，「母平均は一様に等しくはない」，すなわち，「A のカテゴリー（この場合は特に**水準**と呼ぶ）が異なれば，母平均に異なるものがある」と判断する．

F_0 の分子の V_A に対応する自由度 ϕ_A が (2.88) 式の右辺の第 1 自由度であることに注意する（F 分布では分子が第 1 自由度！）．

■■■練習問題■■■■■■■■■■■■■■■■■■■■■■■■■■■■■■

◆**問題 2.1**　x が $N(20, 4^2)$ に従っており，y が $N(10, 3^2)$ に従っており，x と y は互いに独立とする．次の各設問に答えよ．
 (1) $x+y$, $x-y$, $y-x$, $3x-2y$ はどのような確率分布に従うか．
 (2) $Pr(x \geq 24)$, $Pr(x+y \geq 40)$, $Pr(3x \geq 2y)$ の値を求めよ．

◆**問題 2.2**　正規分布 $N(\mu, \sigma^2)$ から $n=10$ 個のデータをランダムに取った．
　　　　3, 4, 2, 9, 6, 7, 5, 6, 5, 4
 (1) $H_0: \mu = 3.0$, $H_1: \mu \neq 3.0$ を有意水準 5% で検定せよ．また，母平均 μ の信頼率 95% の信頼区間を求めよ．
 (2) $H_0: \sigma^2 = 2.0^2$, $H_1: \sigma^2 \neq 2.0^2$ を有意水準 5% で検定せよ．また，母分散 σ^2 の信頼率 95% の信頼区間を求めよ．

練 習 問 題

◆**問題 2.3** 2つの正規分布 $N(\mu_1, \sigma^2)$, $N(\mu_2, \sigma^2)$ から，それぞれ，$n_1 = 9$, $n_2 = 8$ のデータをランダムに取った．$H_0 : \mu_1 = \mu_2$, $H_1 : \mu_1 \neq \mu_2$ を有意水準5%で検定せよ．また，母平均の差 $\mu_1 - \mu_2$ の信頼率95%の信頼区間を求めよ．

第1母集団からのデータ：5, 6, 4, 8, 7, 3, 6, 4, 5

第2母集団からのデータ：8, 9, 6, 10, 12, 8, 7, 9

◆**問題 2.4** 2つの正規分布 $N(\mu_1, \sigma_1^2)$, $N(\mu_2, \sigma_2^2)$ から，それぞれ，$n_1 = 10$, $n_2 = 11$ のデータをランダムに取った．$H_0 : \sigma_1^2 = \sigma_2^2$, $H_1 : \sigma_1^2 \neq \sigma_2^2$ を有意水準5%で検定せよ．また，母分散の比 σ_1^2/σ_2^2 の信頼率95%の信頼区間を求めよ．

第1母集団からのデータ：6, 5, 8, 7, 3, 4, 5, 6, 7, 4

第2母集団からのデータ：2, 8, 4, 12, 6, 13, 4, 1, 10, 8, 5

◆**問題 2.5** 次の表のデータについて以下の設問に答えよ．

表 データ

No.	1	2	3	4	5	6	7	8	9	10	11	12
x	2	5	6	4	8	6	2	4	2	3	1	2
y	5	7	7	6	12	9	4	8	5	4	5	4

（1）相関係数 r_{xy} を求めよ．　（2）無相関の検定を行え．

（3）母相関係数の信頼率95%の信頼区間を求めよ．

◆**問題 2.6** 次の 2×3 分割表について以下の設問に答えよ．

（1）独立性の検定を行え．

（2）クラメールの連関係数を求めよ．

表 2×3 分割表

	A	B	C	合計
1	10	20	20	50
2	30	10	10	50
合計	40	30	30	100

◆**問題 2.7** 次のデータは因子 A について3水準を設定して得られたデータである．分散分析表を作成せよ．

表 データ

水準	データ				
A_1	4	5	3		
A_2	6	8	6	7	8
A_3	2	3	3	2	

◆**問題 2.8** (2.2) 式を示せ．

◆**問題 2.9** (2.7) 式を示せ．

◆**問題 2.10** (2.8) 式を示せ．

◆**問題 2.11** $-1 \leq r_{xy} \leq 1$ を示せ．

◆**問題 2.12** (2.11) 式を示せ．

◆**問題 2.13** (2.16) 式を示せ．

第3章

線形代数のまとめ

多変量解析法は「線形代数」を用いると記述がスムーズにいく．本書では，補足的に線形代数を用いた解説を行うので，そのためにいくつかの基礎的な内容をまとめておく．紙数の関係でエッセンスだけを述べる．詳細は線形代数の書籍を参照してほしい．数学があまり得意でない読者は，本章を読み飛ばしてもよい．

3.1 行列とベクトル

（1）行列とベクトルの定義

本書では，**ベクトル**といえば列ベクトル（縦ベクトル）を表す．行ベクトル（横ベクトル）を表すときには，転置の記号（$'$）を用いる．例えば，

$$\boldsymbol{x} = \begin{bmatrix} x_1 \\ x_2 \\ \vdots \\ x_n \end{bmatrix}, \qquad \boldsymbol{x}' = [x_1, x_2, \cdots, x_n] \tag{3.1}$$

などと表す．$\boldsymbol{x}$ を $n \times 1$ ベクトル（列ベクトル），それを転置した $\boldsymbol{x}'$ を $1 \times n$ ベクトル（行ベクトル）と呼ぶ．ベクトルは太字の小文字で表示する．

同じサイズの縦ベクトルを横に並べると**行列**になる．例えば，

$$X = [\boldsymbol{x}_1, \boldsymbol{x}_2, \cdots, \boldsymbol{x}_p] = \begin{bmatrix} x_{11} & x_{12} & \cdots & x_{1p} \\ x_{21} & x_{22} & \cdots & x_{2p} \\ \vdots & \vdots & \ddots & \vdots \\ x_{n1} & x_{n2} & \cdots & x_{np} \end{bmatrix} \tag{3.2}$$

3.1 行列とベクトル

となる．これは n 行 p 列であり，$n \times p$ 行列と呼ぶ．この「$n \times p$」を行列の**サイズ**と呼ぶ．1.1 節の表 1.1 の多変量データを行列表現すると (3.2) 式になる．(3.2) 式の転置をとると，次の $p \times n$ 行列になる．

$$X' = \begin{bmatrix} \bm{x}_1' \\ \bm{x}_2' \\ \vdots \\ \bm{x}_p' \end{bmatrix} = \begin{bmatrix} x_{11} & x_{21} & \cdots & x_{n1} \\ x_{12} & x_{22} & \cdots & x_{n2} \\ \vdots & \vdots & \ddots & \vdots \\ x_{1p} & x_{2p} & \cdots & x_{np} \end{bmatrix} \tag{3.3}$$

2つの行列 A と B のかけ算と転置について次式が成り立つ．

$$(AB)' = B'A' \tag{3.4}$$

転置行列がもとの行列に等しいとき，すなわち，$A' = A$ となるとき，A を**対称行列**と呼ぶ．

(2) 内　積

2つの $n \times 1$ ベクトル $\bm{x} = [x_1, x_2, \cdots, x_n]'$ と $\bm{y} = [y_1, y_2, \cdots, y_n]'$ の**内積**を次のように定義する．

$$\bm{x}'\bm{y} = [x_1, x_2, \cdots, x_n] \begin{bmatrix} y_1 \\ y_2 \\ \vdots \\ y_n \end{bmatrix} = x_1 y_1 + x_2 y_2 + \cdots + x_n y_n = \sum_{i=1}^{n} x_i y_i \tag{3.5}$$

また，ベクトル $\bm{x}$ の長さは内積を用いて次のように表現できる．

$$\|\bm{x}\| = \sqrt{\bm{x}'\bm{x}} = \sqrt{x_1^2 + x_2^2 + \cdots + x_n^2} = \sqrt{\sum_{i=1}^{n} x_i^2} \tag{3.6}$$

ベクトル $\bm{x}$ と $\bm{y}$ を次のように定義する．

$$\bm{x} = \begin{bmatrix} x_1 - \bar{x} \\ x_2 - \bar{x} \\ \vdots \\ x_n - \bar{x} \end{bmatrix}, \quad \bm{y} = \begin{bmatrix} y_1 - \bar{y} \\ y_2 - \bar{y} \\ \vdots \\ y_n - \bar{y} \end{bmatrix} \tag{3.7}$$

このとき，「内積」とベクトルの「長さの2乗」を求めると次のようになる．

$$\boldsymbol{x}'\boldsymbol{y} = \sum_{i=1}^{n}(x_i-\bar{x})(y_i-\bar{y}) = S_{xy} \qquad \text{(偏差積和)} \tag{3.8}$$

$$\|\boldsymbol{x}\|^2 = \sum_{i=1}^{n}(x_i-\bar{x})^2 = S_{xx} \qquad (\boldsymbol{x}\text{の平方和}) \tag{3.9}$$

$$\|\boldsymbol{y}\|^2 = \sum_{i=1}^{n}(y_i-\bar{y})^2 = S_{yy} \qquad (\boldsymbol{y}\text{の平方和}) \tag{3.10}$$

これより，相関係数 r_{xy} は

$$r_{xy} = \frac{S_{xy}}{\sqrt{S_{xx}S_{yy}}} = \frac{\boldsymbol{x}'\boldsymbol{y}}{\|\boldsymbol{x}\|\cdot\|\boldsymbol{y}\|} = \cos\theta \qquad (\theta\text{は}\boldsymbol{x}\text{と}\boldsymbol{y}\text{のなす角}) \tag{3.11}$$

と表現できる．

内積は**スカラー量**である．内積がゼロとなる 2 つのベクトル**は直交する**という．$r_{xy}=0$ と，(3.7) 式で定義された $\boldsymbol{x}$ と $\boldsymbol{y}$ が直交することとは同値である．

（3）**逆 行 列**

正方行列（行数と列数の同じ行列）A（例えば，$p\times p$ 行列）に対して

$$AA^{-1} = A^{-1}A = I_p = \begin{bmatrix} 1 & 0 & \cdots & 0 \\ 0 & 1 & \cdots & 0 \\ \vdots & \vdots & \ddots & \vdots \\ 0 & 0 & \cdots & 1 \end{bmatrix} \qquad (I_p : p\text{ 次の}\textbf{単位行列}) \tag{3.12}$$

を満たす行列 A^{-1} を A の**逆行列**と呼ぶ．正方行列に対して逆行列はつねに存在するとは限らないが，もし存在するのなら一意である．2×2 行列の場合には次のように逆行列を簡単に求めることができる．

$$A = \begin{bmatrix} a & b \\ c & d \end{bmatrix} \iff A^{-1} = \frac{1}{ad-bc}\begin{bmatrix} d & -b \\ -c & a \end{bmatrix} \tag{3.13}$$

ただし，$ad-bc=0$ の場合には逆行列は存在しない．$ad-bc$ を行列 A の**行列式**と呼び，$|A|$ と表す．2×2 行列よりも大きな正方行列に対しても逆行列を求める公式は存在するが，実際の計算は簡単ではない．また，そのような行列に対しても行列式が定義されるが，面倒な表現なのでここでは記述しない．

一般に，$p\times p$ 行列 A に対して，A の逆行列が存在しないことと，$|A|=0$ となることとは同値である．

逆行列が存在するサイズの等しい 2 つの行列に関して次式が成り立つ．

3.1 行列とベクトル

$$(AB)^{-1} = B^{-1}A^{-1} \tag{3.14}$$

また，転置と逆行列を求める操作について次式が成り立つ．

$$(A')^{-1} = (A^{-1})' \tag{3.15}$$

さらに，サイズの等しい 2 つの正方行列 A と B について次式が成り立つ．

$$|AB| = |A||B|, \quad |A'| = |A| \tag{3.16}$$

次のような連立方程式を考えよう．

$$\begin{aligned} a_{11}x_1 + a_{12}x_2 + \cdots + a_{1p}x_p &= b_1 \\ a_{21}x_1 + a_{22}x_2 + \cdots + a_{2p}x_p &= b_2 \\ &\vdots \\ a_{p1}x_1 + a_{p2}x_2 + \cdots + a_{pp}x_p &= b_p \end{aligned} \tag{3.17}$$

これを行列とベクトルを用いて表現すると次のようになる．

$$\begin{bmatrix} a_{11} & a_{12} & \cdots & a_{1p} \\ a_{21} & a_{22} & \cdots & a_{2p} \\ \vdots & \vdots & \ddots & \vdots \\ a_{p1} & a_{p2} & \cdots & a_{pp} \end{bmatrix} \begin{bmatrix} x_1 \\ x_2 \\ \vdots \\ x_p \end{bmatrix} = \begin{bmatrix} b_1 \\ b_2 \\ \vdots \\ b_p \end{bmatrix} \iff A\boldsymbol{x} = \boldsymbol{b} \tag{3.18}$$

(3.18) 式より，行列 A の逆行列が存在するなら，連立方程式 (3.17) の解は，

$$\boldsymbol{x} = A^{-1}\boldsymbol{b} \tag{3.19}$$

と一意に求めることができる．

(4) **一次独立と行列の階数**

2 つのベクトル $\boldsymbol{a}_1$ と $\boldsymbol{a}_2$ について

$$c_1\boldsymbol{a}_1 + c_2\boldsymbol{a}_2 = \boldsymbol{0} \tag{3.20}$$

(**0** はゼロベクトルを表す) という関係式が $(c_1, c_2) = (0,0)$ 以外では成り立たないとき，2 つのベクトルは**一次独立**であるという．一次独立でないとき**一次従属**であるという．

一般に，p 個のベクトル $\boldsymbol{a}_1, \boldsymbol{a}_2, \cdots, \boldsymbol{a}_p$ について

$$c_1\boldsymbol{a}_1 + c_2\boldsymbol{a}_2 + \cdots + c_p\boldsymbol{a}_p = \boldsymbol{0} \tag{3.21}$$

が $(c_1, c_2, \cdots, c_p) = (0, 0, \cdots, 0)$ 以外では成り立たないとき，p 個のベクトル

$a_1, a_2, \cdots, a_p$ は一次独立であるという．そうでないとき一次従属であるという．

$p \times p$ 行列 $A = [a_1, a_2, \cdots, a_p]$（各 a_i は $p \times 1$ ベクトル）で，1次独立となるベクトルの最大個数を行列 A の**階数**または**ランク**と呼び，$\text{rank} A$ と表示する．行列 A のランクが p（行数）に等しいなら，すなわち，$a_1, a_2, \cdots, a_p$ が1次独立なら，A の逆行列が存在する．

（5）直交行列

$p \times p$ 正方行列 T に対して

$$T'T = TT' = I_p \tag{3.22}$$

が成り立つとき，T を**直交行列**と呼ぶ．(3.22) 式は $T^{-1} = T'$ を意味している．また，(3.16) 式の性質を用いることにより，

$$|T'T| = |T'||T| = |T|^2 = |I_p| = 1 \implies |T| = \pm 1 \tag{3.23}$$

が成り立つ．

直交行列 T を $T = [t_1, t_2, \cdots, t_p]$ と表すとき，(3.22) 式より，

$$T'T = \begin{bmatrix} t_1' \\ t_2' \\ \vdots \\ t_p' \end{bmatrix} [t_1, t_2, \cdots, t_p]$$

$$= \begin{bmatrix} t_1't_1 & t_1't_2 & \cdots & t_1't_p \\ t_2't_1 & t_2't_2 & \cdots & t_2't_p \\ \vdots & \vdots & \ddots & \vdots \\ t_p't_1 & t_p't_2 & \cdots & t_p't_p \end{bmatrix} = \begin{bmatrix} 1 & 0 & \cdots & 0 \\ 0 & 1 & \cdots & 0 \\ \vdots & \vdots & \ddots & \vdots \\ 0 & 0 & \cdots & 1 \end{bmatrix} \tag{3.24}$$

となるから，$t_i't_i = 1$ $(i = 1, 2, \cdots, p)$，$t_i't_j = 0$ $(i \neq j)$ となる．つまり，T の各列ベクトルは，長さが1で，互いに直交する．

（6）行列のトレースと2次形式

正方行列 A の対角要素の和を A の**トレース**と呼び，$\text{tr} A$ と表示する．すなわち，

$$A = \begin{bmatrix} a_{11} & a_{12} & \cdots & a_{1p} \\ a_{21} & a_{22} & \cdots & a_{2p} \\ \vdots & \vdots & \ddots & \vdots \\ a_{p1} & a_{p2} & \cdots & a_{pp} \end{bmatrix} \implies \text{tr} A = a_{11} + a_{22} + \cdots + a_{pp} = \sum_{i=1}^{p} a_{ii}$$

$$\tag{3.25}$$

である．トレースについては次の性質が成り立つ．

$$\mathrm{tr}\,(A+B) = \mathrm{tr}\,A + \mathrm{tr}\,B \tag{3.26}$$

$$\mathrm{tr}\,AB = \mathrm{tr}\,BA \tag{3.27}$$

$$c\,\text{がスカラー量なら}\quad \mathrm{tr}\,c = c \tag{3.28}$$

ただし (3.27) 式は AB および BA がともに計算可能な場合に成り立つ．

次に，$p \times p$ 対称行列 A と $p \times 1$ ベクトル $\boldsymbol{x}$ に対して次式で定義される量を **2次形式**と呼ぶ．

$$\boldsymbol{x}'A\boldsymbol{x} = [x_1, x_2, \cdots, x_p] \begin{bmatrix} a_{11} & a_{12} & \cdots & a_{1p} \\ a_{21} & a_{22} & \cdots & a_{2p} \\ \vdots & \vdots & \ddots & \vdots \\ a_{p1} & a_{p2} & \cdots & a_{pp} \end{bmatrix} \begin{bmatrix} x_1 \\ x_2 \\ \vdots \\ x_p \end{bmatrix} = \sum_{i=1}^{p}\sum_{j=1}^{p} a_{ij}x_i x_j \tag{3.29}$$

これはスカラー量であることに注意する．したがって，(3.28) 式と (3.27) 式より，

$$\boldsymbol{x}'A\boldsymbol{x} = \mathrm{tr}\,\boldsymbol{x}'A\boldsymbol{x} = \mathrm{tr}\,A\boldsymbol{x}\boldsymbol{x}' \tag{3.30}$$

が成り立つ．ゼロベクトルでないすべての $\boldsymbol{x}$ に対して，$\boldsymbol{x}'A\boldsymbol{x} > 0$ が成り立つとき A を**正定値行列**と呼び，$\boldsymbol{x}'A\boldsymbol{x} \geq 0$ が成り立つとき A を**非負定値行列**と呼ぶ．

3.2 固有値と固有ベクトル

$p \times p$ 正方行列 A に対して

$$A\boldsymbol{x} = \lambda \boldsymbol{x} \tag{3.31}$$

が成り立つとき（ただし，$\boldsymbol{x} \neq \boldsymbol{0}$），スカラー量 λ を A の**固有値**，$\boldsymbol{x}$ を λ に対応する**固有ベクトル**と呼ぶ．(3.31) 式は，「固有ベクトル $\boldsymbol{x}$ に行列 A を掛けることは，$\boldsymbol{x}$ を λ 倍することと同じである」ことを意味している．すなわち，固有ベクトルに行列 A を掛けても，その結果得られるベクトルは固有ベクトルと同じ方向（または反対方向）を向いていることになる．

固有値は

$$|A - \lambda I_p| = 0 \tag{3.32}$$

の解として求めることができる．(3.32) 式を**固有方程式**と呼ぶ．A が $p \times p$ 行列のときは (3.32) 式の解は（重複度も含めて）p 個ある．p 個の固有値を $\lambda_1, \lambda_2, \cdots, \lambda_p$ と表すとき，固有値について次式が成り立つ．

$$\mathrm{tr}\, A = \lambda_1 + \lambda_2 + \cdots + \lambda_p \tag{3.33}$$

$$|A| = \lambda_1 \lambda_2 \cdots \lambda_p \tag{3.34}$$

したがって,「A の逆行列が存在しない」ことと「ゼロの固有値が存在する」こととは同値である.また,A^{-1} の固有値は $1/\lambda_1, 1/\lambda_2, \cdots, 1/\lambda_p$ である.

各要素が実数の $p \times p$ 行列 A が対称行列の場合には,p 個の固有値はすべて実数となり,対応する固有ベクトルも実数ベクトルとすることができる.また,異なる固有値に対応する固有ベクトルは直交する.

いま,対称行列 A の固有値 $\lambda_1, \lambda_2, \cdots, \lambda_p$ がすべて異なるとする.そして,対応する長さ1の固有ベクトルを $t_1, t_2, \cdots, t_p$ と表す.このとき,これらのベクトルを並べた行列 $T = [t_1, t_2, \cdots, t_p]$ は直交行列になる((3.22)式を満たす).固有値を対角要素に並べ,それ以外の要素をゼロとおいた行列を Λ と定義して,次のようにまとめてみよう.

$$At_1 = \lambda_1 t_1,\ At_2 = \lambda_2 t_2,\ \cdots,\ At_p = \lambda_p t_p$$

$$\iff A[t_1, t_2, \cdots, t_p] = [t_1, t_2, \cdots, t_p] \begin{bmatrix} \lambda_1 & 0 & \cdots & 0 \\ 0 & \lambda_2 & \cdots & 0 \\ \vdots & \vdots & \ddots & \vdots \\ 0 & 0 & \cdots & \lambda_p \end{bmatrix}$$

$$\iff AT = T\Lambda$$

$$\iff T'AT = \Lambda \tag{3.35}$$

これは,「対称行列 A は直交行列 T を用いて対角行列に変形できる」ことを意味している.(3.35)式を対称行列 A の**対角化**と呼ぶ.

対称行列の対角化は,固有値の中に重根があって,必ずしもすべてが相異ならない場合も,重根に対する固有ベクトルを適当に取れば成り立つ.

さらに,対称行列の場合には,(3.35)式より

$$AT = T\Lambda \iff A = T\Lambda T' = \lambda_1 t_1 t_1' + \lambda_2 t_2 t_2' + \cdots + \lambda_p t_p t_p' \tag{3.36}$$

が成り立つ.これを A の**スペクトル分解**と呼ぶ.

3.3 ベクトルによる微分

ベクトル

$$\boldsymbol{x} = \begin{bmatrix} x_1 \\ x_2 \\ \vdots \\ x_p \end{bmatrix} \tag{3.37}$$

の関数 $f(x_1, x_2, \cdots, x_p)$（スカラー量）を考える．関数 f を各 x_i で偏微分した結果を並べたものを**ベクトルによる微分**と考えて，次のように表現する．

$$\frac{\partial f}{\partial \boldsymbol{x}} = \begin{bmatrix} \dfrac{\partial f}{\partial x_1} \\ \dfrac{\partial f}{\partial x_2} \\ \vdots \\ \dfrac{\partial f}{\partial x_p} \end{bmatrix} \tag{3.38}$$

この定義に基づいて，$\boldsymbol{a}$ を定数ベクトル，A を定数の対称行列としたとき，内積 $\boldsymbol{x}'\boldsymbol{a}$（$=\boldsymbol{a}'\boldsymbol{x}$）と二次形式 $\boldsymbol{x}'A\boldsymbol{x}$ の $\boldsymbol{x}$ による微分の公式を述べておこう．

$$\frac{\partial \boldsymbol{x}'\boldsymbol{a}}{\partial \boldsymbol{x}} = \begin{bmatrix} \dfrac{\partial \sum x_i a_i}{\partial x_1} \\ \dfrac{\partial \sum x_i a_i}{\partial x_2} \\ \vdots \\ \dfrac{\partial \sum x_i a_i}{\partial x_p} \end{bmatrix} = \begin{bmatrix} a_1 \\ a_2 \\ \vdots \\ a_p \end{bmatrix} = \boldsymbol{a} \tag{3.39}$$

$$\frac{\partial \boldsymbol{x}'A\boldsymbol{x}}{\partial \boldsymbol{x}} = \begin{bmatrix} \dfrac{\partial \sum\sum a_{ij} x_i x_j}{\partial x_1} \\ \dfrac{\partial \sum\sum a_{ij} x_i x_j}{\partial x_2} \\ \vdots \\ \dfrac{\partial \sum\sum a_{ij} x_i x_j}{\partial x_p} \end{bmatrix} = \begin{bmatrix} 2\sum a_{1j} x_j \\ 2\sum a_{2j} x_j \\ \vdots \\ 2\sum a_{pj} x_j \end{bmatrix} = 2A\boldsymbol{x} \tag{3.40}$$

2次元ベクトル $\boldsymbol{a}$ と 2×2 対称行列 A について，(3.39) 式と (3.40) 式を具体的に確認する．

$$\boldsymbol{x} = \begin{bmatrix} x_1 \\ x_2 \end{bmatrix}, \quad \boldsymbol{a} = \begin{bmatrix} a_1 \\ a_2 \end{bmatrix}, \quad A = \begin{bmatrix} a & b \\ b & c \end{bmatrix} \tag{3.41}$$

とおくと，$\boldsymbol{x}'\boldsymbol{a} = \boldsymbol{a}'\boldsymbol{x} = a_1 x_1 + a_2 x_2$ であり，これをそれぞれの変数 x_1 と x_2 で微分すると次のようになる．

$$\frac{\partial \boldsymbol{x}'\boldsymbol{a}}{\partial \boldsymbol{x}} = \frac{\partial \boldsymbol{a}'\boldsymbol{x}}{\partial \boldsymbol{x}} = \begin{bmatrix} \dfrac{\partial \boldsymbol{x}'\boldsymbol{a}}{\partial x_1} \\ \dfrac{\partial \boldsymbol{x}'\boldsymbol{a}}{\partial x_2} \end{bmatrix} = \begin{bmatrix} a_1 \\ a_2 \end{bmatrix} = \boldsymbol{a} \tag{3.42}$$

また，二次形式は

$$\boldsymbol{x}'A\boldsymbol{x} = [x_1, x_2] \begin{bmatrix} a & b \\ b & c \end{bmatrix} \begin{bmatrix} x_1 \\ x_2 \end{bmatrix} = a x_1^2 + 2b x_1 x_2 + c x_2^2 \tag{3.43}$$

となり，これをそれぞれの変数で微分すると次を得る．

$$\frac{\partial \boldsymbol{x}'A\boldsymbol{x}}{\partial \boldsymbol{x}} = \begin{bmatrix} \dfrac{\partial \boldsymbol{x}'A\boldsymbol{x}}{\partial x_1} \\ \dfrac{\partial \boldsymbol{x}'A\boldsymbol{x}}{\partial x_2} \end{bmatrix} = \begin{bmatrix} 2a x_1 + 2b x_2 \\ 2b x_1 + 2c x_2 \end{bmatrix} = 2 \begin{bmatrix} a & b \\ b & c \end{bmatrix} \begin{bmatrix} x_1 \\ x_2 \end{bmatrix} = 2A\boldsymbol{x} \tag{3.44}$$

3.4 変数ベクトルの期待値と分散・共分散

変数ベクトル

$$\boldsymbol{x} = \begin{bmatrix} x_1 \\ x_2 \\ \vdots \\ x_p \end{bmatrix} \tag{3.45}$$

の母平均ベクトル（期待値）は，各変数の母平均（期待値）を要素としたベクトルである．

$$\boldsymbol{\mu} = E(\boldsymbol{x}) = \begin{bmatrix} E(x_1) \\ E(x_2) \\ \vdots \\ E(x_p) \end{bmatrix} \tag{3.46}$$

また，各変数の母分散 $V(x_i)$ を対角要素とし，x_i と x_j の母共分散 $C(x_i, x_j)$ を (i, j) 要素とする行列を $\boldsymbol{x}$ の**母分散共分散行列**と呼ぶ．

3.4 変数ベクトルの期待値と分散・共分散

$$\Sigma = V(\boldsymbol{x}) = \begin{bmatrix} V(x_1) & C(x_1, x_2) & \cdots & C(x_1, x_p) \\ C(x_2, x_1) & V(x_2) & \cdots & C(x_2, x_p) \\ \vdots & \vdots & \ddots & \vdots \\ C(x_p, x_1) & C(x_p, x_2) & \cdots & V(x_p) \end{bmatrix} \quad (3.47)$$

$V(\boldsymbol{x})$ は，$C(x_i, x_j) = C(x_j, x_i)$ だから対称行列である．また，$V(x_i) = E\{(x_i - E(x_i))^2\}$，$C(x_i, x_j) = E\{(x_i - E(x_i))(x_j - E(x_j))\}$ なので，$V(\boldsymbol{x})$ を次のように表現することができる．

$$V(\boldsymbol{x}) = E\{(\boldsymbol{x} - E(\boldsymbol{x}))(\boldsymbol{x} - E(\boldsymbol{x}))'\} \quad (3.48)$$

転置の記号の付き方に注意せよ．

最後に，変数ベクトル $\boldsymbol{x}$ を定数行列 A （$q \times p$ 行列で，rank$A = q$）により

$$\boldsymbol{y} = A\boldsymbol{x} \quad (3.49)$$

という変換を考える．このとき，次式が成り立つ．

$$E(\boldsymbol{y}) = E(A\boldsymbol{x}) = AE(\boldsymbol{x}) = A\boldsymbol{\mu} \quad (3.50)$$

$$\begin{aligned} V(\boldsymbol{y}) &= E\{(\boldsymbol{y} - E(\boldsymbol{y}))(\boldsymbol{y} - E(\boldsymbol{y}))'\} \\ &= E\{(A\boldsymbol{x} - E(A\boldsymbol{x}))(A\boldsymbol{x} - E(A\boldsymbol{x}))'\} \\ &= E\{A(\boldsymbol{x} - E(\boldsymbol{x}))(\boldsymbol{x} - E(\boldsymbol{x}))' A'\} \\ &= A\, E\{(\boldsymbol{x} - E(\boldsymbol{x}))(\boldsymbol{x} - E(\boldsymbol{x}))'\}\, A' \\ &= A\, V(\boldsymbol{x})\, A' = A\Sigma A' \end{aligned} \quad (3.51)$$

特に，$\boldsymbol{x}$ が p 次元正規分布 $N(\boldsymbol{\mu}, \Sigma)$ に従っているとき，(3.49) 式で定義された $\boldsymbol{y}$ は q 次元正規分布 $N(A\boldsymbol{\mu}, A\Sigma A')$ に従う．

練習問題

◆問題 3.1　3つの 2×2 行列を次のように定義する．各設問に答えよ．

$$A = \begin{bmatrix} 3 & 1 \\ 2 & 2 \end{bmatrix}, \quad B = \begin{bmatrix} 4 & 2 \\ 8 & 5 \end{bmatrix}, \quad C = \begin{bmatrix} 1 & 2 \\ 2 & 4 \end{bmatrix}$$

(1) $(AB)' = B'A'$ を確認せよ．
(2) $(AB)^{-1} = B^{-1}A^{-1}$ を確認せよ．
(3) $(A')^{-1} = (A^{-1})'$ を確認せよ．
(4) $|AB| = |A||B|$，$|A'| = |A|$ を確認せよ．
(5) A, B, C のそれぞれのランクを求めよ．
(6) $\text{tr}\,(A+B) = \text{tr}\,A + \text{tr}\,B$，$\text{tr}\,AB = \text{tr}\,BA$ を確認せよ．
(7) A と C のそれぞれの固有値・固有ベクトル（長さが 1）を求めよ．
(8) C についてスペクトル分解を行え．

◆問題 3.2　$n\times p$ $(n > p)$ 行列 X について，$p\times p$ 行列 $X'X$ の逆行列が存在すると仮定する．このとき，以下の設問に答えよ．

(1) $X'X$ が対称行列であることを示せ．
(2) $X(X'X)^{-1}X'$ が対称行列であることを示せ．また，この行列を 2 乗したものはもとの行列に等しいことを示せ（この性質を満たす行列を**べき等行列**と呼ぶ）．さらに，$\text{tr}\,X(X'X)^{-1}X'$ を求めよ．
(3) $I_n - X(X'X)^{-1}X'$ が対称行列であり，べき等行列であることを示せ．さらに，$\text{tr}\,(I_n - X(X'X)^{-1}X')$ を求めよ．

◆問題 3.3　次のように定義する．

$$\boldsymbol{x} = \begin{bmatrix} x_1 \\ x_2 \end{bmatrix}, \quad \boldsymbol{\mu} = E(\boldsymbol{x}) = \begin{bmatrix} 5 \\ 10 \end{bmatrix}, \quad \Sigma = V(\boldsymbol{x}) = \begin{bmatrix} 4 & 3 \\ 3 & 5 \end{bmatrix},$$

$$A = \begin{bmatrix} 1 & 2 \\ 3 & -4 \end{bmatrix}, \quad \boldsymbol{a} = \begin{bmatrix} 1 \\ 3 \end{bmatrix}$$

このとき，以下の設問に答えよ．

(1) $\boldsymbol{y} = A\boldsymbol{x}$ の母平均ベクトル（期待値）と母分散共分散行列を求めよ．
(2) $z = \boldsymbol{a}'\boldsymbol{x}$ の母平均（期待値）と母分散を求めよ．

第4章

単回帰分析

　本章では，x と y について直線的な関係を前提として解析する方法を説明する．y の値を x の値に基づいて制御・予測することが目的である．y を目的変数，x を説明変数と呼ぶ．本章では，説明変数が1つだけの場合を扱う．その場合の解析方法を単回帰分析と呼ぶ．説明変数が2つ以上の場合の解析方法を重回帰分析と呼び，次章で説明する．本章は次章のための準備の役割がある．4.3 節は第3章を前提として解説する．理論的な内容に関心のある読者は目を通すとよい．

4.1　適用例と解析ストーリー

（1）適用例と解析の目的

　ある化学物質の合成工程において，原料中の成分Aの含有量 x と収率 y の関係を調べるため $n = 10$ のデータを得た．データを表 4.1 に示す．

　このデータから散布図を作成すると図 4.1 となる．図 4.1 では，x の増加に

表 4.1　成分Aの含有量 x と収率 y のデータ

サンプル No.	含有量 x	収率 y
1	2.2	71
2	4.1	81
3	5.5	86
4	1.9	72
5	3.4	77
6	2.6	73
7	4.2	80
8	3.7	81
9	4.9	85
10	3.2	74

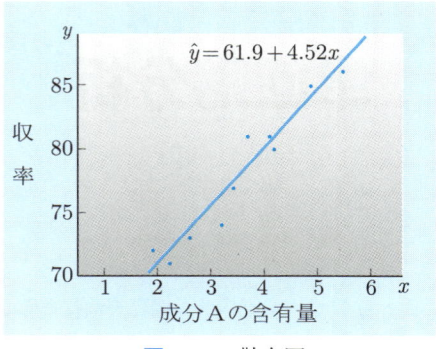

図 4.1 散布図

よって y は直線的に増加していることがわかる．そこで，データに直線をあてはめて，x と y の関連性をより詳しく分析したい．

x を**説明変数**と呼び，y を**目的変数**と呼ぶ．先に観測できる値，ないしは設定できる値 x に基づいて，目的となる変数 y の値を制御したり，予測したりすることが解析の目的である．

（2）解析ストーリー

単回帰分析の解析の流れは以下の通りである．

単回帰分析の解析ストーリー

（1）**単回帰モデル**
$$y_i = \beta_0 + \beta_1 x_i + \varepsilon_i, \quad \varepsilon_i \sim N(0, \sigma^2) \tag{4.1}$$
（誤差 ε_i は互いに独立に $N(0, \sigma^2)$ に従う）を想定し，**回帰母数** β_0，β_1 を**最小2乗法**により推定する．

（2）**寄与率**や**自由度調整済寄与率**を求めて，(1) で得られた回帰式の性能を評価する．

（3）回帰係数 β_1 について検定・区間推定を行う．

（4）**残差**と**テコ比**の検討を行い，得られた回帰式の妥当性を検討する．

（5）得られた回帰式を利用して，任意に指定した値 x_0 に対して**母回帰** $\beta_0 + \beta_1 x_0$ を推定し，$y_0 = \beta_0 + \beta_1 x_0 + \varepsilon_0$ の値を**予測**する．

4.2 解析方法

(1) 最小2乗法による回帰式の推定

単回帰モデルを図 4.2 に示した．x の値を決めると母平均 μ_i が定まり，それに誤差 ε_i が加わって y_i が観測される．そして，母平均に対して $\mu_i = \beta_0 + \beta_1 x_i$ という直線の構造を想定するという内容である．

単回帰分析における最初の作業は，データによくあてはまる直線を求めることである．すなわち，(4.1) 式の単回帰モデルにおけるパラメータ β_0 と β_1 を推定することである．そのために**最小2乗法**を用いる．

求める直線を

$$\hat{y} = \hat{\beta}_0 + \hat{\beta}_1 x \tag{4.2}$$

とおく．データから $\hat{\beta}_0$ と $\hat{\beta}_1$ の値を次のように求める．No.i のデータ $[x_i, y_i]$ について考え，説明変数 x_i を (4.2) 式に代入した

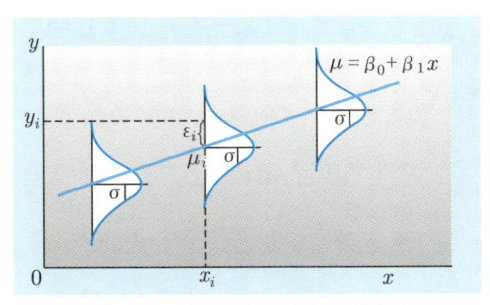

図 4.2 単回帰モデルの考え方

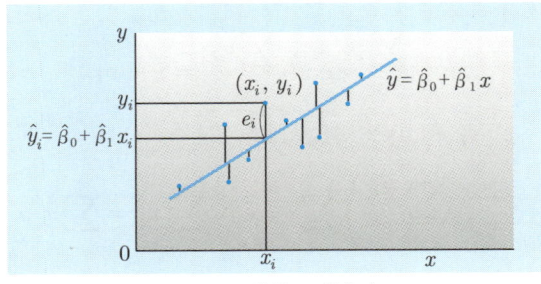

図 4.3 残差の考え方

第4章 単回帰分析

$$\hat{y}_i = \hat{\beta}_0 + \hat{\beta}_1 x_i \tag{4.3}$$

を**予測値**と呼ぶ．実測値（データの値）y_i と予測値 $\hat{y}_i$ との差を考えて**残差**と呼ぶ（図4.3を参照せよ）．

$$e_i = y_i - \hat{y}_i = y_i - (\hat{\beta}_0 + \hat{\beta}_1 x_i) \tag{4.4}$$

そして，次の**残差平方和**が最小になる $\hat{\beta}_0$ と $\hat{\beta}_1$ を求める．

$$S_e = \sum_{i=1}^{n} e_i^2 = \sum_{i=1}^{n} \{y_i - (\hat{\beta}_0 + \hat{\beta}_1 x_i)\}^2 \tag{4.5}$$

そのためには，S_e を $\hat{\beta}_0$ と $\hat{\beta}_1$ について微分（偏微分）してゼロとおき，連立方程式を解けばよい．実際に微分すると次のようになる．

$$\frac{\partial S_e}{\partial \hat{\beta}_0} = -2 \sum_{i=1}^{n} (y_i - \hat{\beta}_0 - \hat{\beta}_1 x_i) = 0 \tag{4.6}$$

$$\frac{\partial S_e}{\partial \hat{\beta}_1} = -2 \sum_{i=1}^{n} x_i (y_i - \hat{\beta}_0 - \hat{\beta}_1 x_i) = 0 \tag{4.7}$$

(4.6)式と(4.7)式を整理すると

$$\hat{\beta}_0 n + \hat{\beta}_1 \sum x_i = \sum y_i \tag{4.8}$$

$$\hat{\beta}_0 \sum x_i + \hat{\beta}_1 \sum x_i^2 = \sum x_i y_i \tag{4.9}$$

を得る．$\hat{\beta}_0$ と $\hat{\beta}_1$ に関する上の連立方程式を**正規方程式**と呼ぶ．

(4.8)式より，

$$\hat{\beta}_0 = \frac{\sum y_i}{n} - \hat{\beta}_1 \frac{\sum x_i}{n} = \bar{y} - \hat{\beta}_1 \bar{x} \tag{4.10}$$

となる．次に，これを(4.9)式に代入すれば

$$\left(\frac{\sum y_i}{n} - \hat{\beta}_1 \frac{\sum x_i}{n} \right) \sum x_i + \hat{\beta}_1 \sum x_i^2 = \sum x_i y_i \tag{4.11}$$

となり，整理すれば

4.2 解析方法

$$\hat{\beta}_1 \left(\sum x_i^2 - \frac{\left(\sum x_i\right)^2}{n} \right) = \sum x_i y_i - \frac{\left(\sum x_i\right)\left(\sum y_i\right)}{n} \quad (4.12)$$

を得る．ここで，x と y の偏差積和および x の平方和

$$S_{xy} = \sum(x_i - \bar{x})(y_i - \bar{y}) = \sum x_i y_i - \frac{\left(\sum x_i\right)\left(\sum y_i\right)}{n} \quad (4.13)$$

$$S_{xx} = \sum(x_i - \bar{x})^2 = \sum x_i^2 - \frac{\left(\sum x_i\right)^2}{n} \quad (4.14)$$

を用いれば，(4.12) 式より，次のように表すことができる．

$$\hat{\beta}_1 = \frac{S_{xy}}{S_{xx}} \quad (4.15)$$

以上より単回帰式の推定式を得ることができた．

$$\hat{y} = \hat{\beta}_0 + \hat{\beta}_1 x = \bar{y} + \hat{\beta}_1(x - \bar{x}) \quad (4.16)$$

(4.16) 式より，推定された回帰直線は点 $[\bar{x}, \bar{y}]$ を通ることがわかる．
残差平方和 (4.5) の最小値は次のようになる．

$$\begin{aligned}
S_e &= \sum\{y_i - (\hat{\beta}_0 + \hat{\beta}_1 x_i)\}^2 \\
&= \sum\{y_i - \bar{y} - \hat{\beta}_1(x_i - \bar{x})\}^2 \\
&= \sum(y_i - \bar{y})^2 - 2\hat{\beta}_1 \sum(x_i - \bar{x})(y_i - \bar{y}) + \hat{\beta}_1^2 \sum(x_i - \bar{x})^2 \\
&= S_{yy} - 2\hat{\beta}_1 S_{xy} + \hat{\beta}_1 \frac{S_{xy}}{S_{xx}} S_{xx} \\
&= S_{yy} - \hat{\beta}_1 S_{xy} \quad (4.17)
\end{aligned}$$

S_e を用いて単回帰モデルの誤差 ε の母分散 σ^2 を次のように推定することができる．

$$\hat{\sigma}^2 = V_e = \frac{S_e}{\phi_e} = \frac{S_e}{n-2} \quad (4.18)$$

（2）寄与率と自由度調整済寄与率

次のように平方和の分解を行う．

$$S_{yy} = \sum_{i=1}^{n}(y_i - \bar{y})^2$$

$$= \sum\{y_i - (\hat{\beta}_0 + \hat{\beta}_1 x_i) + (\hat{\beta}_0 + \hat{\beta}_1 x_i) - \bar{y}\}^2$$

$$= \sum\{y_i - (\hat{\beta}_0 + \hat{\beta}_1 x_i)\}^2 + \sum\{(\hat{\beta}_0 + \hat{\beta}_1 x_i) - \bar{y}\}^2$$
$$+ 2\sum\{y_i - (\hat{\beta}_0 + \hat{\beta}_1 x_i)\}\{(\hat{\beta}_0 + \hat{\beta}_1 x_i) - \bar{y}\}$$

$$= \sum\{y_i - (\hat{\beta}_0 + \hat{\beta}_1 x_i)\}^2 + \sum\{(\hat{\beta}_0 + \hat{\beta}_1 x_i) - \bar{y}\}^2 \quad (4.19)$$

（最後の等号が成り立つ理由は【問題 4.3】を参照．）一方，(4.17) 式より，$S_R = \hat{\beta}_1 S_{xy}$ とおくと，

$$S_{yy} = \hat{\beta}_1 S_{xy} + S_e = S_R + S_e \quad (4.20)$$

となる．(4.19) 式と (4.20) 式を見比べることにより，

$$S_R = \sum\{(\hat{\beta}_0 + \hat{\beta}_1 x_i) - \bar{y}\}^2 = \hat{\beta}_1 S_{xy} \quad \left(= \frac{S_{xy}^2}{S_{xx}}\right) \quad (4.21)$$

である．S_{yy} は目的変数 y の平方和であり，y の全変動を表している．また，S_e は残差平方和であり，直線からのずれ具合を表す量である．したがって，それらの平方和の差である S_R は，データの変動のうちで回帰直線によって説明できる部分を表すと考えることができる．実際，(4.21) 式の形より，S_R は推定された回帰式から決まる予測値 $\hat{y}_i$ が y の平均 $\bar{y}$ とどれくらい食い違うかを測る量になっている．S_R を**回帰による平方和**と呼ぶ．

(4.19) 式のそれぞれの平方和に自由度が対応する．S_{yy} には $\phi_T = n - 1$，S_R には $\phi_R = 1$，S_e には $\phi_e = n - 2$ がそれぞれ対応する．

平方和の分解を利用して，推定した回帰式がどの程度有用なのかを評価する指標

$$R^2 = \frac{S_R}{S_{yy}} = 1 - \frac{S_e}{S_{yy}} \quad (4.22)$$

を計算する．R^2 は**寄与率**と呼ばれる量で，「全変動のうち回帰によって説明できる変動の割合」であり，1 に近いほどよい．

寄与率 R^2 は x と y の相関係数 r_{xy} と次の関係がある．

$$R^2 = \frac{S_R}{S_{yy}} = \frac{S_{xy}^2/S_{xx}}{S_{yy}} = \left(\frac{S_{xy}}{\sqrt{S_{xx}S_{yy}}}\right)^2 = r_{xy}^2 \qquad (4.23)$$

なお，(4.22) 式を自由度で調整した

$$R^{*2} = 1 - \frac{S_e/\phi_e}{S_{yy}/\phi_T} \qquad (4.24)$$

を**自由度調整済寄与率**と呼ぶ．これは，重回帰分析のときに有用になる．

例題 1 ────────────────── 回帰式と寄与率

本章の冒頭の例のデータに基づいて回帰式と寄与率を計算せよ．

[解答]

$$\bar{x} = \frac{\sum x_i}{n} = \frac{35.7}{10} = 3.57$$

$$\bar{y} = \frac{\sum y_i}{n} = \frac{780}{10} = 78.0$$

$$S_{xy} = \sum x_i y_i - \frac{(\sum x_i)(\sum y_i)}{n} = 2838.7 - \frac{35.7 \times 780}{10} = 54.10$$

$$S_{xx} = \sum x_i^2 - \frac{(\sum x_i)^2}{n} = 139.41 - \frac{35.7^2}{10} = 11.96$$

$$S_{yy} = \sum y_i^2 - \frac{(\sum y_i)^2}{n} = 61102 - \frac{780^2}{10} = 262.0$$

$$\hat{\beta}_1 = \frac{S_{xy}}{S_{xx}} = \frac{54.10}{11.96} = 4.52$$

$$\hat{\beta}_0 = \bar{y} - \hat{\beta}_1 \bar{x} = 78.0 - 4.52 \times 3.57 = 61.9$$

$$\hat{y} = \hat{\beta}_0 + \hat{\beta}_1 x = 61.9 + 4.52x = 78.0 + 4.52(x - 3.57)$$

$$S_R = \hat{\beta}_1 S_{xy} = 4.52 \times 54.10 = 244.5$$

$$R^2 = \frac{S_R}{S_{yy}} = \frac{244.5}{262.0} = 0.933$$

$$S_e = S_{yy} - S_R = 262.0 - 244.5 = 17.5$$

$$R^{*2} = 1 - \frac{S_e/\phi_e}{S_{yy}/\phi_T} = 1 - \frac{17.5/(10-2)}{262.0/(10-1)} = 0.925$$

推定された回帰直線を図 4.1 に書き込んでいる．

（3）回帰係数の検定と推定

$\hat{\beta}_1$ は統計量であり，次の確率分布に従う（(4.62) 式を参照）．

$$\hat{\beta}_1 \sim N\left(\beta_1, \frac{\sigma^2}{S_{xx}}\right) \tag{4.25}$$

標準化を行うと，

$$u = \frac{\hat{\beta}_1 - \beta_1}{\sqrt{\sigma^2/S_{xx}}} \sim N(0, 1^2) \tag{4.26}$$

となる．そこで，(4.26) 式の u の分母の σ^2 にその推定量 $\hat{\sigma}^2 = V_e$（(4.18) 式を参照）を代入すると

$$t = \frac{\hat{\beta}_1 - \beta_1}{\sqrt{V_e/S_{xx}}} \sim t(\phi_e) \quad (\phi_e = n - 2) \tag{4.27}$$

が成り立つ．これを用いて，β_1 に関する検定や区間推定を行うことができる．

特に，仮説を次のように設定した β_1 に関する検定は「回帰に意味があるかどうか」を判定するものであり重要である．

$$\text{帰無仮説 } H_0 : \beta_1 = 0, \quad \text{対立仮説 } H_1 : \beta_1 \neq 0 \tag{4.28}$$

$\beta_1 \neq 0$ ということは，(4.1) 式の単回帰モデルにおいて x が変化すれば y が変化することを意味する．有意水準 α を定めて，検定統計量

$$t_0 = \frac{\hat{\beta}_1}{\sqrt{V_e/S_{xx}}} \tag{4.29}$$

を計算し，$|t_0| \geq t(\phi_e, \alpha)$ $(\phi_e = n-2)$ なら，有意水準 α で有意であると判定し，帰無仮説 H_0 を棄却して，「β_1 はゼロと異なり，回帰に意味がある」と判断する．なお，$\{t(\phi, P)\}^2 = F(1, \phi; P)$ という関係があるので，$|t_0| \geq t(\phi_e, \alpha)$ の判定手順と次の判定とは同じである．

$$F_0 = t_0^2 = \frac{\hat{\beta}_1^2}{V_e/S_{xx}} = \frac{S_R}{V_e} \geq F(1, \phi_e; \alpha) \tag{4.30}$$

この F_0 の値は，**分散比**という名称で重回帰分析の中で登場する．

次に，β_1 の信頼率95%の信頼区間は次の通りである．

$$\hat{\beta}_1 \pm t(\phi_e, 0.05)\sqrt{\frac{V_e}{S_{xx}}} \tag{4.31}$$

例題 2 ─────────────────────── β_1 の検定と区間推定

例題1について，$\beta_1 \neq 0$ かどうかの検定と β_1 の区間推定を行え．

解答　仮説を

$$H_0 : \beta_1 = 0, \quad H_1 : \beta_1 \neq 0$$

と設定し，有意水準を $\alpha = 0.05$ とする．例題1より

$$\phi_e = n - 2 = 10 - 2 = 8$$
$$V_e = \frac{S_e}{\phi_e} = \frac{17.5}{8} = 2.19$$
$$t(\phi_e, \alpha) = t(8, 0.05) = 2.306$$
$$t_0 = \frac{\hat{\beta}_1}{\sqrt{V_e/S_{xx}}} = \frac{4.52}{\sqrt{2.19/11.96}} = 10.6 \quad (F_0 = 10.6^2 = 112)$$

が求まる．$|t_0| = 10.6 \geq t(8, 0.05) = 2.306$ ($F_0 = 112 \geq F(1, 8; 0.05) = 5.32$) となるので有意である．帰無仮説 H_0 を棄却して，$\beta_1 \neq 0$ と判断できる．つまり，「回帰に意味がある」といえる．

次に，信頼率95%の β_1 の信頼区間を構成すると

$$\hat{\beta}_1 \pm t(8, 0.05)\sqrt{\frac{V_e}{S_{xx}}} = 4.52 \pm 2.306\sqrt{\frac{2.19}{11.96}} = 3.53, 5.51$$

となる．

（4）残差とテコ比の検討

(4.4) 式で各サンプルごとに残差 $e_k = y_k - \hat{y}_k$ を求めた．これは，実測値 y_k が推定された回帰直線からどれくらい離れているのかを表す量だった．この値が異常に大きかったり，説明変数 x の値に応じて系統的に変化するようだと，何らかの問題があると考えなければならない．こういったことより，残差の検討は重要である．単回帰分析では，散布図に回帰直線の推定式を書き込めば，大体の様子を把握することができる．しかし，重回帰分析では，そのような把握が困難になる．そのための準備の意味も込めて，残差の検討の意味と内容をここで理解しておいてほしい．

残差を (4.18) 式の V_e を用いて次のように標準化する.

$$e'_k = \frac{e_k}{\sqrt{V_e}} \tag{4.32}$$

これを**標準化残差**と呼ぶ.この値は標準正規分布 $N(0, 1^2)$ に近似的に従う.そこで,「$|e'| \geq 3.0$ なら注意」,「$|e'| \geq 2.5$ なら留意」と考えて,そのサンプルが異常でないかどうかを検討する.異常である理由が見つかれば,そのサンプルを外して解析をやり直す.

また,x を横軸にとり,e' を縦軸にとって散布図を描く.曲線的な傾向がないか,x が大きくなるにしたがって e' のばらつきが系統的に変化していないかなどを検討する.曲線的な傾向があれば,x^2 などの項を新たに説明変数に追加して次章の重回帰分析を試みる.また,x の大きさにより e' が系統的に変化する場合には,y に対数変換または平方根変換などを施してみる.

より洗練されたものとして,**残差の t 値**

$$t_k = \frac{e_k}{\sqrt{(1-h_{kk})V_e}} \tag{4.33}$$

を計算することもある.ここで,h_{kk} は,このあと説明するテコ比である.この値の見方も標準化残差と同様でよい.

次に,**テコ比**(レベレッジとも呼ぶ)について説明する.これは,各データが予測値に対してどれくらい影響力があるのかを測る量である.回帰係数の推定量

$$\hat{\beta}_1 = \frac{S_{xy}}{S_{xx}} = \frac{\sum (x_i - \bar{x})(y_i - \bar{y})}{S_{xx}} = \frac{\sum (x_i - \bar{x})y_i}{S_{xx}} \tag{4.34}$$

を第 k サンプルの予測値に代入すると

$$\begin{aligned}
\hat{y}_k &= \hat{\beta}_0 + \hat{\beta}_1 x_k = \bar{y} + \hat{\beta}_1(x_k - \bar{x}) \\
&= \frac{\sum y_i}{n} + \frac{(x_k - \bar{x})\sum(x_i - \bar{x})y_i}{S_{xx}} \\
&= h_{k1}y_1 + h_{k2}y_2 + \cdots + h_{kk}y_k + \cdots + h_{kn}y_n
\end{aligned} \tag{4.35}$$

となる.第 k サンプルの予測値 $\hat{y}_k$ を求める際にすべてのサンプルが関与し

ていることがわかる．ここで，y_k の係数

$$h_{kk} = \frac{1}{n} + \frac{(x_k - \bar{x})^2}{S_{xx}} \tag{4.36}$$

をテコ比と呼ぶ．これは，y_k が 1 単位変化するとき第 k サンプルの予測値 $\hat{y}_k$ が変化する量である．この値が大きすぎると，$\hat{y}_k$ の値が y_k の値の変動によって強く影響を受けることになり望ましくない．

テコ比は x の値のみから計算される量であり，中心 $\bar{x}$ からの x_k の離れ具合いを表す．中心から離れたデータほど回帰式の推定に強い影響をおよぼす．

テコ比は次の性質を満たす（【問題 4.4】を参照）．

$$\sum_{k=1}^{n} h_{kk} = 1 + 1 = 2 \, (= (\text{説明変数の個数}) + 1) \tag{4.37}$$

$$\frac{1}{n} \leq h_{kk} \leq 1 \tag{4.38}$$

これらの性質に基づいて，テコ比を検討するときの目安として，$2.5 \times 2/n = 2.5 \times (\text{テコ比の平均})$ を考えることがある．テコ比は x だけによって定まる量だから，データを採取するときに調整が可能ならばこの目安の値以内におさまるように工夫することが望ましい．

なお，テコ比が大きいと残差 e_k は小さくなる傾向がある．残差とテコ比の両方を散布図などで検討する必要がある．

例題 3 ― 残差とテコ比 ―
例題 1 のデータに基づいて予測値・標準化残差・テコ比を計算せよ．

解答 例えば，No.1 のサンプルについて計算を例示すると次のようになる．

$$\hat{y}_1 = \hat{\beta}_0 + \hat{\beta}_1 x_1 = 61.9 + 4.52 \times 2.2 = 71.84$$

$$e_1 = y_1 - \hat{y}_1 = 71 - 71.84 = -0.84$$

$$e'_1 = \frac{e_1}{\sqrt{V_e}} = \frac{-0.84}{\sqrt{2.19}} = -0.57$$

$$h_{11} = \frac{1}{n} + \frac{(x_1 - \bar{x})^2}{S_{xx}} = \frac{1}{10} + \frac{(2.2 - 3.57)^2}{11.96} = 0.26$$

同様にして他のサンプル No. に対しても計算した結果を表 4.2 に示す.

標準化残差とテコ比の散布図を図 4.4 に, x と標準化残差の散布図を図 4.5 に示す. 図 4.4 より, 特に大きな標準化残差やテコ比は見あたらない. また, 図 4.5 より, x に対して標準化残差が系統的な変化をしている様子もなさそうである.

表 4.2 データおよび予測値・標準化残差・テコ比の値

No.	x	y	$\hat{y}$	e'	h
1	2.2	71	71.84	−0.57	0.26
2	4.1	81	80.43	0.39	0.12
3	5.5	86	86.76	−0.51	0.41
4	1.9	72	70.49	1.02	0.33
5	3.4	77	77.27	−0.18	0.10
6	2.6	73	73.65	−0.44	0.18
7	4.2	80	80.88	−0.59	0.13
8	3.7	81	78.62	1.61	0.10
9	4.9	85	84.05	0.64	0.25
10	3.2	74	76.36	−1.59	0.11

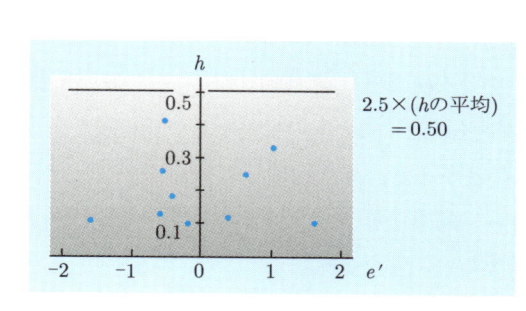

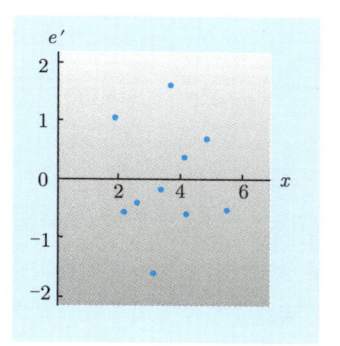

図 4.4 標準化残差とテコ比の散布図

図 4.5 x と標準化残差の散布図

(5) 得られた回帰式の利用

回帰式の推定量 $\hat{\beta}_0 + \hat{\beta}_1 x$ の確率分布は次の通りである ((4.64) 式を参照).

$$\hat{\beta}_0 + \hat{\beta}_1 x \sim N\left(\beta_0 + \beta_1 x, \left\{\frac{1}{n} + \frac{(x-\bar{x})^2}{S_{xx}}\right\}\sigma^2\right) \tag{4.39}$$

これを用いて, x を任意の値 x_0 に設定して, **母回帰の区間推定**や**予測区間**を構成することができる (【問題 4.5】を参照).

母回帰 $\beta_0 + \beta_1 x_0$ の信頼率 95% の信頼区間は次のように構成する.

$$\hat{\beta}_0 + \hat{\beta}_1 x_0 \pm t(\phi_e, 0.05)\sqrt{\left\{\frac{1}{n} + \frac{(x_0-\bar{x})^2}{S_{xx}}\right\}V_e} \tag{4.40}$$

(4.40) 式は，$x = x_0$ とした場合の回帰直線上の縦座標の信頼区間である．

これに対して，x の値を任意の値 x_0 に設定してもう一度データを取るとき，どのような y の値が得られるのかを推測する作業を**予測**と呼ぶ．予測は，$\beta_0 + \beta_1 x_0 + \varepsilon$ の推定である．誤差も含めて考慮する点が上の場合と異なる．つまり，予測区間を作成するときに誤差の変動の分も考慮する必要がある．$y_0 = \beta_0 + \beta_1 x_0 + \varepsilon$ の信頼率 95% の予測区間は次のように構成する．

$$\hat{\beta}_0 + \hat{\beta}_1 x_0 \pm t(\phi_e, 0.05)\sqrt{\left\{1 + \frac{1}{n} + \frac{(x_0 - \bar{x})^2}{S_{xx}}\right\} V_e} \tag{4.41}$$

(4.40) 式と (4.41) 式より，これらの信頼区間と予測区間の区間幅は $x_0 = \bar{x}$ のときに一番短くなることがわかる．

例題 4 ─────────────────────── 信頼区間と予測区間

例題 1 について，$x_0 = 5.0$ の場合の予測値および信頼率 95% の母回帰の信頼区間と予測区間を計算せよ．

[解答] 予測値は次のようになる．

$$\hat{y}_0 = \hat{\beta}_0 + \hat{\beta}_1 x_0 = 61.9 + 4.52 \times 5.0 = 84.5$$

母回帰の信頼区間は

$$\hat{y}_0 \pm t(\phi_e, 0.05)\sqrt{\left\{\frac{1}{n} + \frac{(x_0 - \bar{x})^2}{S_{xx}}\right\} V_e}$$

$$= 84.5 \pm t(8, 0.05)\sqrt{\left\{\frac{1}{10} + \frac{(5.0 - 3.57)^2}{11.96}\right\} \times 2.19} = 82.7,\ 86.3$$

となる．次に，予測区間は

$$\hat{y}_0 \pm t(\phi_e, 0.05)\sqrt{\left\{1 + \frac{1}{n} + \frac{(x_0 - \bar{x})^2}{S_{xx}}\right\} V_e}$$

$$= 84.5 \pm t(8, 0.05)\sqrt{\left\{1 + \frac{1}{10} + \frac{(5.0 - 3.57)^2}{11.96}\right\} \times 2.19} = 80.7,\ 88.3$$

となる．

4.3♣ 行列とベクトルによる表現

（１）単回帰モデル

単回帰モデルを次のように表す．

$$y_i = \beta_0 + \beta_1 x_i + \varepsilon_i = \alpha_0 + \beta_1(x_i - \bar{x}) + \varepsilon_i \tag{4.42}$$

$$\alpha_0 = \beta_0 + \beta_1 \bar{x} \tag{4.43}$$

$$\varepsilon_i \sim N(0, \sigma^2) \tag{4.44}$$

n 個のサンプルに対してこれを具体的に書き並べると次のようになる．

$$\begin{aligned} y_1 &= \alpha_0 + \beta_1(x_1 - \bar{x}) + \varepsilon_1, & \varepsilon_1 &\sim N(0, \sigma^2) \\ y_2 &= \alpha_0 + \beta_1(x_2 - \bar{x}) + \varepsilon_2, & \varepsilon_2 &\sim N(0, \sigma^2) \\ &\vdots & &\vdots \\ y_n &= \alpha_0 + \beta_1(x_n - \bar{x}) + \varepsilon_n, & \varepsilon_n &\sim N(0, \sigma^2) \end{aligned} \tag{4.45}$$

これらより，次のようにベクトルと行列を定義する．

$$\boldsymbol{y} = \begin{bmatrix} y_1 \\ y_2 \\ \vdots \\ y_n \end{bmatrix}, \ X = \begin{bmatrix} 1 & x_1 - \bar{x} \\ 1 & x_2 - \bar{x} \\ \vdots & \vdots \\ 1 & x_n - \bar{x} \end{bmatrix}, \ \boldsymbol{\beta} = \begin{bmatrix} \alpha_0 \\ \beta_1 \end{bmatrix}, \ \boldsymbol{\varepsilon} = \begin{bmatrix} \varepsilon_1 \\ \varepsilon_2 \\ \vdots \\ \varepsilon_n \end{bmatrix} \tag{4.46}$$

誤差について次の仮定をおいていることに注意する．

$$E(\varepsilon_i) = 0, \quad V(\varepsilon_i) = \sigma^2, \quad C(\varepsilon_i, \varepsilon_j) = 0 \quad (i \neq j) \tag{4.47}$$

これらを，3.4 節の (3.46) 式と (3.47) 式に基づいてベクトルと行列で表現する．

$$E(\boldsymbol{\varepsilon}) = \begin{bmatrix} 0 \\ 0 \\ \vdots \\ 0 \end{bmatrix} = \boldsymbol{0}, \ V(\boldsymbol{\varepsilon}) = \begin{bmatrix} \sigma^2 & 0 & \cdots & 0 \\ 0 & \sigma^2 & \cdots & 0 \\ \vdots & \vdots & & \vdots \\ 0 & 0 & \cdots & \sigma^2 \end{bmatrix} = \sigma^2 I_n \tag{4.48}$$

以上より，行列とベクトルを用いて単回帰モデルを次のように表現できる．

$$\boldsymbol{y} = X\boldsymbol{\beta} + \boldsymbol{\varepsilon}, \quad \boldsymbol{\varepsilon} \sim N(\boldsymbol{0}, \sigma^2 I_n) \tag{4.49}$$

（2）最小 2 乗法による回帰式の推定

残差ベクトルを

$$\boldsymbol{e} = \begin{bmatrix} e_1 \\ e_2 \\ \vdots \\ e_n \end{bmatrix} = \begin{bmatrix} y_1 - \{\hat{\alpha}_0 + \hat{\beta}_1(x_1 - \bar{x})\} \\ y_2 - \{\hat{\alpha}_0 + \hat{\beta}_1(x_2 - \bar{x})\} \\ \vdots \\ y_n - \{\hat{\alpha}_0 + \hat{\beta}_1(x_n - \bar{x})\} \end{bmatrix} = \boldsymbol{y} - X\hat{\boldsymbol{\beta}} \tag{4.50}$$

と定義する．次に，残差平方和 S_e を次のように表現する．

$$\begin{aligned} S_e &= \sum_{i=1}^{n} e_i^2 = e_1^2 + e_2^2 + \cdots + e_n^2 \\ &= [e_1, e_2, \cdots, e_n] \begin{bmatrix} e_1 \\ e_2 \\ \vdots \\ e_n \end{bmatrix} = \boldsymbol{e}'\boldsymbol{e} \\ &= (\boldsymbol{y} - X\hat{\boldsymbol{\beta}})'(\boldsymbol{y} - X\hat{\boldsymbol{\beta}}) = (\boldsymbol{y}' - \hat{\boldsymbol{\beta}}'X')(\boldsymbol{y} - X\hat{\boldsymbol{\beta}}) \\ &= \boldsymbol{y}'\boldsymbol{y} - \boldsymbol{y}'X\hat{\boldsymbol{\beta}} - \hat{\boldsymbol{\beta}}'X'\boldsymbol{y} + \hat{\boldsymbol{\beta}}'X'X\hat{\boldsymbol{\beta}} \\ &= \boldsymbol{y}'\boldsymbol{y} - 2\hat{\boldsymbol{\beta}}'X'\boldsymbol{y} + \hat{\boldsymbol{\beta}}'X'X\hat{\boldsymbol{\beta}} \end{aligned} \tag{4.51}$$

ここで，行列とベクトルの転置の性質 (3.4) 式を用いている．

残差平方和 S_e をベクトル $\hat{\boldsymbol{\beta}}$ により微分してゼロとおく．(3.39) 式と (3.40) 式を用いることにより，

$$\frac{\partial S_e}{\partial \hat{\boldsymbol{\beta}}} = -2X'\boldsymbol{y} + 2X'X\hat{\boldsymbol{\beta}} = \boldsymbol{0} \tag{4.52}$$

となり，

$$X'X\hat{\boldsymbol{\beta}} = X'\boldsymbol{y} \iff \hat{\boldsymbol{\beta}} = (X'X)^{-1}X'\boldsymbol{y} \tag{4.53}$$

を得る．(4.46) 式より

$$\begin{aligned} X'X &= \begin{bmatrix} n & 0 \\ 0 & S_{xx} \end{bmatrix} \\ (X'X)^{-1} &= \begin{bmatrix} 1/n & 0 \\ 0 & 1/S_{xx} \end{bmatrix} \end{aligned} \tag{4.54}$$

であり，単回帰分析の場合には，$S_{xx} \neq 0$ なら逆行列 $(X'X)^{-1}$ が存在する．

(4.53) 式を用いると，残差ベクトルは

$$\begin{aligned} e &= y - X\hat{\beta} \\ &= y - X(X'X)^{-1}X'y \\ &= (I_n - X(X'X)^{-1}X')y \end{aligned} \tag{4.55}$$

と表現できる．したがって，残差平方和の最小値は次のようになる．

$$\begin{aligned} S_e &= e'e \\ &= y'(I_n - X(X'X)^{-1}X')'(I_n - X(X'X)^{-1}X')y \\ &= y'(I_n - X(X'X)^{-1}X')y \\ &= y'y - y'X(X'X)^{-1}X'y \end{aligned} \tag{4.56}$$

(4.46) 式より，$y'X = (\sum y_i, S_{xy})$ となり，$y'X(X'X)^{-1}X'y = (\sum y_i)^2/n + \hat{\beta}_1 S_{xy}$ となる．すなわち，(4.56) 式は (4.17) 式と同じである．

（3）**統計量の分布**

単回帰モデル (4.49) より

$$\begin{aligned} E(y) &= X\beta \\ V(y) &= V(\varepsilon) = \sigma^2 I_n \end{aligned} \tag{4.57}$$

に注意する．(4.57) 式および (3.50) 式と (3.51) 式を用いて $\hat{\beta}$ の期待値と分散共分散行列は次のようになる．

$$\begin{aligned} E(\hat{\beta}) &= E((X'X)^{-1}X'y) \\ &= (X'X)^{-1}X'E(y) \\ &= (X'X)^{-1}X'X\beta = \beta \\ V(\hat{\beta}) &= V((X'X)^{-1}X'y) \\ &= (X'X)^{-1}X'V(y)X(X'X)^{-1} \\ &= (X'X)^{-1}X'\sigma^2 I_n X(X'X)^{-1} \\ &= \sigma^2 (X'X)^{-1} \end{aligned} \tag{4.58}$$
$$\tag{4.59}$$

4.3 行列とベクトルによる表現

これより,

$$\hat{\boldsymbol{\beta}} \sim N(\boldsymbol{\beta}, \sigma^2 (X'X)^{-1}) \tag{4.60}$$

である. (4.54) 式と (4.60) 式より,

$$\hat{\alpha}_0 \sim N(\alpha_0, \sigma^2/n) \tag{4.61}$$

$$\hat{\beta}_1 \sim N(\beta_1, \sigma^2/S_{xx}) \tag{4.62}$$

$$Cov(\hat{\alpha}_0, \hat{\beta}_1) = 0 \tag{4.63}$$

となることがわかる. また, (4.53) 式と (4.54) 式より $\hat{\alpha}_0 = \bar{y}$ であり, (4.10) 式を考慮すると, $\hat{\beta}_0 + \hat{\beta}_1 x = \hat{\alpha}_0 + \hat{\beta}_1 (x - \bar{x})$ である. これらより, (4.61)~(4.63) 式を用いると

$$\hat{\beta}_0 + \hat{\beta}_1 x \sim N\left(\beta_0 + \beta_1 x, \left\{\frac{1}{n} + \frac{(x - \bar{x})^2}{S_{xx}}\right\} \sigma^2\right) \tag{4.64}$$

が成り立つ. (4.62) 式は (4.25) 式で, (4.64) 式は (4.39) 式で述べた.

次に, (4.58) 式と (4.59) 式から $\hat{\boldsymbol{y}} = X\hat{\boldsymbol{\beta}}$ の期待値と分散共分散行列は

$$E(\hat{\boldsymbol{y}}) = X E(\hat{\boldsymbol{\beta}}) = X\boldsymbol{\beta} \tag{4.65}$$

$$V(\hat{\boldsymbol{y}}) = X V(\hat{\boldsymbol{\beta}}) X' = \sigma^2 X (X'X)^{-1} X' \tag{4.66}$$

となる. したがって, 次式が成り立つ.

$$\hat{\boldsymbol{y}} \sim N(X\boldsymbol{\beta}, \sigma^2 X (X'X)^{-1} X') \tag{4.67}$$

ところで, $\hat{\boldsymbol{y}} = X\hat{\boldsymbol{\beta}} = X(X'X)^{-1} X' \boldsymbol{y}$ だから, $H = X(X'X)^{-1} X'$ とおくと, $\hat{\boldsymbol{y}} = H\boldsymbol{y}$ と表現できる. この行列 H は $\boldsymbol{y}$ に掛けることにより予測値 $\hat{\boldsymbol{y}}$ を与える (ハット「^」を付ける) ので, **ハット行列**と呼ぶ. (4.46) 式と (4.54) 式に基づいて H を計算すると, H の第 k 対角要素が

$$h_{kk} = \frac{1}{n} + \frac{(x_k - \bar{x})^2}{S_{xx}} \tag{4.68}$$

となることが確認できる. これは, (4.36) 式に示したテコ比であり, (4.39) 式の母分散 σ^2 に掛かっている係数である.

最後に, 残差ベクトル $\boldsymbol{e}$ の分布を考えておこう. (4.55) 式より,

$$E(\boldsymbol{e}) = E(\boldsymbol{y}) - E(X\hat{\boldsymbol{\beta}}) = X\boldsymbol{\beta} - X\boldsymbol{\beta} = \boldsymbol{0} \tag{4.69}$$

$$\begin{aligned}
V(\boldsymbol{e}) &= V((I_n - X(X'X)^{-1}X')\boldsymbol{y}) \\
&= (I_n - X(X'X)^{-1}X')V(\boldsymbol{y})(I_n - X(X'X)^{-1}X')' \\
&= (I_n - X(X'X)^{-1}X')\sigma^2 I_n (I_n - X(X'X)^{-1}X') \\
&= \sigma^2(I_n - X(X'X)^{-1}X')
\end{aligned} \tag{4.70}$$

となる．したがって，

$$\boldsymbol{e} \sim N(\boldsymbol{0}, \sigma^2(I_n - X(X'X)^{-1}X')) \tag{4.71}$$

が成り立つ．(4.71) 式の第 k 要素を考えれば，$e_k \sim N(0, (1-h_{kk})\sigma^2)$ となり，これより (4.33) 式を導くことができる．

■■■練習問題■■■■■■■■■■■■■■■■■■■■■■■■■■■■■■

◆問題 4.1　次のデータについて以下の設問に答えよ．

表　データ

No.	1	2	3	4	5	6	7	8
x	12	12	11	7	8	9	14	11
y	22	24	21	19	19	22	24	23

（1）回帰式を推定し，寄与率と自由度調整済寄与率を計算せよ．
（2）$\beta_1 \neq 0$ かどうかの検定を行え．また，β_1 を信頼率 95% で区間推定せよ．
（3）標準化残差とテコ比を計算せよ．
（4）$x = 15$ のときの回帰式の信頼区間と予測区間（信頼率 95%）を求めよ．

◆問題 4.2　次の設問に答えよ．
（1）x と残差 e の相関係数 r_{xe} がゼロになることを示せ．
（2）予測値 $\hat{y}$ と残差 e の相関係数 $r_{\hat{y}e}$ がゼロになることを示せ．

◆問題 4.3　(4.19) 式が成り立つことを示せ．

◆問題 4.4　(4.38) 式を示せ．

◆問題 4.5　(4.39) 式より (4.40) 式および (4.41) 式を導け．

◆問題 4.6♣　$C(\hat{\beta}_0, \hat{\beta}_1) = -\bar{x}\sigma^2/S_{xx}$ を示せ．

第5章

重回帰分析

本章では，重回帰分析を説明する．重回帰分析は，単回帰分析を説明変数が2つ以上の場合に拡張した方法である．その拡張において，単回帰分析にはなかった考え方や問題点が生じる．本章では，単回帰分析との共通点を見極めながら，重回帰分析特有の問題点についても解説する．まず，説明変数が2つの場合について詳しく述べ，その後，一般的な場合について説明する．

5.1 適用例と解析ストーリー

（1）適用例と解析の目的

表5.1は東京のある駅の徒歩圏内の中古マンションに関するデータである．

このデータについて各変数対ごとに散布図を作成すると図5.1となる．広さと価格にはやや強い正の相関がある．築年数と価格にはやや弱い負の相関がある．そして広さと築年数にはほとんど相関はない．これらの内容は常識にあう．

表 5.1　中古マンションのデータ

サンプル No.	広さ x_1 （m²）	築年数 x_2 （年数）	価格 y （千万円）
1	51	16	3.0
2	38	4	3.2
3	57	16	3.3
4	51	11	3.9
5	53	4	4.4
6	77	22	4.5
7	63	5	4.5
8	69	5	5.4
9	72	2	5.4
10	73	1	6.0

さて，このデータに基づいて，「価格は広さと築年数とによって予測できるだろうか」「どちらの変数の方が説明力があるか」「予測できるとすればその精度はどのくらいか」「仮に，同じ地区に広さが $x_1 = 70$，築年数が $x_2 = 10$ のマンションがあり，売り主から価格が $y = 5.8$ といわれたとする．この価格は妥当か」などを検討したい．

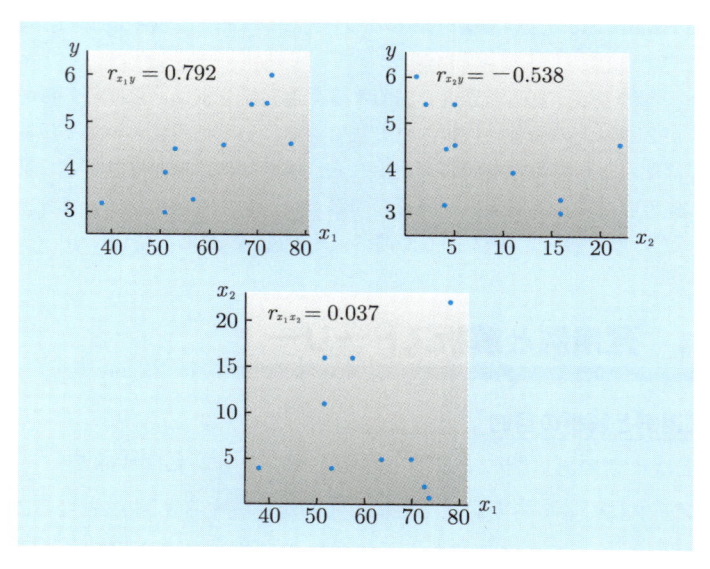

図 5.1　x_1 と y，x_2 と y，x_1 と x_2 の散布図

（2）解析ストーリー

重回帰分析の解析の流れは以下の通りである．

> **重回帰分析の解析ストーリー**
>
> （1）**重回帰モデル**
>
> $$y_i = \beta_0 + \beta_1 x_{i1} + \beta_2 x_{i2} + \cdots + \beta_p x_{ip} + \varepsilon_i \tag{5.1}$$
>
> $$\varepsilon_i \sim N(0, \sigma^2) \tag{5.2}$$
>
> （ε_i は互いに独立に $N(0, \sigma^2)$ に従う）を想定し，**回帰母数** $\beta_0, \beta_1, \beta_2, \cdots, \beta_p$ を**最小 2 乗法**により推定する．

> （2）自由度調整済寄与率を求めて，得られた回帰式の性能を評価する．
> （3）説明変数の選択（変数選択）を行い，有用な変数を選択する．
> （4）残差とテコ比の検討を行い，得られた回帰式の妥当性を検討する．
> （5）得られた回帰式を利用して，任意に指定した説明変数の値 $\bm{x}_0 = [x_{01}, x_{02}, \cdots, x_{0p}]$ に対して母回帰を推定し，将来得られるデータの値を予測する．

表 5.1 のデータは説明変数が 2 個（$p=2$）の場合である．以下ではこの場合の解析方法を詳しく説明する．説明変数の個数が増加してもまったく同様である．

説明変数が複数個存在する場合は，上の（3）のステップが重要になる．

5.2 説明変数が 2 個の場合の解析方法

（1）最小 2 乗法による回帰式の推定

表 5.1 のデータに関して次の重回帰モデル（単に回帰モデルと呼ぶこともある）を想定する．

$$y_i = \beta_0 + \beta_1 x_{i1} + \beta_2 x_{i2} + \varepsilon_i, \quad \varepsilon_i \sim N(0, \sigma^2) \tag{5.3}$$

以下，4.2 節の内容を説明変数が 2 つの場合に拡張して同様の展開を行う．つまり，No.i の予測値と残差を

$$\hat{y}_i = \hat{\beta}_0 + \hat{\beta}_1 x_{i1} + \hat{\beta}_2 x_{i2} \tag{5.4}$$

$$e_i = y_i - \hat{y}_i = y_i - (\hat{\beta}_0 + \hat{\beta}_1 x_{i1} + \hat{\beta}_2 x_{i2}) \tag{5.5}$$

と表し，残差平方和

$$S_e = \sum_{i=1}^n e_i^2 = \sum_{i=1}^n \{y_i - (\hat{\beta}_0 + \hat{\beta}_1 x_{i1} + \hat{\beta}_2 x_{i2})\}^2 \tag{5.6}$$

を最小にする $\hat{\beta}_0, \hat{\beta}_1, \hat{\beta}_2$ を求める．

S_e を $\hat{\beta}_0, \hat{\beta}_1, \hat{\beta}_2$ のそれぞれで微分（偏微分）してゼロとおくと次のようになる．

$$\frac{\partial S_e}{\partial \hat{\beta}_0} = -2\sum_{i=1}^{n}(y_i - \hat{\beta}_0 - \hat{\beta}_1 x_{i1} - \hat{\beta}_2 x_{i2}) = 0 \tag{5.7}$$

$$\frac{\partial S_e}{\partial \hat{\beta}_1} = -2\sum_{i=1}^{n} x_{i1}(y_i - \hat{\beta}_0 - \hat{\beta}_1 x_{i1} - \hat{\beta}_2 x_{i2}) = 0 \tag{5.8}$$

$$\frac{\partial S_e}{\partial \hat{\beta}_2} = -2\sum_{i=1}^{n} x_{i2}(y_i - \hat{\beta}_0 - \hat{\beta}_1 x_{i1} - \hat{\beta}_2 x_{i2}) = 0 \tag{5.9}$$

(5.7)〜(5.9) 式を整理すると

$$n\hat{\beta}_0 + \hat{\beta}_1 \sum x_{i1} + \hat{\beta}_2 \sum x_{i2} = \sum y_i \tag{5.10}$$

$$\hat{\beta}_0 \sum x_{i1} + \hat{\beta}_1 \sum x_{i1}^2 + \hat{\beta}_2 \sum x_{i1}x_{i2} = \sum x_{i1}y_i \tag{5.11}$$

$$\hat{\beta}_0 \sum x_{i2} + \hat{\beta}_1 \sum x_{i1}x_{i2} + \hat{\beta}_2 \sum x_{i2}^2 = \sum x_{i2}y_i \tag{5.12}$$

を得る．これらは，$\hat{\beta}_0, \hat{\beta}_1, \hat{\beta}_2$ に関する連立方程式であり，**正規方程式**と呼ぶ．(5.10) 式より，

$$\hat{\beta}_0 = \frac{\sum y_i}{n} - \hat{\beta}_1 \frac{\sum x_{i1}}{n} - \hat{\beta}_2 \frac{\sum x_{i2}}{n} = \bar{y} - \hat{\beta}_1 \bar{x}_1 - \hat{\beta}_2 \bar{x}_2 \tag{5.13}$$

を得る．これより，

$$\bar{y} = \hat{\beta}_0 + \hat{\beta}_1 \bar{x}_1 + \hat{\beta}_2 \bar{x}_2 \tag{5.14}$$

となるから，推定された（重）回帰式は点 $[\bar{x}_1, \bar{x}_2, \bar{y}]$ を通る．

(5.13) 式を (5.11) 式と (5.12) 式に代入すると

$$\left(\frac{\sum y_i}{n} - \hat{\beta}_1 \frac{\sum x_{i1}}{n} - \hat{\beta}_2 \frac{\sum x_{i2}}{n} \right) \sum x_{i1}$$
$$+ \hat{\beta}_1 \sum x_{i1}^2 + \hat{\beta}_2 \sum x_{i1}x_{i2} = \sum x_{i1}y_i \tag{5.15}$$

$$\left(\frac{\sum y_i}{n} - \hat{\beta}_1 \frac{\sum x_{i1}}{n} - \hat{\beta}_2 \frac{\sum x_{i2}}{n} \right) \sum x_{i2}$$
$$+ \hat{\beta}_1 \sum x_{i1}x_{i2} + \hat{\beta}_2 \sum x_{i2}^2 = \sum x_{i2}y_i \tag{5.16}$$

5.2 説明変数が2個の場合の解析方法

となる．これを整理すると次のようになる．

$$\hat{\beta}_1 \left(\sum x_{i1}^2 - \frac{\left(\sum x_{i1}\right)^2}{n} \right) + \hat{\beta}_2 \left(\sum x_{i1}x_{i2} - \frac{\left(\sum x_{i1}\right)\left(\sum x_{i2}\right)}{n} \right)$$

$$= \sum x_{i1}y_i - \frac{\left(\sum x_{i1}\right)\left(\sum y_i\right)}{n} \quad (5.17)$$

$$\hat{\beta}_1 \left(\sum x_{i1}x_{i2} - \frac{\left(\sum x_{i1}\right)\left(\sum x_{i2}\right)}{n} \right) + \hat{\beta}_2 \left(\sum x_{i2}^2 - \frac{\left(\sum x_{i2}\right)^2}{n} \right)$$

$$= \sum x_{i2}y_i - \frac{\left(\sum x_{i2}\right)\left(\sum y_i\right)}{n} \quad (5.18)$$

ここで，各変数の平方和と偏差積和を次のように定義する．

$$S_{11} = \sum_{i=1}^{n} (x_{i1} - \bar{x}_1)^2 = \sum x_{i1}^2 - \frac{\left(\sum x_{i1}\right)^2}{n} \quad (5.19)$$

$$S_{22} = \sum_{i=1}^{n} (x_{i2} - \bar{x}_2)^2 = \sum x_{i2}^2 - \frac{\left(\sum x_{i2}\right)^2}{n} \quad (5.20)$$

$$S_{12} = \sum_{i=1}^{n} (x_{i1} - \bar{x}_1)(x_{i2} - \bar{x}_2) = \sum x_{i1}x_{i2} - \frac{\left(\sum x_{i1}\right)\left(\sum x_{i2}\right)}{n} \quad (5.21)$$

$$S_{yy} = \sum_{i=1}^{n} (y_i - \bar{y})^2 = \sum y_i^2 - \frac{\left(\sum y_i\right)^2}{n} \quad (5.22)$$

$$S_{1y} = \sum_{i=1}^{n} (x_{i1} - \bar{x}_1)(y_i - \bar{y}) = \sum x_{i1}y_i - \frac{\left(\sum x_{i1}\right)\left(\sum y_i\right)}{n} \quad (5.23)$$

$$S_{2y} = \sum_{i=1}^{n} (x_{i2} - \bar{x}_2)(y_i - \bar{y}) = \sum x_{i2}y_i - \frac{\left(\sum x_{i2}\right)\left(\sum y_i\right)}{n} \quad (5.24)$$

平方和や偏差積和の種類は増えているが，単回帰分析の場合の自然な拡張で

ある．これらを用いると，(5.17) 式と (5.18) 式は

$$\hat{\beta}_1 S_{11} + \hat{\beta}_2 S_{12} = S_{1y} \tag{5.25}$$

$$\hat{\beta}_1 S_{12} + \hat{\beta}_2 S_{22} = S_{2y} \tag{5.26}$$

と簡明に表現できる．この連立方程式を直接解くことは容易だが，後のために，(5.25) 式と (5.26) 式を行列を用いて次のように表現する．

$$\begin{bmatrix} S_{11} & S_{12} \\ S_{12} & S_{22} \end{bmatrix} \begin{bmatrix} \hat{\beta}_1 \\ \hat{\beta}_2 \end{bmatrix} = \begin{bmatrix} S_{1y} \\ S_{2y} \end{bmatrix} \tag{5.27}$$

(5.27) 式より，$\hat{\beta}_1$ と $\hat{\beta}_2$ の解は次のようになる．

$$\begin{bmatrix} \hat{\beta}_1 \\ \hat{\beta}_2 \end{bmatrix} = \begin{bmatrix} S_{11} & S_{12} \\ S_{12} & S_{22} \end{bmatrix}^{-1} \begin{bmatrix} S_{1y} \\ S_{2y} \end{bmatrix}$$

$$= \frac{1}{S_{11}S_{22} - S_{12}^2} \begin{bmatrix} S_{22} & -S_{12} \\ -S_{12} & S_{11} \end{bmatrix} \begin{bmatrix} S_{1y} \\ S_{2y} \end{bmatrix}$$

$$= \frac{1}{S_{11}S_{22} - S_{12}^2} \begin{bmatrix} S_{22}S_{1y} - S_{12}S_{2y} \\ -S_{12}S_{1y} + S_{11}S_{2y} \end{bmatrix} \tag{5.28}$$

$\hat{\beta}_1$ や $\hat{\beta}_2$ を**偏回帰係数**と呼ぶ．

例題 1 ─────────────────────────────── 回帰式 ─

表 5.1 のデータより回帰式を求めよ．

解答
$\sum y_i = 43.6, \quad \sum y_i^2 = 199.52, \quad \bar{y} = 4.36, \quad S_{yy} = 9.424$

$\sum x_{i1} = 604, \quad \sum x_{i1}^2 = 37876, \quad \bar{x}_1 = 60.4, \quad S_{11} = 1394.4$

$\sum x_{i2} = 86, \quad \sum x_{i2}^2 = 1204, \quad \bar{x}_2 = 8.6, \quad S_{22} = 464.4$

$\sum x_{i1}y_i = 2724.2, \quad S_{1y} = 90.76, \quad r_{x_1 y} = 0.792$

$\sum x_{i2}y_i = 339.4, \quad S_{2y} = -35.56, \quad r_{x_2 y} = -0.538$

$\sum x_{1i}x_{2i} = 5224, \quad S_{12} = 29.6, \quad r_{x_1 x_2} = 0.037$

5.2 説明変数が2個の場合の解析方法

これらの値を (5.28) 式に代入すると

$$\begin{bmatrix} \hat{\beta}_1 \\ \hat{\beta}_2 \end{bmatrix} = \begin{bmatrix} 1394.4 & 29.6 \\ 29.6 & 464.4 \end{bmatrix}^{-1} \begin{bmatrix} 90.76 \\ -35.56 \end{bmatrix} = \begin{bmatrix} 0.0668 \\ -0.0808 \end{bmatrix}$$

を得る．また，(5.13) 式より

$$\hat{\beta}_0 = 4.36 - 0.0668 \times 60.4 - (-0.0808) \times 8.6 = 1.02$$

となる．したがって，(重) 回帰式を

$$\hat{y} = 1.02 + 0.0668 x_1 - 0.0808 x_2$$

と推定できる．

この式は「築年数 x_2 が同じなら広さが $1\mathrm{m}^2$ 増加するとき価格 y は 66.8 万円高くなり，広さが同じなら築年数が 1 年経つとき価格は 80.8 万円減少する」ことを意味している．

(5.27) 式の連立方程式を解くために (5.28) 式で逆行列を求めている．しかし，この逆行列が存在しないことがある．それは $S_{11}S_{22} - S_{12}^2 = 0$ となる場合である．例えば，$S_{11} = 1$, $S_{22} = 4$, $S_{12} = 2$ とすれば，(5.28) 式の逆行列は存在しない．(5.25) 式と (5.26) 式にこれらを代入すると

$$\hat{\beta}_1 + 2\hat{\beta}_2 = S_{1y} \tag{5.29}$$

$$2\hat{\beta}_1 + 4\hat{\beta}_2 = S_{2y} \tag{5.30}$$

となる．もし，$2S_{1y} = S_{2y}$ という関係があれば (5.29) 式と (5.30) 式はまったく同じ式（2×(5.29) 式 = (5.30) 式となる！）であり，$\hat{\beta}_1$ と $\hat{\beta}_2$ の解は無数に存在する（解は不定！）．一方，$2S_{1y} \neq S_{2y}$ なら，(5.29) 式と (5.30) 式は両立せず，$\hat{\beta}_1$ と $\hat{\beta}_2$ の解は存在しない（解は不能！）．いずれにしても，$\hat{\beta}_1$ と $\hat{\beta}_2$ の解を一意に求めることができない．このように，(5.28) 式における逆行列が存在しない状況を**多重共線性**が存在するという．

この言葉の意味は次の通りである．

$$S_{11}S_{22} - S_{12}^2 = 0 \iff \frac{S_{12}^2}{S_{11}S_{22}} = 1$$

$$\iff r_{x_1x_2}^2 = \left\{\frac{S_{12}}{\sqrt{S_{11}S_{22}}}\right\}^2 = 1$$

$$\iff r_{x_1x_2} = \pm 1 \tag{5.31}$$

すなわち，x_1 と x_2 の相関係数が 1 または -1 のときに多重共線性が存在する．x_1 と x_2 の相関係数が ± 1 となるのは点 (x_{i1}, x_{i2}) $(i = 1, 2, \cdots, n)$ のすべてが一直線上に並んでいる場合であり，x_1 と x_2 が共通の直線上にある（共線！）．

$r_{x_1x_2} = \pm 1$ は，x_1 または x_2 の一方が定まれば他方が直線関係から誤差なく定まることを意味している．つまり，目的変数 y を説明するという観点からは，x_1 または x_2 の一方がわかれば他方の情報は不要になり，x_1 と x_2 のうち解釈しやすいほうをモデルに含めておけばよい．

$r_{x_1x_2}$ がちょうど ± 1 でなくても，$r_{x_1x_2}$ が ± 1 にきわめて近いなら，(5.28) 式における計算が精度上まずくなることがおこりうる（$S_{11}S_{22} - S_{12}$ が 0 にきわめて近いことにより解が不安定になる！）．

以上より，重回帰式を求める前に散布図や相関係数の値をていねいに検討して，多重共線性の存在の有無を考慮することが必要である．

(5.13) 式の $\hat{\beta}_0$ を (5.6) 式に代入し，(5.25) 式と (5.26) 式を用いて整理すると，残差平方和 S_e は次のようになる．

$$\begin{aligned}
S_e &= \sum_{i=1}^{n}\{y_i - (\hat{\beta}_0 + \hat{\beta}_1 x_{i1} + \hat{\beta}_2 x_{i2})\}^2 \\
&= \sum\{y_i - \bar{y} - \hat{\beta}_1(x_{i1} - \bar{x}_1) - \hat{\beta}_2(x_{i2} - \bar{x}_2)\}^2 \\
&= S_{yy} + \hat{\beta}_1^2 S_{11} + \hat{\beta}_2^2 S_{22} - 2\hat{\beta}_1 S_{1y} - 2\hat{\beta}_2 S_{2y} + 2\hat{\beta}_1\hat{\beta}_2 S_{12} \\
&= S_{yy} + \hat{\beta}_1(\hat{\beta}_1 S_{11} + \hat{\beta}_2 S_{12}) + \hat{\beta}_2(\hat{\beta}_1 S_{12} + \hat{\beta}_2 S_{22}) - 2\hat{\beta}_1 S_{1y} - 2\hat{\beta}_2 S_{2y} \\
&= S_{yy} - (\hat{\beta}_1 S_{1y} + \hat{\beta}_2 S_{2y}) \tag{5.32}
\end{aligned}$$

重回帰モデルの誤差 ε の母分散 σ^2 を次のように推定することができる．

$$\hat{\sigma}^2 = V_e = \frac{S_e}{\phi_e} = \frac{S_e}{n-3} \tag{5.33}$$

（2）寄与率と自由度調整済寄与率

次のように平方和の分解を行う．

$$S_{yy} = \sum_{i=1}^{n}(y_i - \bar{y})^2$$
$$= \sum\{y_i - (\hat{\beta}_0 + \hat{\beta}_1 x_{i1} + \hat{\beta}_2 x_{i2}) + (\hat{\beta}_0 + \hat{\beta}_1 x_{i1} + \hat{\beta}_2 x_{i2}) - \bar{y}\}^2$$
$$= \sum\{y_i - (\hat{\beta}_0 + \hat{\beta}_1 x_{i1} + \hat{\beta}_2 x_{i2})\}^2 + \sum\{(\hat{\beta}_0 + \hat{\beta}_1 x_{i1} + \hat{\beta}_2 x_{i2}) - \bar{y}\}^2$$
$$+ 2\sum\{y_i - (\hat{\beta}_0 + \hat{\beta}_1 x_{i1} + \hat{\beta}_2 x_{i2})\}\{(\hat{\beta}_0 + \hat{\beta}_1 x_{i1} + \hat{\beta}_2 x_{i2}) - \bar{y}\}$$
$$= \sum\{y_i - (\hat{\beta}_0 + \hat{\beta}_1 x_{i1} + \hat{\beta}_2 x_{i2})\}^2$$
$$+ \sum\{(\hat{\beta}_0 + \hat{\beta}_1 x_{i1} + \hat{\beta}_2 x_{i2}) - \bar{y}\}^2 \tag{5.34}$$

（最後の等号が成り立つ理由は【問題5.3】を参照．）一方，(5.32) 式より，$S_R = \hat{\beta}_1 S_{1y} + \hat{\beta}_2 S_{2y}$ とおくと，

$$S_{yy} = \hat{\beta}_1 S_{1y} + \hat{\beta}_2 S_{2y} + S_e = S_R + S_e \tag{5.35}$$

となる．(5.34) 式と (5.35) 式を見比べることにより，

$$S_R = \sum\{(\hat{\beta}_0 + \hat{\beta}_1 x_{i1} + \hat{\beta}_2 x_{i2}) - \bar{y}\}^2 = \hat{\beta}_1 S_{1y} + \hat{\beta}_2 S_{2y} \tag{5.36}$$

である．S_R を**回帰による平方和**と呼ぶ．S_{yy} には $\phi_T = n-1$，S_R には $\phi_R = 2$，S_e には $\phi_e = n-3$ の自由度がそれぞれ対応する．

求めた回帰式が有効であるためには，データの値 y_i と予測値 $\hat{y}_i \,(= \hat{\beta}_0 + \hat{\beta}_1 x_{i1} + \hat{\beta}_2 x_{i2})$ がよくあっているほうがよい．そこで，$(y_i, \hat{y}_i)$ の相関係数

$$R = \frac{\sum_{i=1}^{n}(y_i - \bar{y})(\hat{y}_i - \bar{\hat{y}})}{\sqrt{\sum_{i=1}^{n}(y_i - \bar{y})^2 \sum_{i=1}^{n}(\hat{y}_i - \bar{\hat{y}})^2}} \tag{5.37}$$

を計算して回帰式の評価のために用いる．この R を**重相関係数**と呼ぶ．重相関係数 R の2乗は

$$R^2 = \frac{S_R}{S_{yy}} \left(= \frac{S_{yy} - S_e}{S_{yy}} = 1 - \frac{S_e}{S_{yy}} \right) \qquad (5.38)$$

に等しくなる（【問題 5.4】を参照）．この R^2 を**寄与率**（または**決定係数**）と呼ぶ．これは，y の変動のうちの回帰による変動の割合を表している．

ところで，重回帰分析では，説明変数の個数が増えれば (5.38) 式の寄与率は自動的に大きくなるという性質がある．つまり，説明変数が 1 つの場合の寄与率と説明変数を 2 つにした場合の寄与率とを比べると，つねに後者の方が大きくなる（【問題 5.5】を参照）．意味のない変数を説明変数に追加することによって見かけ上寄与率が増加するのは好ましくない．そこで，(5.38) 式のような単なる平方和の比ではなく，自由度を用いて調整して

$$R^{*2} = 1 - \frac{S_e/\phi_e}{S_{yy}/\phi_T} \qquad (5.39)$$

を考慮するほうがよい．R^{*2} を**自由度調整済寄与率**（または**自由度調整済決定係数**）と呼ぶ．

例題 2 ― 重相関係数と寄与率 ―

表 5.1 のデータに基づいて重相関係数・寄与率・自由度調整済寄与率を計算せよ．

(解答) 各サンプルに対する予測値 $\hat{y}_i$ は後述の表 5.2 に示す．これより，重相関係数は $R = 0.974$ となる．また，

$$S_R = \hat{\beta}_1 S_{1y} + \hat{\beta}_2 S_{2y} = 0.0668 \times 90.76 + (-0.0808) \times (-35.56) = 8.936$$
$$S_e = S_{yy} - S_R = 9.424 - 8.936 = 0.488$$
$$V_e = \frac{S_e}{\phi_e} = \frac{0.488}{10 - 3} = 0.0697$$

となるので，寄与率および自由度調整済寄与率は次のようになる．

$$R^2 = \frac{S_R}{S_{yy}} = \frac{8.936}{9.424} = 0.948$$

$$R^{*2} = 1 - \frac{S_e/\phi_e}{S_{yy}/\phi_T} = 1 - \frac{0.488/(10-3)}{9.424/(10-1)} = 0.933$$

（3）**説明変数の選択（変数選択）**

　第（1）項と第（2）項で述べた内容では，2つの説明変数の両方をモデルに含めるという前提があった．しかし，実際は，目的変数に効いている説明変数だけをモデルに含めたい．このための作業が**説明変数の選択（変数選択）**である．

　説明変数の選択には，すべての変数を取り込んだ段階から不要な変数を削除していく**変数減少法**，定数項だけのモデルから有用な変数を追加していく**変数増加法**，そして，それらの両方を取り入れた**変数増減法**がある．ここでは，変数増加法について説明する．

　次の定数項だけのモデルから出発する．

$$\text{MODEL0}: \quad y_i = \beta_0 + \varepsilon_i \tag{5.40}$$

MODEL0 に x_1 か x_2 のどちらの変数を取り込むのがよいのかを考える．1つの変数 x_j だけを取り込んだ単回帰式

$$\hat{y}_i = \hat{\beta}_0 + \hat{\beta}_j x_{ij} \tag{5.41}$$

において第4章で求めた y の平方和 S_{yy}（自由度 $\phi_T = n-1$）と残差平方和 S_e（自由度 $\phi_e = n-2$）を用いる．後のことを考えて，この残差平方和 S_e を $S_{e(M1)}$，残差の自由度 ϕ_e を $\phi_{e(M1)}$ と表す．MODEL0 が正しいときに，

$$F_0 = \frac{(S_{yy} - S_{e(M1)})/(\phi_T - \phi_{e(M1)})}{S_{e(M1)}/\phi_{e(M1)}} \tag{5.42}$$

は $F(\phi_T - \phi_{e(M1)}, \phi_{e(M1)})$ に従うので，F_0 が大きいときに (5.41) 式を支持する．通常は「F_0 が **2** より大きいかどうか」を目安にすることが多い．なお，この F_0 値は**分散比**とも呼ばれ，(4.30) 式に示した $H_0 : \beta_1 = 0$ の検定統計量と同じである．

　2つの変数 x_1 と x_2 のそれぞれに対して単回帰モデルを想定して (5.42) 式の F_0 値を計算して，その値が大きい方の変数をモデルに取り入れる（両方の場合の F_0 値が2未満なら，どちらの変数も取り入れずに MODEL0 を支持して変数選択は終了する）．

いま，x_1 をモデルに取り込んだとしよう．それを MODEL1 と表す．

$$\text{MODEL1}: \quad y_i = \beta_0 + \beta_1 x_{i1} + \varepsilon_i \tag{5.43}$$

MODEL1 は単回帰モデルなので，寄与率 $R^2_{(M1)}$ や自由度調整済寄与率 $R^{*2}_{(M1)}$ は，それぞれ，(4.22) 式と (4.24) 式で求める．

次に，MODEL1 に x_2 を追加する価値があるかどうかを考える．(5.41) 式の段階では x_2 に関して (5.42) 式の F_0 値が大きくても，これを MODEL1 に追加した方がよいとは限らない．もし，x_2 と x_1 の相関が強いなら MODEL1 には x_2 の情報の多くがすでに含まれているからである．そこで，次のように検討する．x_2 を取り入れたモデルを MODEL2 と表す．

$$\text{MODEL2}: \quad y_i = \beta_0 + \beta_1 x_{i1} + \beta_2 x_{i2} + \varepsilon_i \tag{5.44}$$

MODEL2 の下で求めた残差平方和（(5.32) 式）を $S_{e(M2)}$ と表し，これと MODEL1 の下で求めた残差平方和を比較する．MODEL1 が正しい下で，

$$F_0 = \frac{(S_{e(M1)} - S_{e(M2)})/(\phi_{e(M1)} - \phi_{e(M2)})}{S_{e(M2)}/\phi_{e(M2)}} \tag{5.45}$$

は $F(\phi_{e(M1)} - \phi_{e(M2)}, \phi_{e(M2)})$ に従うので，F_0 値が大きい（例えば 2 以上）ときに (5.44) 式を支持する．(5.45) 式の F_0 の分子は「MODEL1 から MODEL2 に変更することにより残差平方和がどれくらい減少するのかを測る量である（図 5.2 を参照）．MODEL2 を支持できるときは，寄与率と自由度調整済寄与率は (5.38) 式と (5.39) 式を用いて計算する．

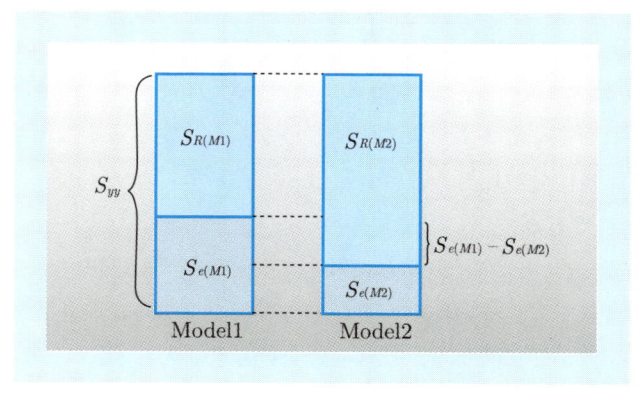

図 **5.2** MODEL1 と MODEL2 の平方和の分解の比較

5.2 説明変数が 2 個の場合の解析方法

例題 3 ──────────────────── 説明変数の選択

表 5.1 のデータに基づいて説明変数の選択を行え．

解答 x_1 をモデルに取り込んだときの残差平方和は

$$S_{e(M1)} = S_{yy} - \hat{\beta}_1 S_{1y} = S_{yy} - \frac{S_{1y}^2}{S_{11}} = 9.424 - \frac{90.76^2}{1394.4} = 3.517$$

であり，(5.42) 式より

$$F_0 = \frac{(S_{yy} - S_{e(M1)})/(\phi_T - \phi_{e(M1)})}{S_{e(M1)}/\phi_{e(M1)}} = \frac{(9.424 - 3.517)/(9 - 8)}{3.517/8} = 13.4$$

となる．同様に，x_2 をモデルに取り込んだときの残差平方和は $S_{e(M1)} = 6.701$ であり，$F_0 = 3.25$ となる．したがって，F_0 値の大きい x_1 をモデルに取り込む．このときの単回帰式の推定式は

$$\text{MODEL1 の推定式：} \quad \hat{y} = 0.429 + 0.0651 x_1$$

であり，$R_{(M1)}^2 = 0.627$, $R_{(M1)}^{*2} = 0.580$ となる．

次に，x_2 を取り込むかどうかを検討する．例題 2 より $S_{e(M2)} = 0.488$ だから，(5.45) 式より

$$F_0 = \frac{(S_{e(M1)} - S_{e(M2)})/(\phi_{e(M1)} - \phi_{e(M2)})}{S_{e(M2)}/\phi_{e(M2)}}$$

$$= \frac{(3.517 - 0.488)/(8 - 7)}{0.488/7} = 43.4$$

となる．そこで，x_2 もモデルに取り込み，すでに例題 1 で求めた

$$\text{MODEL2 の推定式：} \quad \hat{y} = 1.02 + 0.0668 x_1 - 0.0808 x_2$$

を得る．このモデルにおける寄与率と自由度調整済寄与率は，例題 2 で求めた通り，$R_{(M2)}^2 = 0.948$, $R_{(M2)}^{*2} = 0.933$ である．

（4）残差とテコ比の検討

得られた重回帰式の妥当性を検討するために残差とテコ比の検討を行う．

残差は $e_k = y_k - \hat{y}_k$ である．検討方法は 4.2 節の第（4）項で述べた内容と同じである．すなわち，**標準化残差**

$$e'_k = \frac{e_k}{\sqrt{V_e}} \tag{5.46}$$

（標準正規分布 $N(0, 1^2)$ に近似的に従う）ないしは**残差の t 値**

$$t_k = \frac{e_k}{\sqrt{(1-h_{kk})V_e}} \tag{5.47}$$

を計算し，それぞれの値の絶対値が「3.0 以上なら注意」,「2.5 以上なら留意」と考えて，そのサンプルが異常でないかどうかを検討する．明らかに異常であるなら，そのサンプルを外して解析をやり直す．

また，各説明変数を横軸にとり，e' または t を縦軸にとって散布図を描く．曲線的な傾向がないか，説明変数が大きくなるにしたがって残差のばらつきが系統的に変化していないかなどを検討する．曲線的な傾向があれば，x_1^2 や x_2^2 の項を新たに説明変数に追加することを試みる．説明変数の大きさにより残差の大きさが系統的に変化する場合には，y に対数変換または平方根変換などを施してみる．

次に，**テコ比**（レベレッジとも呼ぶ）についても単回帰分析の場合と同様に考える．(5.28) 式より，$\hat{\beta}_1$ と $\hat{\beta}_2$ は $y_1, y_2, \cdots, y_n$ の一次式で表現できる．そこで，それらを第 k サンプルの予測値の $\hat{\beta}_1$ と $\hat{\beta}_2$ に代入すると

$$\hat{y}_k = h_{k1}y_1 + h_{k2}y_2 + \cdots + h_{kk}y_k + \cdots + h_{kn}y_n \tag{5.48}$$

と表すことができる．ここで，y_k の係数 h_{kk} をテコ比と呼ぶ．これは，

$$h_{kk} = \frac{1}{n} + \frac{D_k^2}{n-1} \tag{5.49}$$

と表すことができる．ただし，

$$\begin{aligned}D_k^2 = (n-1)\{&(x_{k1}-\bar{x}_1)^2 S^{11} \\ &+ 2(x_{k1}-\bar{x}_1)(x_{k2}-\bar{x}_2)S^{12} + (x_{k2}-\bar{x}_2)^2 S^{22}\}\end{aligned} \tag{5.50}$$

はマハラノビスの距離の 2 乗と呼ばれる量で，**判別分析**で重要な役割を果たす．また，S^{11}, S^{12}, S^{22} は (5.27) 式の左辺にある行列の逆行列の要素である．

5.2 説明変数が2個の場合の解析方法

$$\begin{bmatrix} S^{11} & S^{12} \\ S^{12} & S^{22} \end{bmatrix} = \begin{bmatrix} S_{11} & S_{12} \\ S_{12} & S_{22} \end{bmatrix}^{-1} \quad (5.51)$$

テコ比の意味や性質は 4.2 節の第（4）項で述べた．要点は次の通りである．テコ比は y_k が1単位変化するとき第 k サンプルの予測値 $\hat{y}_k$ が変化する量であり，この値が大きすぎると，$\hat{y}_k$ の値が y_k の値の変動によって強く影響を受けるので望ましくない．したがって，データを採取するときに調整が可能ならば，それぞれのサンプルのテコ比が $2.5\{(説明変数の個数)+1\}/n = 2.5 \times (テコ比の平均)$ よりも小さくなるように工夫することが望ましい．

例題 4 ─────────────────────── 残差とテコ比

表 5.1 のデータに基づいて予測値・標準化残差・テコ比を計算せよ．

[解答] 例えば，No.1 のサンプルについて計算を例示すると次のようになる．

$\hat{y}_1 = \hat{\beta}_0 + \hat{\beta}_1 x_{11} + \hat{\beta}_2 x_{12} = 1.02 + 0.0668 \times 51 - 0.0808 \times 16 = 3.134$

$e_1 = y_1 - \hat{y}_1 = 3.0 - 3.134 = -0.134, \quad e'_1 = \dfrac{e_1}{\sqrt{V_e}} = \dfrac{-0.134}{\sqrt{0.0697}} = -0.51$

$$\begin{bmatrix} S^{11} & S^{12} \\ S^{12} & S^{22} \end{bmatrix} = \begin{bmatrix} S_{11} & S_{12} \\ S_{12} & S_{22} \end{bmatrix}^{-1} = \begin{bmatrix} 1394.4 & 29.6 \\ 29.6 & 464.4 \end{bmatrix}^{-1}$$

$$= \begin{bmatrix} 0.0007181 & -0.00004577 \\ -0.00004577 & 0.002156 \end{bmatrix}$$

$D_1^2 = (n-1)\{(x_{11} - \bar{x}_1)^2 S^{11}$
$\qquad + 2(x_{11} - \bar{x}_1)(x_{12} - \bar{x}_2) S^{12} + (x_{12} - \bar{x}_2)^2 S^{22}\}$

$= (10-1)\{(51-60.4)^2 \times 0.0007181$
$\qquad\qquad + 2(51-60.4)(16-8.6) \times (-0.00004577)$
$\qquad\qquad + (16-8.6)^2 \times 0.002156\}$

$= 1.691$

$h_{11} = \dfrac{1}{n} + \dfrac{D_1^2}{n-1} = \dfrac{1}{10} + \dfrac{1.691}{10-1} = 0.29$

同様にして他のサンプル No. に対しても計算した結果を表 5.2 に示す．

標準化残差とテコ比の散布図を図 5.3 に，それぞれの説明変数と標準化残差の散布図を図 5.4 に示す．図 5.3 より，特に大きな標準化残差やテコ比は見あたらない．また，図 5.4 より，説明変数に対して標準化残差が系統的な変化をしていることもなさそうである．

表 5.2 標準化残差とテコ比

No.	x_1	x_2	y	$\hat{y}$	e'	h
1	51	16	3.0	3.134	-0.51	0.29
2	38	4	3.2	3.235	-0.13	0.50
3	57	16	3.3	3.535	-0.89	0.23
4	51	11	3.9	3.538	1.37	0.18
5	53	4	4.4	4.237	0.62	0.18
6	77	22	4.5	4.386	0.43	0.67
7	63	5	4.5	4.824	-1.23	0.13
8	69	5	5.4	5.225	0.67	0.18
9	72	2	5.4	5.668	-1.02	0.30
10	73	1	6.0	5.816	0.70	0.35

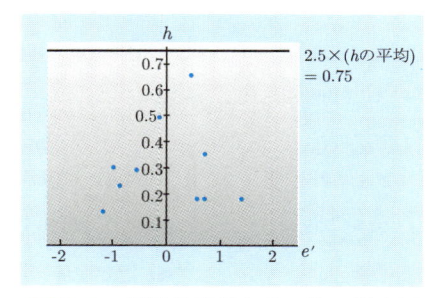

図 5.3 標準化残差とテコ比の散布図

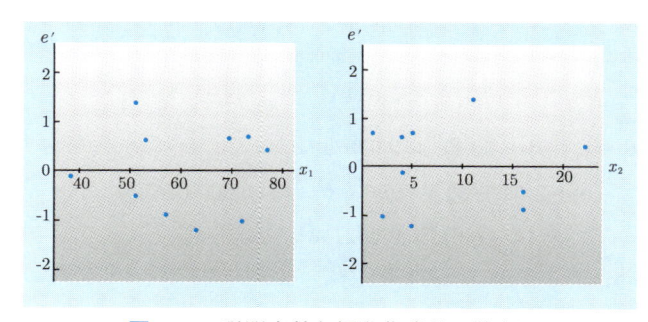

図 5.4 説明変数と標準化残差の散布図

（5）得られた回帰式の利用

回帰式の推定量 $\hat{\beta}_0 + \hat{\beta}_1 x_1 + \hat{\beta}_2 x_2$ の確率分布は次の通りである（【問題 5.6♣】を参照）．

$$\hat{\beta}_0 + \hat{\beta}_1 x_1 + \hat{\beta}_2 x_2 \sim N\left(\beta_0 + \beta_1 x_1 + \beta_2 x_2, \left\{\frac{1}{n} + \frac{D^2}{n-1}\right\}\sigma^2\right) \quad (5.52)$$

$$D^2 = (n-1)\{(x_1-\bar{x}_1)^2 S^{11} \\ + 2(x_1-\bar{x}_1)(x_2-\bar{x}_2)S^{12} + (x_2-\bar{x}_2)^2 S^{22}\} \quad (5.53)$$

これを用いて，x_1 と x_2 を任意の値 x_{01}, x_{02} に設定して，**母回帰**の区間推定や予測区間を構成することができる．

母回帰 $\beta_0 + \beta_1 x_{01} + \beta_2 x_{02}$ の信頼率95％の信頼区間は次のように構成する．

$$\hat{\beta}_0 + \hat{\beta}_1 x_{01} + \hat{\beta}_2 x_{02} \pm t(\phi_e, 0.05)\sqrt{\left\{\frac{1}{n} + \frac{D_0^2}{n-1}\right\}V_e} \quad (5.54)$$

(5.54) 式は，$[x_1, x_2] = [x_{01}, x_{02}]$ と設定した場合の回帰直線上の縦座標の信頼区間である．

これに対して，$[x_1, x_2] = [x_{01}, x_{02}]$ と設定してもう一度データを取るときの信頼率95％の予測区間は次のように計算する．

$$\hat{\beta}_0 + \hat{\beta}_1 x_{01} + \hat{\beta}_2 x_{02} \pm t(\phi_e, 0.05)\sqrt{\left\{1 + \frac{1}{n} + \frac{D_0^2}{n-1}\right\}V_e} \quad (5.55)$$

これらの信頼区間と予測区間の区間幅は $[x_{01}, x_{02}] = [\bar{x}_1, \bar{x}_2]$ のときに一番短くなる．

例題 5 ────────────────── 信頼区間と予測区間

表 5.1 のデータに基づいて，$[x_{01}, x_{02}] = [70, 10]$ の場合の予測値および信頼率95％の母回帰の信頼区間と予測区間を計算せよ．

解答 予測値は次のようになる．

$$\hat{y}_0 = \hat{\beta}_0 + \hat{\beta}_1 x_{01} + \hat{\beta}_2 x_{02} = 1.02 + 0.0668 \times 70 - 0.0808 \times 10 = \boxed{4.89}$$

次に，信頼区間を求めるために，例題 4 と同様に，まず，

$$\begin{aligned} D_0^2 &= (n-1)\{(x_{01}-\bar{x}_1)^2 S^{11} \\ &\quad + 2(x_{01}-\bar{x}_1)(x_{02}-\bar{x}_2)S^{12} + (x_{02}-\bar{x}_2)^2 S^{22}\} \\ &= (10-1)\{(70-60.4)^2 \times 0.0007181 \\ &\quad + 2(70-60.4)(10-8.6) \times (-0.00004577) \\ &\quad + (10-8.6)^2 \times 0.002156\} \\ &= 0.623 \end{aligned}$$

を求める．これより，母回帰の信頼区間は

$$\hat{y}_0 \pm t(7, 0.05)\sqrt{\left\{\frac{1}{n} + \frac{D_0^2}{n-1}\right\} V_e}$$

$$= 4.89 \pm 2.365 \sqrt{\left\{\frac{1}{10} + \frac{0.623}{10-1}\right\} \times 0.0697} = 4.63,\ 5.15$$

となる．次に，予測区間は

$$\hat{y}_0 \pm t(7, 0.05)\sqrt{\left\{1 + \frac{1}{n} + \frac{D_0^2}{n-1}\right\} V_e}$$

$$= 4.89 \pm 2.365 \sqrt{\left\{1 + \frac{1}{10} + \frac{0.623}{10-1}\right\} \times 0.0697} = 4.21,\ 5.57$$

となる．これより，$x_1 = 70$，$x_2 = 10$ のマンション価格が 5.8（千万円）なら「高い」といえる．

5.3 説明変数が p 個の場合の解析方法

（1）最小 2 乗法による回帰式の推定

取り扱うデータの形式を表 5.3 に示す．説明変数の個数が 3 つ以上になっても，考え方や解析方法は 5.2 節の場合とまったく同様である．以下では，そのエッセンスだけを記述する．5.2 節の対応する部分と比較してほしい．

5.3 説明変数が p 個の場合の解析方法

表 5.3 データの形式

No.	x_1	x_2	$\cdots$	x_p	y
1	x_{11}	x_{12}	$\cdots$	x_{1p}	y_1
2	x_{21}	x_{22}	$\cdots$	x_{2p}	y_2
$\vdots$	$\vdots$	$\vdots$	$\vdots$	$\vdots$	$\vdots$
i	x_{i1}	x_{i2}	$\cdots$	x_{ip}	y_i
$\vdots$	$\vdots$	$\vdots$	$\vdots$	$\vdots$	$\vdots$
n	x_{n1}	x_{n2}	$\cdots$	x_{np}	y_n

表 5.3 のデータに対して次の**重回帰モデル**を想定する．

$$y_i = \beta_0 + \beta_1 x_{i1} + \beta_2 x_{i2} + \cdots + \beta_p x_{ip} + \varepsilon_i, \quad \varepsilon_i \sim N(0, \sigma^2) \tag{5.56}$$

残差と**残差平方和**を

$$e_i = y_i - \hat{y}_i = y_i - (\hat{\beta}_0 + \hat{\beta}_1 x_{i1} + \hat{\beta}_2 x_{i2} + \cdots + \hat{\beta}_p x_{ip}) \tag{5.57}$$

$$S_e = \sum_{i=1}^{n} e_i^2 = \sum_{i=1}^{n} \{y_i - (\hat{\beta}_0 + \hat{\beta}_1 x_{i1} + \hat{\beta}_2 x_{i2} + \cdots + \hat{\beta}_p x_{ip})\}^2 \tag{5.58}$$

と定義し，S_e を最小にする $\hat{\beta}_0, \hat{\beta}_1, \hat{\beta}_2, \cdots, \hat{\beta}_p$ を求める．

S_e を $\hat{\beta}_0, \hat{\beta}_1, \hat{\beta}_2, \cdots, \hat{\beta}_p$ のそれぞれで微分（偏微分）してゼロとおき，整理すると次式を得る．

$$\bar{y} = \hat{\beta}_0 + \hat{\beta}_1 \bar{x}_1 + \hat{\beta}_2 \bar{x}_2 + \cdots + \hat{\beta}_p \bar{x}_p \tag{5.59}$$

$$\begin{aligned} \hat{\beta}_1 S_{11} + \hat{\beta}_2 S_{12} + \cdots + \hat{\beta}_p S_{1p} &= S_{1y} \\ \hat{\beta}_1 S_{21} + \hat{\beta}_2 S_{22} + \cdots + \hat{\beta}_p S_{2p} &= S_{2y} \\ \vdots \qquad \vdots \qquad \qquad \vdots \qquad & \vdots \\ \hat{\beta}_1 S_{p1} + \hat{\beta}_2 S_{p2} + \cdots + \hat{\beta}_p S_{pp} &= S_{py} \end{aligned} \tag{5.60}$$

ここで，平方和と偏差積和を次のように定義する．

$$S_{jk} = S_{kj} = \sum_{i=1}^{n} (x_{ij} - \bar{x}_j)(x_{ik} - \bar{x}_k) \tag{5.61}$$

$$S_{jy} = \sum_{i=1}^{n} (x_{ij} - \bar{x}_j)(y_i - \bar{y}) \tag{5.62}$$

(5.59) 式より，推定された（重）回帰式は点 $[\bar{x}_1, \bar{x}_2, \cdots, \bar{x}_p, \bar{y}]$ を通る．
(5.60) 式の解を行列を用いて次のように表現する．

$$\begin{bmatrix} \hat{\beta}_1 \\ \hat{\beta}_2 \\ \vdots \\ \hat{\beta}_p \end{bmatrix} = \begin{bmatrix} S_{11} & S_{12} & \cdots & S_{1p} \\ S_{21} & S_{22} & \cdots & S_{2p} \\ \vdots & \vdots & \ddots & \vdots \\ S_{p1} & S_{p2} & \cdots & S_{pp} \end{bmatrix}^{-1} \begin{bmatrix} S_{1y} \\ S_{2y} \\ \vdots \\ S_{py} \end{bmatrix} \tag{5.63}$$

(5.63) 式の逆行列が求まらない場合を「多重共線性が存在する」と呼ぶ．これは，説明変数 $x_1, x_2, \cdots, x_p$ のうちのいくつかが線形関係を有している場合である．つまり，5.2 節で述べたように，2 つの説明変数間の相関係数が ± 1 である場合（$x_j = ax_k + b$ となっている場合）もそうであるし，

$$a_1 x_1 + a_2 x_2 + a_3 x_3 + b = 0 \tag{5.64}$$

などの関係が成り立っている場合も逆行列は存在しない．多重共線性が存在する場合には，関係式を構成している（または，構成していそうな）変数を外して解析をやり直す．また，サンプルサイズ n が変数の個数 p よりも小さい場合にも逆行列は存在しない．

残差平方和 S_e の最小値は次のようになる．

$$S_e = S_{yy} - (\hat{\beta}_1 S_{1y} + \hat{\beta}_2 S_{2y} + \cdots + \hat{\beta}_p S_{py}) \tag{5.65}$$

これより誤差 ε の母分散 σ^2 を次のように推定することができる．

$$\hat{\sigma}^2 = V_e = \frac{S_e}{\phi_e} = \frac{S_e}{n - p - 1} \tag{5.66}$$

（2）寄与率と自由度調整済寄与率

平方和の分解は次のようになる．

$$S_{yy} = (\hat{\beta}_1 S_{1y} + \hat{\beta}_2 S_{2y} + \cdots + \hat{\beta}_p S_{py}) + S_e = S_R + S_e \tag{5.67}$$

S_{yy} には $\phi_T = n - 1$，S_R には $\phi_R = p$，S_e には $\phi_e = n - p - 1$ の自由度がそれぞれ対応する．

5.3 説明変数が p 個の場合の解析方法

重相関係数 R や寄与率（決定係数）R^2 および自由度調整済寄与率 R^{*2} は 5.2 節で述べた形と同じである．

$$R = \frac{\sum_{i=1}^{n}(y_i - \bar{y})(\hat{y}_i - \bar{\hat{y}})}{\sqrt{\sum_{i=1}^{n}(y_i - \bar{y})^2 \sum_{i=1}^{n}(\hat{y}_i - \bar{\hat{y}})^2}} \tag{5.68}$$

$$R^2 = \frac{S_R}{S_{yy}} \left(= \frac{S_{yy} - S_e}{S_{yy}} = 1 - \frac{S_e}{S_{yy}} \right) \tag{5.69}$$

$$R^{*2} = 1 - \frac{S_e/\phi_e}{S_{yy}/\phi_T} \tag{5.70}$$

（3）説明変数の選択（変数選択）

定数項だけのモデル

$$\text{MODEL0}: \quad y_i = \beta_0 + \varepsilon_i \tag{5.71}$$

から出発し，$x_1 \sim x_p$ のどの変数を取り込むのがよいのかを考える．

1つの変数 x_j だけを取り込んだ単回帰式

$$\hat{y}_i = \hat{\beta}_0 + \hat{\beta}_j x_{ij} \tag{5.72}$$

における S_{yy}（自由度 $\phi_T = n-1$）と残差平方和 $S_{e(M1)} = S_e$（自由度 $\phi_{e(M1)} = \phi_e = n-2$）を用いて，それぞれの変数に対して

$$F_0 = \frac{(S_{yy} - S_{e(M1)})/(\phi_T - \phi_{e(M1)})}{S_{e(M1)}/\phi_{e(M1)}} \tag{5.73}$$

を計算し，F_0 値が一番大きくなる変数をモデルに取り入れる．例えば，x_1 をモデルに取り込んだとしよう．それを MODEL1 と表す．

$$\text{MODEL1}: \quad y_i = \beta_0 + \beta_1 x_{i1} + \varepsilon_i \tag{5.74}$$

次に，MODEL1 に x_1 以外の x_j を追加する価値があるかどうかを考える．

$$\text{MODEL2}: \quad y_i = \beta_0 + \beta_1 x_{i1} + \beta_j x_{ij} + \varepsilon_i \tag{5.75}$$

MODEL2 の下で求めた残差平方和を $S_{e(M2)}$ と表し，これと MODEL1 の

下で求めた残差平方和 $S_{e(M1)}$ を比較する．

$$F_0 = \frac{(S_{e(M1)} - S_{e(M2)})/(\phi_{e(M1)} - \phi_{e(M2)})}{S_{e(M2)}/\phi_{e(M2)}} \quad (5.76)$$

を計算し，F_0 値が大きいなら (5.75) 式を支持する．

このように，順次新たな変数を取り込む価値があるかどうかを (5.76) 式と同様の量を計算して検討する．この際，第1段階では，x_1 を取り込む価値があったが，その後，別の変数をいくつか取り込むことによって x_1 をモデルに残しておく価値のなくなる場合が生じる．この場合，(5.76) 式と同様の式を検討することにより，その値が小さく（2以下に）なればモデルから取り除く．このような変数選択の方法が**変数増減法**である．

（4）**残差とテコ比の検討**

残差とテコ比の検討については説明変数が2つの場合とほとんど同じである．

残差 $e_k = y_k - \hat{y}_k$ に対して，**標準化残差**または**残差の t 値**

$$e'_k = \frac{e_k}{\sqrt{V_e}} \quad (5.77)$$

$$t_k = \frac{e_k}{\sqrt{(1-h_{kk})V_e}} \quad (5.78)$$

を計算する．そして，テコ比 h_{kk} は次のように計算する．

$$h_{kk} = \frac{1}{n} + \frac{D_k^2}{n-1} \quad (5.79)$$

ただし，

$$D_k^2 = (n-1)\sum_{i=1}^{p}\sum_{j=1}^{p}(x_{ki} - \bar{x}_i)(x_{kj} - \bar{x}_j)S^{ij} \quad (5.80)$$

は**マハラノビスの距離**の2乗で，S^{ij} は (5.63) 式に示した逆行列の (i,j) 要素である．

標準化残差やテコ比の見方については 5.2 節と同様である．

（5）**得られた回帰式の利用**

回帰式の推定量 $\hat{\beta}_0 + \hat{\beta}_1 x_1 + \hat{\beta}_2 x_2 + \cdots + \hat{\beta}_p x_p$ の確率分布は次の通りである．

$$\hat{\beta}_0 + \hat{\beta}_1 x_1 + \hat{\beta}_2 x_2 + \cdots + \hat{\beta}_p x_p$$
$$\sim N\left(\beta_0 + \beta_1 x_1 + \beta_2 x_2 + \cdots + \beta_p x_p, \left\{\frac{1}{n} + \frac{D^2}{n-1}\right\}\sigma^2\right) \quad (5.81)$$

$$D^2 = (n-1)\sum_{i=1}^{p}\sum_{j=1}^{p}(x_i - \bar{x}_i)(x_j - \bar{x}_j)S^{ij} \quad (5.82)$$

これより, $[x_1, x_2, \cdots, x_p] = [x_{01}, x_{02}, \cdots, x_{0p}]$ と設定して, 次のような母回帰の信頼区間や予測区間を構成できる.

$$\hat{\beta}_0 + \hat{\beta}_1 x_{01} + \hat{\beta}_2 x_{02} + \cdots + \hat{\beta}_p x_{0p} \pm t(\phi_e, \alpha)\sqrt{\left\{\frac{1}{n} + \frac{D_0^2}{n-1}\right\}V_e} \quad (5.83)$$

$$\hat{\beta}_0 + \hat{\beta}_1 x_{01} + \hat{\beta}_2 x_{02} + \cdots + \hat{\beta}_p x_{0p} \pm t(\phi_e, \alpha)\sqrt{\left\{1 + \frac{1}{n} + \frac{D_0^2}{n-1}\right\}V_e} \quad (5.84)$$

5.4♣ 行列とベクトルによる表現

(1) 重回帰モデル

行列とベクトルを用いた表現は 4.3 節の単回帰分析の場合とほとんど同じである. (4.42) 式の単回帰モデルを次のように重回帰モデルに書き直して, 説明変数を行列の形式に表現すればよい. 以下では, 途中の展開式 (4.3 節を参照) を省略して, 最終的な結果のみを示す.

$$\begin{aligned}y_i &= \beta_0 + \beta_1 x_{i1} + \beta_2 x_{i2} + \cdots + \beta_p x_{ip} + \varepsilon_i \\ &= \alpha_0 + \beta_1(x_{i1} - \bar{x}_1) + \beta_2(x_{i2} - \bar{x}_2) + \cdots + \beta_p(x_{ip} - \bar{x}_p) + \varepsilon_i\end{aligned} \quad (5.85)$$

$$\alpha_0 = \beta_0 + \beta_1 \bar{x}_1 + \beta_2 \bar{x}_2 + \cdots + \beta_p \bar{x}_p \quad (5.86)$$

$$\varepsilon_i \sim N(0, \sigma^2) \quad (5.87)$$

次のようにベクトルと行列を定義する.

$$\boldsymbol{y} = \begin{bmatrix} y_1 \\ y_2 \\ \vdots \\ y_n \end{bmatrix}, X = \begin{bmatrix} 1 & x_{11} - \bar{x}_1 & x_{12} - \bar{x}_2 & \cdots & x_{1p} - \bar{x}_p \\ 1 & x_{21} - \bar{x}_1 & x_{22} - \bar{x}_2 & \cdots & x_{2p} - \bar{x}_p \\ \vdots & \vdots & \vdots & \ddots & \vdots \\ 1 & x_{n1} - \bar{x}_1 & x_{n2} - \bar{x}_2 & \cdots & x_{np} - \bar{x}_p \end{bmatrix} \quad (5.88)$$

$$\boldsymbol{\beta} = \begin{bmatrix} \alpha_0 \\ \beta_1 \\ \beta_2 \\ \vdots \\ \beta_p \end{bmatrix}, \quad \boldsymbol{\varepsilon} = \begin{bmatrix} \varepsilon_1 \\ \varepsilon_2 \\ \vdots \\ \varepsilon_n \end{bmatrix} \tag{5.89}$$

誤差の平均・分散・共分散について次の仮定をおいている．

$$E(\boldsymbol{\varepsilon}) = \begin{bmatrix} 0 \\ 0 \\ \vdots \\ 0 \end{bmatrix} = \boldsymbol{0}$$

$$V(\boldsymbol{\varepsilon}) = \begin{bmatrix} \sigma^2 & 0 & \cdots & 0 \\ 0 & \sigma^2 & \cdots & 0 \\ \vdots & \vdots & \ddots & \vdots \\ 0 & 0 & \cdots & \sigma^2 \end{bmatrix} = \sigma^2 I_n \tag{5.90}$$

以上より，行列とベクトルを用いて重回帰モデルを次のように表現できる．

$$\boldsymbol{y} = X\boldsymbol{\beta} + \boldsymbol{\varepsilon}, \quad \boldsymbol{\varepsilon} \sim N(\boldsymbol{0}, \sigma^2 I_n) \tag{5.91}$$

（2）**最小2乗法による回帰式の推定**

残差ベクトルを

$$\begin{aligned} \boldsymbol{e} = \begin{bmatrix} e_1 \\ e_2 \\ \vdots \\ e_n \end{bmatrix} &= \begin{bmatrix} y_1 - \{\hat{\alpha}_0 + \hat{\beta}_1(x_{11} - \bar{x}_1) + \cdots + \hat{\beta}_p(x_{1p} - \bar{x}_p)\} \\ y_2 - \{\hat{\alpha}_0 + \hat{\beta}_1(x_{21} - \bar{x}_1) + \cdots + \hat{\beta}_p(x_{2p} - \bar{x}_p)\} \\ \vdots \\ y_n - \{\hat{\alpha}_0 + \hat{\beta}_1(x_{n1} - \bar{x}_1) + \cdots + \hat{\beta}_p(x_{np} - \bar{x}_p)\} \end{bmatrix} \\ &= \boldsymbol{y} - X\hat{\boldsymbol{\beta}} \end{aligned} \tag{5.92}$$

と定義する．次に，残差平方和 S_e を次のように表現する．

5.4 行列とベクトルによる表現

$$S_e = \sum_{i=1}^n e_i^2 = e'e = (y - X\hat{\beta})'(y - X\hat{\beta})$$
$$= y'y - 2\hat{\beta}'X'y + \hat{\beta}'X'X\hat{\beta} \tag{5.93}$$

残差平方和 S_e をベクトル $\hat{\beta}$ により微分してゼロとおくと次を得る．

$$\frac{\partial S_e}{\partial \hat{\beta}} = -2X'y + 2X'X\hat{\beta} = \mathbf{0} \tag{5.94}$$

$$X'X\hat{\beta} = X'y \iff \hat{\beta} = (X'X)^{-1}X'y \tag{5.95}$$

（3）統計量の分布

重回帰モデル (5.91) より $E(y) = X\beta, V(y) = V(\varepsilon) = \sigma^2 I_n$ である．これより，$E(\hat{\beta}) = \beta, V(\hat{\beta}) = \sigma^2 (X'X)^{-1}$ となり，

$$\hat{\beta} \sim N(\beta, \sigma^2(X'X)^{-1}) \tag{5.96}$$

が成り立つ．

また，$E(\hat{y}) = XE(\hat{\beta}) = X\beta$, $V(\hat{y}) = XV(\hat{\beta})X' = \sigma^2 X(X'X)^{-1}X'$ となるので，次を得る．

$$\hat{y} \sim N(X\beta, \sigma^2 X(X'X)^{-1}X') \tag{5.97}$$

さらに，$\hat{y} = X\hat{\beta} = X(X'X)^{-1}X'y$ だから，$H = X(X'X)^{-1}X'$ とおくと，$\hat{y} = Hy$ と表現でき，H の第 k 対角要素がテコ比である．

最後に，残差ベクトル

$$\begin{aligned} e &= y - X\hat{\beta} = y - X(X'X)^{-1}X'y \\ &= (I_n - X(X'X)^{-1}X')y \end{aligned} \tag{5.98}$$

の期待値と分散は $E(e) = \mathbf{0}, V(e) = \sigma^2 (I_n - X(X'X)^{-1}X')$ であるから，

$$e \sim N(\mathbf{0}, \sigma^2(I_n - X(X'X)^{-1}X')) \tag{5.99}$$

が成り立つ．

■■■練習問題■■■■■■■■■■■■■■■■■■■■■■■■■■■■

◆**問題 5.1** 次のデータは問題 4.1 のデータ（x_1 と y）に x_2 を追加したものである．以下の設問に答えよ．

表 データ

No.	1	2	3	4	5	6	7	8
x_1	12	12	11	7	8	9	14	11
x_2	4	3	3	1	3	2	5	4
y	22	24	21	19	19	22	24	23

(1) x_1 と y, x_2 と y, x_1 と x_2 のそれぞれの相関係数を求めよ．

(2) x_1 と x_2 の両方を含めた回帰式を推定し，寄与率と自由度調整済寄与率を計算せよ．

(3) (5.73)式を用いて，x_1 だけを取り込んだ場合の F_0 値を求め，回帰式と寄与率および自由度調整済寄与率を求めよ．

(4) (5.73)式を用いて，x_2 だけを取り込んだ場合の F_0 値を求め，回帰式と寄与率および自由度調整済寄与率を求めよ．

(5) (5.76)式を用いて，x_1 だけを取り込んだモデルに x_2 を追加するときの F_0 値を求めよ．

◆問題 **5.2** $p = 2$ の場合について，次の設問に答えよ．

(1) x_1 と残差 e の相関係数 $r_{x_1 e}$ および x_2 と残差 e の相関係数 $r_{x_2 e}$ がともにゼロになることを示せ．

(2) 予測値 $\hat{y}$ と残差 e の相関係数 $r_{\hat{y} e}$ がゼロになることを示せ．

◆問題 **5.3** (5.34)式が成り立つことを示せ．

◆問題 **5.4** (5.38)式を示せ．

◆問題 **5.5** (5.43)式と(5.44)式で定義された MODEL1 と MODEL2 に対して，次の設問に答えよ．

(1) つねに $R^2_{(M1)} \leq R^2_{(M2)}$ であることを示せ．

(2) $R^{*2}_{(M1)} \leq R^{*2}_{(M2)}$ であることと，(5.45)式の F_0 が $F_0 \geq 1$ となることが同値であることを示せ．

◆問題 **5.6**♣ $p = 2$ の場合に (5.88)式の X を考える．このとき，次の設問に答えよ．

(1) $X'X$ および $(X'X)^{-1}$ を表現せよ．

(2) (5.96)式に基づいて $\hat{\alpha}_0, \hat{\beta}_1, \hat{\beta}_2$ の確率分布を示せ．

(3) (5.96)式に基づいて $Cov(\hat{\alpha}_0, \hat{\beta}_1)$, $Cov(\hat{\alpha}_0, \hat{\beta}_2)$, $Cov(\hat{\beta}_1, \hat{\beta}_2)$ を求めよ．

(4) (5.52)式を示せ．

◆問題 **5.7**♣ $p = 2$ の場合に (5.49)式で定義されたテコ比について次の設問に答えよ．

(1) $\sum h_{kk} = 2 + 1$ ($=$ (説明変数の個数) $+ 1$) となることを示せ．また，このことを表5.2の数値について確認せよ．

(2) $1/n \leq h_{kk} \leq 1$ となることを示せ．

第6章

数量化1類

　本章では，数量化1類を説明する．回帰分析は目的変数と説明変数の両者が量的変数の場合の解析方法だった．それに対して，数量化1類は，目的変数は量的変数，説明変数が質的変数の場合の解析方法である．質的変数という本来は数値変数でないものを，文字通り数量化して分析する方法の1つである．また，実際のデータ解析では，説明変数に量的変数と質的変数が混在していることが多い．その場合についても触れる．

6.1 適用例と解析ストーリー

(1) 適用例と解析の目的

　表6.1は大学卒業時の総合成績 y（量的変数）と線形代数の成績 x_1（質的変数）およびサークル所属の有無 x_2（質的変数）のデータである．

　このデータに基づいて，「総合成績は線形代数の成績およびサークル所属の有無より予測できるか」「どちらの変数の方が説明力があるか」「予測できるとすればその精度はどのくらいか」「例えば，線形代数が優でサークルに無所

表6.1 成績のデータ

サンプル No.	線形代数 x_1	サークル x_2	総合成績 y
1	優	所属	96
2	優	所属	88
3	優	無所属	77
4	優	無所属	89
5	良	所属	80
6	良	無所属	71
7	良	無所属	77
8	可	所属	78
9	可	所属	70
10	可	無所属	62

属の学生の総合成績はどのように予測されるか」などを検討したい．

（2）**数量化1類の解析ストーリー**

数量化1類の解析の流れは以下の通りである．

> **数量化1類の解析ストーリー**
> （1）質的変数を**ダミー変数**に変換して，ダミー変数を量的変数と考えて重回帰モデルを想定する．
> （2）**自由度調整済寄与率**を求めて，得られた回帰式の性能を評価する．
> （3）**説明変数の選択**（変数選択）を行い，有用な変数を選択する．
> （4）**残差**と**テコ比**の検討を行い，得られた回帰式の妥当性を検討する．
> （5）得られた回帰式を利用して，任意に指定した説明変数の値に対して母回帰を推定し，将来得られるデータの値を予測する．

以上よりわかるように，質的変数をダミー変数に変換するところだけが要点であり，その後の解析のストーリーは重回帰分析の場合と同じである．

6.2　説明変数が1個の場合の解析方法

（1）**ダミー変数の考え方と回帰式の推定**

本節では，説明変数が1つだけの場合を説明する．表6.1に示したデータについて「線形代数の成績 x_1」だけに基づいて目的変数 y を予測することを例に取り上げて解説する．

第2章に述べたように，「線形代数の成績」などのように質的な変数をアイテムと呼び，「優」「良」「可」というアイテムの中身をカテゴリーと呼ぶ．「優」「良」「可」には自然な順序があるが，これに1,2,3という数字を量的変数として割り当てることは適切ではない．1と2の差と2と3の差は同じとはいえないだろうし，3と1の差は2と1の差の2倍ともいえないからである．そこで，質的変数については次のような0と1だけの値をとる変数に変換する．

$$x_{1(1)} = \begin{cases} 1 & 優のとき \\ 0 & 優でないとき \end{cases} \quad (6.1)$$

6.2 説明変数が1個の場合の解析方法

$$x_{1(2)} = \begin{cases} 1 & \text{良のとき} \\ 0 & \text{良でないとき} \end{cases} \quad (6.2)$$

$$x_{1(3)} = \begin{cases} 1 & \text{可のとき} \\ 0 & \text{可でないとき} \end{cases} \quad (6.3)$$

これらの変数に基づいて次の重回帰モデルをとりあえず想定してみよう．

$$y_i = \beta_0 + \beta_{1(1)}x_{i1(1)} + \beta_{1(2)}x_{i1(2)} + \beta_{1(3)}x_{i1(3)} + \varepsilon_i, \quad \varepsilon_i \sim N(0, \sigma^2) \quad (6.4)$$

これは，説明変数が3つの場合の重回帰モデルなので，最小2乗法を用いて重回帰分析と同じ手順を踏めばよい．しかし，このままでは最小2乗法を適用することはできない．上のデータでは

$$x_{1(1)} + x_{1(2)} + x_{1(3)} = 1 \quad (6.5)$$

がつねに成立するので，多重共線性が生じるからである．そこで，変数を1つ削除する．どれを削除してもよいが，ここでは $x_{1(1)}$ を削除しよう．すると，重回帰モデルは次のようになる．

$$y_i = \beta_0 + \beta_{1(2)}x_{i1(2)} + \beta_{1(3)}x_{i1(3)} + \varepsilon_i \quad \varepsilon_i \sim N(0, \sigma^2) \quad (6.6)$$

$x_{1(2)} = x_{1(3)} = 0$ が「優」を意味する．(6.4) 式と (6.5) 式の β_0 の意味合いは異なるが，今後は (6.6) 式を考えていく．(6.6) 式の形式にあわせて表 6.1 のデータで「線形代数 x_1」の部分を書き換えると表 6.2 になる．

(6.6) 式に導入した $x_{1(2)}$ と $x_{1(3)}$ を**ダミー変数**と呼ぶ．一般に，ダミー変数は

表 6.2 表 6.1（「線形代数」の部分）の書き換えおよび予測値

サンプル No.	$x_{1(2)}$	$x_{1(3)}$	総合成績 y	予測値 $\hat{y}$
1	0	0	96	87.5
2	0	0	88	87.5
3	0	0	77	87.5
4	0	0	89	87.5
5	1	0	80	76.0
6	1	0	71	76.0
7	1	0	77	76.0
8	0	1	78	70.0
9	0	1	70	70.0
10	0	1	62	70.0

「(質的変数のカテゴリー数)-1」個導入する（上の例では「$3-1=2$」個）．

(6.6) 式より予測値を (6.7) 式のように設定し，残差平方和 S_e を (6.8) 式のように定義する．S_e を通常の重回帰分析と同じ手順で最小化すれば，5.2 節で示した結果を得る．

予測値： $$\hat{y}_i = \hat{\beta}_0 + \hat{\beta}_{1(2)} x_{i1(2)} + \hat{\beta}_{1(3)} x_{i1(3)} \tag{6.7}$$

残差平方和： $$S_e = \sum_{i=1}^{n}(y_i - \hat{y}_i)^2 \tag{6.8}$$

例題 1 〔回帰式〕

表 6.2 に基づいて説明変数が 2 つの場合の回帰式を求めよ（5.2 節の例題 1 と同様の計算）．

[解答]

$\sum y_i = 788,\quad \sum y_i^2 = 63008,\quad \bar{y} = 78.80,\quad S_{yy} = 913.6$

$\sum x_{i1(2)} = 3,\quad \sum x_{i1(2)}^2 = 3,\quad \bar{x}_{1(2)} = 0.30,\quad S_{(2)(2)} = 2.10$

$\sum x_{i1(3)} = 3,\quad \sum x_{i1(3)}^2 = 3,\quad \bar{x}_{1(3)} = 0.30,\quad S_{(3)(3)} = 2.10$

$\sum x_{i1(2)} y_i = 228,\quad S_{(2)y} = -8.40$

$\sum x_{i1(3)} y_i = 210,\quad S_{(3)y} = -26.40$

$\sum x_{i1(2)} x_{i1(3)} = 0,\quad S_{(2)(3)} = -0.90$

これらの値に対して 5.2 節の (5.28) 式を用いると

$$\begin{bmatrix} \hat{\beta}_{1(2)} \\ \hat{\beta}_{1(3)} \end{bmatrix} = \begin{bmatrix} 2.10 & -0.90 \\ -0.90 & 2.10 \end{bmatrix}^{-1} \begin{bmatrix} -8.40 \\ -26.40 \end{bmatrix} = \begin{bmatrix} -11.5 \\ -17.5 \end{bmatrix}$$

を得る．また，(5.13) 式より

$$\hat{\beta}_0 = 78.80 - (-11.5) \times 0.30 - (-17.5) \times 0.30 = 87.5$$

となる．以上より，得られた重回帰式は次のように表現できる．

$$\hat{y} = 87.5 - 11.5 x_{1(2)} - 17.5 x_{1(3)} = 87.5 + \begin{cases} 0 & （優の場合） \\ -11.5 & （良の場合） \\ -17.5 & （可の場合） \end{cases}$$

（2）寄与率と自由度調整済寄与率

重回帰式が得られたら，それを用いて予測値を計算することができる．

例題 2 ─────────────────────────── 予測値 ─

例題 1 で求めた回帰式より予測値を求めよ．

[解答] 予測値は次のようになる．これらの値を表 6.2 に示す．

$$優の場合：\hat{y} = 87.5 + 0 \quad = 87.5$$
$$良の場合：\hat{y} = 87.5 - 11.5 = 76.0$$
$$可の場合：\hat{y} = 87.5 - 17.5 = 70.0$$

第 5 章と同様に，データの値 y_i と予測値 $\hat{y}_i$ の相関係数

$$R = \frac{\sum(y_i - \bar{y})(\hat{y}_i - \bar{\hat{y}})}{\sqrt{\sum(y_i - \bar{y})^2 \sum(\hat{y}_i - \bar{\hat{y}})^2}} \tag{6.9}$$

が重相関係数であり，この値が 1 に近い方がよい．また，R^2 は寄与率である．

重回帰分析の場合と同様に，平方和の分解

$$S_{yy} = (\hat{\beta}_{1(2)}S_{(2)y} + \hat{\beta}_{1(3)}S_{(3)y}) + S_e = S_R + S_e \tag{6.10}$$

が成立し，

$$R^2 = \frac{S_R}{S_{yy}} = \frac{S_{yy} - S_e}{S_{yy}} = 1 - \frac{S_e}{S_{yy}} \tag{6.11}$$

の関係がある．さらに，自由度で調整した，

$$R^{*2} = 1 - \frac{S_e/(n-3)}{S_{yy}/(n-1)} \tag{6.12}$$

が自由度調整済寄与率である（$n - 3 = n - ($ダミー変数の個数$) - 1$）．

例題 3 ─────────────────── 重回帰式と寄与率 ─

表 6.2 に基づいて重相関係数・寄与率・自由度調整済寄与率を求めよ．

[解答] 表 6.2 より重相関係数を計算すると，$R = 0.782$ となる．また，

$$S_R = \hat{\beta}_{1(2)}S_{(2)y} + \hat{\beta}_{1(3)}S_{(3)y} = -11.5 \times (-8.40) + (-17.5) \times (-26.40) = 558.6$$

$$S_e = S_{yy} - S_R = 913.6 - 558.6 = 355.0$$
$$R^2 = \frac{S_R}{S_{yy}} = \frac{558.6}{913.6} = 0.611$$
$$R^{*2} = 1 - \frac{S_e/(n-3)}{S_{yy}/(n-1)} = 1 - \frac{355.0/(10-3)}{913.6/(10-1)} = 0.500$$

となる．

(3) 説明変数の選択（変数選択）

　これまで見てきたように，ダミー変数を導入して (6.6) 式を想定した後の解析の内容は，通常の重回帰分析と同じである．したがって，各偏回帰係数がゼロと異なるかどうかを t 検定や F 検定を行って解析することができる．しかし，いま考えている状況で説明変数が目的変数に寄与しているかどうかは，1つの質的変数においてカテゴリーが変化したときに目的変数が有意に変化するかどうかである．つまり，個々のダミー変数が目的変数に効いているかどうかよりも，1つの質的変数に対応する「ダミー変数の集まり」が目的変数に効いているかどうかを検討したい．

　そこで，定数項だけのモデル

$$\text{MODEL0}: \quad y_i = \beta_0 + \varepsilon_i \tag{6.13}$$

から出発して，MODEL0 に $x_{1(2)}$ と $x_{1(3)}$ の両方の変数を取り込む価値があるのかどうかを考える．このことが，「線形代数の成績」という1つの質的変数の効果を考慮することになる．この評価方法は第5章と同じである．両方のダミー変数を取り込んだ重回帰式

$$\text{MODEL1}: \quad \hat{y}_i = \hat{\beta}_0 + \hat{\beta}_{1(2)} x_{i1(2)} + \hat{\beta}_{1(3)} x_{i1(3)} \tag{6.14}$$

において，上で求めた y の平方和 S_{yy}（自由度 $\phi_T = n-1$）と残差平方和 S_e（自由度 $\phi_e = n-3$）を用いる．後のことを考えて，この残差平方和 S_e を $S_{e(M1)}$，残差の自由度 ϕ_e を $\phi_{e(M1)}$ と表す．MODEL0 が正しいときに，

$$F_0 = \frac{(S_{yy} - S_{e(M1)})/(\phi_T - \phi_{e(M1)})}{S_{e(M1)}/\phi_{e(M1)}} \tag{6.15}$$

は $F(\phi_T - \phi_{e(M1)}, \phi_{e(M1)})$ に従うので，F_0 値が大きいときに (6.14) 式を支持する（通常は2より大きいかどうかを目安にすることが多い）．

6.3 説明変数が2個以上の場合の解析方法

例題 4 ─────────────────────────────── 説明変数の選択 ─

表 6.2 に基づいて説明変数の選択を行え．

[解答] 表 6.2 のデータの解析結果より (6.15) 式の F_0 値を求めると

$$F_0 = \frac{(913.6 - 355.0)/(9-7)}{355.0/7} = 5.51$$

となる．したがって，「線形代数の成績」は「総合成績」に効いているといえる． ▨

（注1） (6.15) 式の F_0 値は次のように求めたものと同じである．表 6.1 に戻って考えると，「線形代数の成績」の違いにより「総合成績」が有意に異なるかどうかを検討するので表 6.1 の「総合成績」と「線形代数」の部分を表 6.3 のように書き直す．

表 6.3　表 6.1（「総合成績」と「線形代数」の部分）のデータの書き換え

線形代数	総合成績 y	計	平均
優	96, 88, 77, 89	350	87.5
良	80, 71, 77	228	76.0
可	78, 70, 62	210	70.0

表 6.3 は 1 元配置分散分析のデータの形式になっている．また，表 6.3 に示されている各水準の平均が例題 2 で示した各カテゴリーの予測値に一致していることにも注意する．表 6.3 より，分散分析表を作成すると表 6.4 を得る．

表 6.4　分散分析表

要因	平方和 S	自由度 ϕ	分散 V	F_0
線形代数	558.6	2	279.3	5.51
誤差	355.0	7	50.71	
計	913.6	9		

表 6.4 の F_0 値は例題 4 で求めた F_0 値と一致している． ▨

残差の検討や予測の方法については重回帰分析と同様なので省略する．

6.3　説明変数が 2 個以上の場合の解析方法

(1) ダミー変数の設定と回帰式の推定

表 6.1 のデータについて考える．目的変数は「総合成績 y」，説明変数は「線形代数 x_1」「サークル x_2」と 2 つある．6.2 節と同様に，「線形代数 x_1」に

対して次のようにダミー変数を定義する．

$$x_{1(2)} = \begin{cases} 1 & \text{良のとき} \\ 0 & \text{良でないとき} \end{cases} \quad (6.16)$$

$$x_{1(3)} = \begin{cases} 1 & \text{可のとき} \\ 0 & \text{可でないとき} \end{cases} \quad (6.17)$$

$x_{1(2)} = x_{1(3)} = 0$ が「優」であることを意味する．同様に，「サークル x_2」に対しても次のようにダミー変数を定義する．

$$x_2 = \begin{cases} 1 & \text{所属のとき} \\ 0 & \text{無所属のとき} \end{cases} \quad (6.18)$$

この場合はカテゴリーが 2 つだから用いるダミー変数は 1 つである．

これらのダミー変数に基づいて次の重回帰モデルを想定する．

$$y_i = \beta_0 + \beta_{1(2)} x_{i1(2)} + \beta_{1(3)} x_{i1(3)} + \beta_2 x_{i2} + \varepsilon_i, \quad \varepsilon_i \sim N(0, \sigma^2) \quad (6.19)$$

表 6.1 のデータをダミー変数に変換して書き換えると表 6.5 となる．

表 6.5　表 6.1 のデータの書き換えおよび予測値

サンプル No.	$x_{1(2)}$	$x_{1(3)}$	x_2	総合成績 y	予測値 $\hat{y}$
1	0	0	1	96	92.0
2	0	0	1	88	92.0
3	0	0	0	77	83.0
4	0	0	0	89	83.0
5	1	0	1	80	82.0
6	1	0	0	71	73.0
7	1	0	0	77	73.0
8	0	1	1	78	73.0
9	0	1	1	70	73.0
10	0	1	0	62	64.0

説明変数は「線形代数」「サークル」の 2 つだが，ダミー変数の導入により，重回帰モデルの説明変数の個数は 3 個になっている．数量化 1 類では，各質的変数のカテゴリーの数が増加すれば，重回帰モデルにおける説明変数の個数が増加するので，サンプルサイズ n とのかねあいなどの注意を要する．

例題 5 — 回帰式

表 6.5 に基づいて説明変数が 3 つの場合の回帰式を求めよ．

[解答] 説明変数が 3 つの場合の通常の重回帰分析を行えば次式を得る（解析ソフトを使用した）．

$$\hat{y} = 83.0 - 10.0 x_{1(2)} - 19.0 x_{1(3)} + 9.0 x_2$$

$$= 83.0 + \begin{cases} 0 & \text{（優の場合）} \\ -10.0 & \text{（良の場合）} \\ -19.0 & \text{（可の場合）} \end{cases} + \begin{cases} 0 & \text{（無所属の場合）} \\ 9.0 & \text{（所属の場合）} \end{cases}$$

（2） 寄与率と自由度調整済寄与率

重回帰式が得られたら，予測値の計算や寄与率および自由度調整済寄与率を重回帰分析の場合と同様に計算する．

例題 6 — 予測値と寄与率

例題 5 で求めた回帰式より予測値を求めよ．また，重相関係数・寄与率・自由度調整済寄与率を求めよ．

[解答] 例題 5 で求めた回帰式より予測値は次のようになる．

$$\begin{aligned}
&\text{優・所属の場合}: &\hat{y} &= 83.0 + 0 + 9.0 = 92.0 \\
&\text{優・無所属の場合}: &\hat{y} &= 83.0 + 0 + 0 = 83.0 \\
&\text{良・所属の場合}: &\hat{y} &= 83.0 - 10.0 + 9.0 = 82.0 \\
&\text{良・無所属の場合}: &\hat{y} &= 83.0 - 10.0 + 0 = 73.0 \\
&\text{可・所属の場合}: &\hat{y} &= 83.0 - 19.0 + 9.0 = 73.0 \\
&\text{可・無所属の場合}: &\hat{y} &= 83.0 - 19.0 + 0 = 64.0
\end{aligned}$$

これらの値を表 6.5 に書き込んでいる．

また，重相関係数は $R = 0.905$ となる．また，寄与率および自由度調整済寄与率は，それぞれ，$R^2 = 0.818$, $R^{*2} = 0.727$ となる．

（3）説明変数の選択（変数選択）

6.2 節の第（3）項で述べたように，それぞれの質的変数に対応する「ダミー変数の集まり」が目的変数に効いているかどうかを検討する．簡単な目安はそれぞれの質的変数ごとに偏回帰係数の範囲を求めることである．もう1つの検討方法は (6.15) 式の F_0 値をそれぞれの説明変数ごとに計算して比較することである．

例題 7 ───────────────── 偏回帰係数の範囲

例題 5 の結果より偏回帰係数の範囲を求めよ．

[解答] 偏回帰係数の範囲は次のようになる．

$$（「線形代数」の偏回帰係数の範囲） = 19.0$$
$$（「サークル」の偏回帰係数の範囲） = 9.0$$

(6.15) 式を用いてそれぞれの説明変数について F_0 値を計算すると，「線形代数」に対しては $F_0 = 5.51$，「サークル」に対しては $F_0 = 1.32$ となる．範囲からも F_0 値からも，「線形代数」の方が目的変数への影響力が大きい．

1つの説明変数を取り込んだ後に，別の説明変数を回帰式に取り込む価値があるかどうかを考える．この考え方も重回帰分析の場合と同じである．

例題 8 ───────────────── 説明変数の選択

表 6.5 に基づいて説明変数の選択を行え．

[解答] 例題 7 の結果より，「線形代数」を回帰式に取り込んだモデルを MODEL1 とする．

$$\text{MODEL1}: \quad y_i = \beta_0 + \beta_{1(2)} x_{i1(2)} + \beta_{1(3)} x_{i1(3)} + \varepsilon_i$$

MODEL1 の下での残差平方和は例題 3 で求めた $S_{e(M1)} = 355.0$ であり，残差の自由度は $\phi_{e(M1)} = n - 2 - 1 = 7$ である．また，自由度調整済寄与率 $R^{*2}_{(M1)}$ は 0.500 である．

次に，MODEL1 に「サークル」を追加する価値があるかどうかを検討する．「サークル」をモデルに取り込んだ

MODEL2: $y_i = \beta_0 + \beta_{1(2)} x_{i1(2)} + \beta_{1(3)} x_{i1(3)} + \beta_2 x_{i2} + \varepsilon_i$

を考えて，このモデルの下で計算された残差平方和 $S_{e(M2)} = 166.0$（自由度：$\phi_{e(M2)} = n - 3 - 1 = 6$）と MODEL1 の場合の残差平方和 $S_{e(M1)} = 355.0$（自由度：$\phi_{e(M1)} = n - 2 - 1 = 7$）とを (5.45) 式を用いて比較する．

$$F_0 = \frac{(355.0 - 166.0)/(7 - 6)}{166.0/6} = 6.83$$

これより，「サークル」も取り込んだ MODEL2 を採用する．このモデルの自由度調整済寄与率は，先に示したように，$R^{*2}_{(M2)} = 0.727$ となり，$R^{*2}_{(M1)} = 0.500$ の値を改善している．

残差の検討や予測の方法については重回帰分析と同様なので省略する．

説明変数の個数が2個の場合を説明した．3個以上になっても同様に考えればよい．

6.4 説明変数に量的変数と質的変数が混在する場合

表 6.6 のデータは表 6.1 に示したデータに説明変数「通学時間 x_3（分）」を追加したものである．「線形代数」と「サークル」は質的変数，「通学時間」は量的変数である．

表 6.6 量的変数と質的変数が混在した場合のデータの形式

サンプル No.	線形代数 x_1	サークル x_2	通学時間 x_3	総合成績 y
1	優	所属	15	96
2	優	所属	85	88
3	優	無所属	78	77
4	優	無所属	15	89
5	良	所属	57	80
6	良	無所属	29	71
7	良	無所属	64	77
8	可	所属	22	78
9	可	所属	57	70
10	可	無所属	50	62

重回帰式を次のように想定する．

$$y_i = \beta_0 + \beta_{1(2)}x_{i1(2)} + \beta_{1(3)}x_{i1(3)} + \beta_2 x_{i2} + \beta_3 x_{i3} + \varepsilon_i, \quad \varepsilon_i \sim N(0, \sigma^2) \tag{6.20}$$

ここで，$x_{1(2)}$, $x_{1(3)}$, x_2 は 6.3 節で定義したダミー変数である．この後の解析は，このモデルに基づいて第 5 章の重回帰分析を実施すればよい．

例題 9 ─────────────────────────────── 重回帰分析

表 6.6 のデータに基づいて重回帰分析を行え．

[解答] 表 6.6 から重回帰式を推定すると

$$\hat{y} = 89.0 - 9.75 x_{1(2)} - 19.7 x_{1(3)} + 9.2 x_2 - 0.126 x_3$$

$$= 89.0 + \begin{Bmatrix} 0 & （優） \\ -9.75 & （良） \\ -19.7 & （可） \end{Bmatrix} + \begin{Bmatrix} 0 & （無所属） \\ 9.2 & （所属） \end{Bmatrix} - 0.126 x_3$$

となり，$R = 0.959$, $R^2 = 0.920$, $R^{*2} = 0.856$ を得る（解析ソフトを使用した）．

その他の内容も，第 5 章とまったく同様である．

■■■**練習問題**■■■■■■■■■■■■■■■■■■■■■■■■■■■

◆**問題 6.1** 次のデータについて以下の設問に答えよ．

表　データ

No.	1	2	3	4	5	6	7	8
x	A	A	A	B	B	B	C	C
y	12	14	13	12	10	11	11	9

（1）数量化 1 類の解析を行って，回帰式を推定せよ．
（2）x のそれぞれのカテゴリーにおける予測値を求めよ．
（3）重相関係数・寄与率・自由度調整済寄与率を求めよ．
（4）x を取り込む際の F_0 値を求めよ．

◆**問題 6.2** 問題 6.1 の y を x で層別して分散分析表を作成せよ．分散分析表における F_0 値が問題 6.1 の（4）で求めた値に一致することを確かめよ．

第 7 章

判 別 分 析

　本章では，判別分析を説明する．判別分析は，2 つの母集団を設定して，あるサンプルがどちらの母集団に属するのかを推測するための方法である．判別分析では，まず，母集団への所属があらかじめわかっているサンプルとその変数の値に基づいて判別方式を構成する．それを用いて所属の不明なサンプルがどちらの母集団に属するのかを判別する．本章では，変数が量的変数の場合だけを取り扱う．

7.1　適用例と解析ストーリー

（1）適用例と解析の目的

　表 7.1 は，健常者とある疾病にかかっている患者に対する 2 種類の検査値 x_1（量的変数）と x_2（量的変数）のデータである．

表 7.1　健常者・患者の検査値のデータ

サンプル No.	健常者・患者	検査値1 x_1	検査値2 x_2
1	健常者	50	15.5
2	健常者	69	18.4
3	健常者	93	26.4
4	健常者	76	22.9
5	健常者	88	18.6
6	患者	43	16.9
7	患者	56	21.6
8	患者	38	12.2
9	患者	21	16.0
10	患者	25	10.5

このデータに基づいて,「その疾病にかかっているか否かを検査値1と検査値2より判別できるか」「どちらの変数の方が判別能力があるか」「判別できるとすればその精度はどのくらいか」「例えば, $x_1 = 70$, $x_2 = 19.0$ ならどのように判別されるか」などを検討したい.

（2）判別分析の解析ストーリー

判別分析の解析の流れは以下の通りである.

> **判別分析の解析ストーリー**
> （1）健常者を母集団 [1], 患者を母集団 [2] とする. 母集団 [1] と母集団 [2] における変数の確率分布を母平均（ベクトル）が異なる正規分布と想定する.
>   変数の値からそれぞれの母集団への距離として**マハラノビスの距離の2乗**を求める. マハラノビスの距離の2乗値の小さい母集団へ判別するという判別方式を定める.
> （2）**誤判別の確率**を求め, 得られた判別方式の精度を評価する.
> （3）変数選択を行い, 有用な変数を選択する.
> （4）得られた判別方式を利用して, どちらの母集団に属するのか不明なサンプルの判別を行う.

7.2 変数が1個の場合の解析方法

（1）マハラノビスの距離と判別方式

本節では, 変数が1つだけの場合を説明する. 表7.1に示したデータについて「検査値1 x_1」だけに基づいて判別することを例に取り上げて解説する. 表7.2にデータを再録する.

母集団 [1] における x_1 の確率分布を $N(\mu_1^{[1]}, \sigma^2)$, 母集団 [2] での x_1 の確率分布を $N(\mu_1^{[2]}, \sigma^2)$ とする（2つの母分散は同じとする）. 2つの母集団の

7.2 変数が1個の場合の解析方法

表 7.2 データおよびスコアと判別結果

サンプル No.	健常者・患者	検査値1 x_1	スコア	判別結果
1	健常者	50	-0.943	患者
2	健常者	69	2.059	健常者
3	健常者	93	5.851	健常者
4	健常者	76	3.165	健常者
5	健常者	88	5.061	健常者
6	患者	43	-2.049	患者
7	患者	56	0.005	健常者
8	患者	38	-2.839	患者
9	患者	21	-5.525	患者
10	患者	25	-4.893	患者

どちらかに属するが,どちらに属するのかわからないサンプルがあるとする.そのサンプルの x_1 の値が得られたとき,どちらの母集団に属するのかを判定したい.そこで,サンプルの測定値 x_1 からそれぞれの母集団への距離としてマハラノビスの距離の2乗を次のように定義する.

$$D^{[1]2} = \frac{(x_1 - \mu_1^{[1]})^2}{\sigma^2}, \qquad D^{[2]2} = \frac{(x_1 - \mu_1^{[2]})^2}{\sigma^2} \tag{7.1}$$

1次元正規分布 $N(\mu, \sigma^2)$ の確率密度関数とマハラノビスの距離の2乗 $D^2 = (x - \mu)^2/\sigma^2$ には次の対応関係がある.

$$f(x) = \frac{1}{\sqrt{2\pi}\sigma} \exp\left\{-\frac{(x-\mu)^2}{2\sigma^2}\right\} = \frac{1}{\sqrt{2\pi}\sigma} \exp\left\{-\frac{D^2}{2}\right\} \tag{7.2}$$

マハラノビスの距離を用いて判別方式を次のように定める.

$$\begin{aligned} D^{[1]2} \leq D^{[2]2} &\iff \text{母集団 [1] に属する} \\ D^{[1]2} > D^{[2]2} &\iff \text{母集団 [2] に属する} \end{aligned} \tag{7.3}$$

この様子を図 7.1 に示す.

(7.1) 式より

$$\begin{aligned} D^{[2]2} - D^{[1]2} &= \frac{x_1^2 - 2\mu_1^{[2]} x_1 + \mu_1^{[2]2} - x_1^2 + 2\mu_1^{[1]} x_1 - \mu_1^{[1]2}}{\sigma^2} \\ &= \frac{2(\mu_1^{[1]} - \mu_1^{[2]})}{\sigma^2} \left(x_1 - \frac{\mu_1^{[1]} + \mu_1^{[2]}}{2} \right) \end{aligned} \tag{7.4}$$

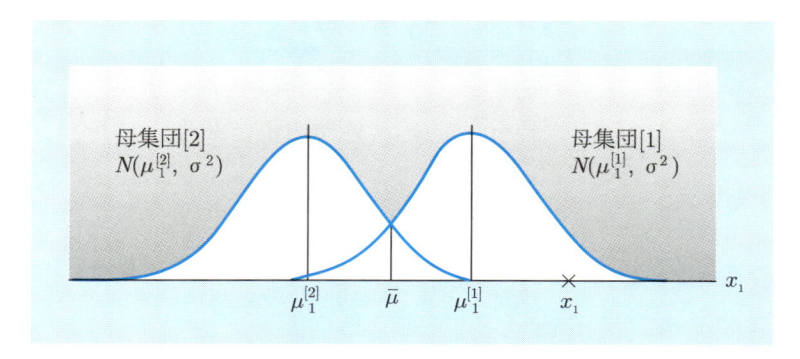

図 7.1　変数が1個の場合の判別

が成り立つ．これを2で割った，

$$z = \frac{D^{[2]2} - D^{[1]2}}{2} = \frac{(\mu_1^{[1]} - \mu_1^{[2]})}{\sigma^2}(x_1 - \bar{\mu}) \tag{7.5}$$

を**線形判別関数**と呼ぶ．ここで，$\bar{\mu} = (\mu_1^{[1]} + \mu_1^{[2]})/2$である．

この線形判別関数を用いると(7.3)式の判別方式は次のようになる．

$$\begin{aligned} z \geq 0 &\iff D^{[1]2} \leq D^{[2]2} \iff \text{母集団 [1] に属する} \\ z < 0 &\iff D^{[1]2} > D^{[2]2} \iff \text{母集団 [2] に属する} \end{aligned} \tag{7.6}$$

通常は，$\mu_1^{[1]}, \mu_1^{[2]}, \sigma^2$ の値は未知だから，データよりこれらを推定する．個々のサンプルの変数の値を線形判別関数の推定式 $\hat{z}$ に代入して得られた値を**スコア**（**判別得点**）と呼ぶ．

例題 1　　　　　　　　　　　　　　　　　　　　　　　　　　　　　　判別方式

表7.2のデータに基づいて判別方式を導け．

[解答]　健常者のデータ（母集団 [1]）より

$$n^{[1]} = 5$$
$$\hat{\mu}_1^{[1]} = \bar{x}_1^{[1]} = \frac{\sum x_{i1}^{[1]}}{n^{[1]}} = \frac{376}{5} = 75.2$$

$$S_{11}^{[1]} = \sum (x_{i1}^{[1]} - \bar{x}_1^{[1]})^2 = \sum x_{i1}^{[1]2} - \frac{(\sum x_{i1}^{[1]})^2}{n^{[1]}}$$
$$= 29430 - \frac{376^2}{5} = 1154.8$$

となる．一方，患者のデータ（母集団 [2]）より

$$n^{[2]} = 5$$
$$\hat{\mu}_1^{[2]} = \bar{x}_1^{[2]} = \frac{\sum x_{i1}^{[2]}}{n^{[2]}} = \frac{183}{5} = 36.6$$
$$S_{11}^{[2]} = \sum (x_{i1}^{[2]} - \bar{x}_1^{[2]})^2 = \sum x_{i1}^{[2]2} - \frac{(\sum x_{i1}^{[2]})^2}{n^{[2]}}$$
$$= 7495 - \frac{183^2}{5} = 797.2$$

となる．これらより

$$\hat{\bar{\mu}} = \frac{\hat{\mu}_1^{[1]} + \hat{\mu}_1^{[2]}}{2} = \frac{75.2 + 36.6}{2} = 55.9$$
$$\hat{\sigma}^2 = \frac{S_{11}^{[1]} + S_{11}^{[2]}}{(n^{[1]} - 1) + (n^{[2]} - 1)} = \frac{1154.8 + 797.2}{(5-1) + (5-1)} = 244.0 = (15.62)^2$$

を得る（$\hat{\sigma}^2$ の求め方は「2つの母平均の検定と推定」における (2.72) 式と同じである）．

以上より，(7.5) 式の線形判別関数の推定式は次のようになる．

$$\hat{z} = \frac{(\hat{\mu}_1^{[1]} - \hat{\mu}_1^{[2]})}{\hat{\sigma}^2}(x_1 - \hat{\bar{\mu}}) = \frac{(75.2 - 36.6)}{244.0}(x_1 - 55.9)$$
$$= -8.843 + 0.158 x_1$$

表 7.2 の x_1 の値に対して判別方式：

$$\hat{z} \geq 0 \iff \hat{D}^{[1]2} \leq \hat{D}^{[2]2} \iff 母集団 [1]（健常者）に属する$$
$$\hat{z} < 0 \iff \hat{D}^{[1]2} > \hat{D}^{[2]2} \iff 母集団 [2]（患者）に属する$$

を適用する．スコア（$\hat{z}$ の値）およびこの判別方式に基づく判別結果を表 7.2 に記載する．

(2) 誤判別の確率

$\delta = \mu_1^{[1]} - \mu_1^{[2]} > 0$ と仮定する（逆向きでも同様の結果を得る）．

本当は母集団 [1] に属するサンプルなのに，母集団 [2] に属すると誤判別する確率を求めよう．まず，$x_1 \sim N(\mu_1^{[1]}, \sigma^2)$ のもとで，(7.5) 式の z の表現より，$z \sim N(\delta^2/(2\sigma^2), \delta^2/\sigma^2)$ となることに注意する．これより，

$$
\begin{aligned}
Pr(z < 0) &= Pr\left(\frac{z - \delta^2/(2\sigma^2)}{\delta/\sigma} < \frac{-\delta^2/(2\sigma^2)}{\delta/\sigma}\right) \\
&= Pr\left(u < -\frac{\delta}{2\sigma}\right) = Pr\left(u > \frac{\delta}{2\sigma}\right)
\end{aligned}
\quad (7.7)
$$

を得る．ただし，$u \sim N(0, 1^2)$ である．

次に，本当は母集団 [2] に属するサンプルなのに，母集団 [1] に属すると誤判別する確率を求める．$x_1 \sim N(\mu_1^{[2]}, \sigma^2)$ の下で，$z \sim N(-\delta^2/(2\sigma^2), \delta^2/\sigma^2)$ となることより，

$$
\begin{aligned}
Pr(z \geq 0) &= Pr\left(\frac{z + \delta^2/(2\sigma^2)}{\delta/\sigma} \geq \frac{\delta^2/(2\sigma^2)}{\delta/\sigma}\right) \\
&= Pr\left(u \geq \frac{\delta}{2\sigma}\right)
\end{aligned}
\quad (7.8)
$$

となる．$Pr(u = \delta/(2\sigma)) = 0$ だから，(7.7) 式と (7.8) 式の値は等しい．これらを図 7.2 に図示した．

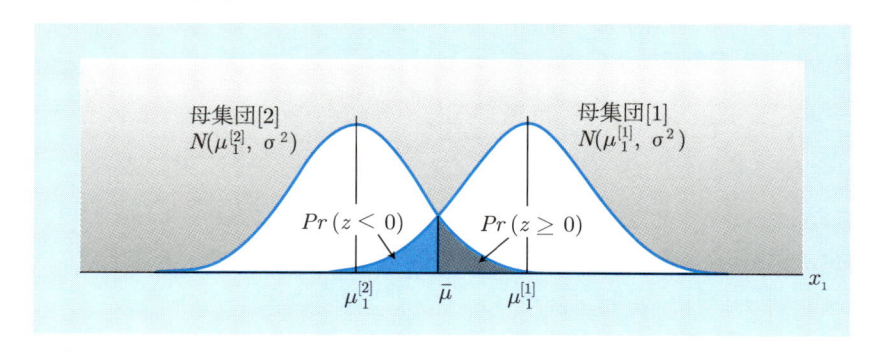

図 7.2　変数が 1 個の場合の誤判別の確率

7.2 変数が1個の場合の解析方法

─ 例題 2 ─────────────────────────── 誤判別の確率 ─

例題 1 の結果から誤判別の確率を推定せよ．

解答 健常者（母集団 [1] に属するサンプル）を患者（母集団 [2] に属するサンプル）と誤判別する確率は，$\hat{\delta} = \hat{\mu}_1^{[1]} - \hat{\mu}_1^{[2]} = 75.2 - 36.6 = 38.6$ であり，(7.7) 式を計算すると，

$$Pr\left(u > \frac{\hat{\delta}}{2\hat{\sigma}}\right) = Pr\left(u > \frac{38.6}{2 \times 15.62}\right) = Pr(u > 1.24) = 0.1075$$

となる．一方，患者（母集団 [2] に属するサンプル）を健常者（母集団 [1] に属するサンプル）と誤判別する確率も (7.8) 式より上と同じ値になる．

つまり，「本当は健常者なのに患者と誤判別する確率：0.1075」「本当は患者なのに健常者と誤判別する確率：0.1075」となる． ▨

判定結果から**判別表**を作成して誤判別の確率を検討することもできる．

─ 例題 3 ─────────────────────────────── 判別表 ─

表 7.2 の判別結果より判別表を作成せよ．

解答 判別表を表 7.3 に示す．

表 7.3 判別表

データ結果	判別結果		計
	健常者	患者	
健常者	4	1	5
患者	1	4	5
計	5	5	10

表 7.3 より，「本当は健常者なのに患者と誤判別した割合：1/5=0.20」「本当は患者なのに健常者と誤判別した割合：1/5=0.20」となる． ▨

(7.7) 式や (7.8) 式からわかるように，$\mu_1^{[1]}$ と $\mu_1^{[2]}$ の差が大きいほど誤判別の確率は小さくなり，判別はより正確になる．そこで，母集団間の距離として2つの母平均のマハラノビスの距離の2乗を定義する．

$$D_{x_1}^2([1],[2]) = \frac{(\mu_1^{[1]} - \mu_1^{[2]})^2}{\sigma^2} \tag{7.9}$$

これを**判別効率**と呼ぶ．

---例題 4--判別効率---

表 7.2 のデータより判別効率を推定せよ．

解答 判別効率の推定値を求めると

$$\hat{D}^2_{x_1}([1],[2]) = \frac{(\hat{\mu}^{[1]}_1 - \hat{\mu}^{[2]}_1)^2}{\hat{\sigma}^2}$$

$$= \frac{(75.2 - 36.6)^2}{244.0} = 6.106$$

となる．

（3）変 数 選 択

回帰分析の場合と同様に，変数が判別に寄与しているかどうかを検討する．

変数が 2 つ以上の場合も含めて，一般に，各変数を判別方式に取り入れる価値があるかどうかを次式の F_0 を計算して判定する．

$$F_0 = \frac{(n^{[1]} + n^{[2]} - p - r - 1)n^{[1]}n^{[2]}\{\hat{D}^2_{x(p+r)}([1],[2]) - \hat{D}^2_{x(p)}([1],[2])\}}{r\{(n^{[1]} + n^{[2]} - 2)(n^{[1]} + n^{[2]}) + n^{[1]}n^{[2]}\hat{D}^2_{x(p)}([1],[2])\}} \tag{7.10}$$

ここで，

$$\hat{D}^2_{x(p+r)}([1],[2]) = \hat{D}^2_{x_1 x_2 \cdots x_p x_{p+1} \cdots x_r}([1],[2]) \tag{7.11}$$

$$\hat{D}^2_{x(p)}([1],[2]) = \hat{D}^2_{x_1 x_2 \cdots x_p}([1],[2]) \tag{7.12}$$

である．また，p は変数を追加する前の変数の個数であり，r は追加する変数の個数である．この F_0 は r 個の追加する変数が判別に寄与しないというもとで $F(r, n^{[1]} + n^{[2]} - p - r - 1)$ に従う．(7.10) 式で主要なのは，分子における 2 つの判別効率の差の部分である．変数を多く取り入れた方が判別効率は必ず大きくなる．それが意味のある差であるかどうかを F 分布に基づいて検討できるように (7.10) 式が導かれている．

重回帰分析の場合と同様に，「F_0 値が 2 以上であるなら，その変数が判別に寄与する」というのが目安である．

> **例題 5** ─────────────────────────────────── 変数選択
> 表 7.2 のデータに基づいて変数選択を行え．

[解答] 変数 x_1 を考慮する前は，何も変数を考えないので，$p=0$，$\hat{D}^2_{x(p)}([1],[2]) = 0$ である．また，$r=1$ および例題 4 で求めた $\hat{D}^2_{x(p+r)}([1],[2]) = \hat{D}^2_{x_1}([1],[2]) = 6.106$ を (7.10) 式に代入すると次を得る．

$$F_0 = \frac{(5+5-0-1-1)5 \times 5\{6.106-0\}}{1\{(5+5-2)(5+5)+5\times 5 \times 0\}}$$
$$= 15.27$$

これより，x_1 は健常者と患者の判別に寄与していると考えられる．

(注 1) 例題 5 の F_0 値は，「2 つの母平均の検定」で用いる検定統計量 (2.72) 式を用いて t_0 を求め，それを 2 乗したものに等しい．

（4） 得られた判別方式の利用

どちらの母集団に属するのか不明なサンプルについて，その変数の値と得られた判別方式に基づいてサンプルの判別を行う．

> **例題 6** ─────────────────────────────────── サンプルの判別
> 表 7.2 のデータに基づいて $x_1 = 70$ の人の判別を行え．

[解答] 例題 1 で得た判別関数を用いると $\hat{z} = 2.217 > 0$ となるので，健常者と判別できる．

7.3 変数が 2 個以上の場合の解析方法

（1） マハラノビスの距離と判別方式

表 7.1 のデータについて考える．変数は「検査値 1 x_1」「検査値 2 x_2」の 2 つある．表 7.4 にデータを再録する．以下では変数が 2 個の場合を説明する．変数が 3 個以上になっても同様である．

第7章 判別分析

表 7.4 データおよびスコアと判別結果

サンプル No.	健常者・患者	検査値1 x_1	検査値2 x_2	スコア	判別結果
1	健常者	50	15.5	−0.516	患者
2	健常者	69	18.4	2.809	健常者
3	健常者	93	26.4	5.561	健常者
4	健常者	76	22.9	2.888	健常者
5	健常者	88	18.6	7.037	健常者
6	患者	43	16.9	−2.566	患者
7	患者	56	21.6	−1.197	患者
8	患者	38	12.2	−2.126	患者
9	患者	21	16.0	−7.237	患者
10	患者	25	10.5	−4.496	患者

母集団 [1] における $x = [x_1, x_2]'$ の確率分布として

$$\boldsymbol{\mu}^{[1]} = \begin{bmatrix} \mu_1^{[1]} \\ \mu_2^{[1]} \end{bmatrix}, \quad \Sigma = \begin{bmatrix} \sigma_{11} & \sigma_{12} \\ \sigma_{12} & \sigma_{22} \end{bmatrix} \tag{7.13}$$

の正規分布 $N(\boldsymbol{\mu}^{[1]}, \Sigma)$ を仮定する.一方,母集団 [2] における $x = [x_1, x_2]'$ の確率分布として

$$\boldsymbol{\mu}^{[2]} = \begin{bmatrix} \mu_1^{[2]} \\ \mu_2^{[2]} \end{bmatrix}, \quad \Sigma = \begin{bmatrix} \sigma_{11} & \sigma_{12} \\ \sigma_{12} & \sigma_{22} \end{bmatrix} \tag{7.14}$$

の正規分布 $N(\boldsymbol{\mu}^{[2]}, \Sigma)$ を仮定する.Σ は同じであるとする.

2つの母集団のどちらかに属するが,どちらに属するのかわからないサンプルがあるとする.そのサンプルの x_1 と x_2 の値が与えられたとき,どちらの母集団に属するのかを判定したい.そのためにマハラノビスの距離の2乗を次のように定義する.

$$\begin{aligned} D^{[k]2} &= (\boldsymbol{x} - \boldsymbol{\mu}^{[k]})' \Sigma^{-1} (\boldsymbol{x} - \boldsymbol{\mu}^{[k]}) \\ &= [x_1 - \mu_1^{[k]}, x_2 - \mu_2^{[k]}] \begin{bmatrix} \sigma^{11} & \sigma^{12} \\ \sigma^{12} & \sigma^{22} \end{bmatrix} \begin{bmatrix} x_1 - \mu_1^{[k]} \\ x_2 - \mu_2^{[k]} \end{bmatrix} \end{aligned}$$

7.3 変数が2個以上の場合の解析方法

$$= (x_1 - \mu_1^{[k]})^2 \sigma^{11} + (x_2 - \mu_2^{[k]})^2 \sigma^{22} + 2(x_1 - \mu_1^{[k]})(x_2 - \mu_2^{[k]})\sigma^{12}$$

$$= \sum_{i=1}^{2} \sum_{j=1}^{2} (x_i - \mu_i^{[k]})(x_j - \mu_j^{[k]})\sigma^{ij} \quad (k=1,2) \tag{7.15}$$

ここで,

$$\Sigma^{-1} = \left[\begin{array}{cc} \sigma_{11} & \sigma_{12} \\ \sigma_{12} & \sigma_{22} \end{array} \right]^{-1}$$

$$= \left[\begin{array}{cc} \sigma^{11} & \sigma^{12} \\ \sigma^{12} & \sigma^{22} \end{array} \right] \tag{7.16}$$

である(逆行列では上付きの添え字を用いていることに注意).(7.15)式は1次元の場合の(7.1)式の2次元の場合への自然な拡張になっている.

$D^{[k]2}$ は x から母集団 $[k]$ の母平均ベクトル $\boldsymbol{\mu}^{[k]}$ までの(統計学的な意味での)距離を測る量である.$\Sigma = I_2$(単位行列)なら $D^{[k]}$ はユークリッド距離となるが,通常は $\Sigma \neq I_2$ なので,$D^{[k]}$ は分散・共分散を用いてユークリッド距離を調整した量である.こういった意味で,**マハラノビスの汎距離**と呼ぶこともある.図7.3は母平均ベクトルからのマハラノビスの距離が等しい点を等高線で結んだものである.図7.3(a)は $\Sigma = I_2$ の場合である.点AとBから母平均ベクトルまでの距離は,ユークリッドの距離でもマハラノビスの距離でも同じである.一方,図7.3(b)は $\Sigma \neq I_2$ の場合である.点CとDから母平均ベクトルまでの距離は,ユークリッドの距離で測ると異なるが,マハラノビスの距離で測ると同じである.

第2章の(2.52)式で2次元正規分布 $N(\boldsymbol{\mu}, \Sigma)$ の確率密度関数を与えた.それを変形すると次のようになる.やはり,確率密度関数とマハラノビスの距離の2乗 $D^2 = (\boldsymbol{x} - \boldsymbol{\mu})' \Sigma^{-1} (\boldsymbol{x} - \boldsymbol{\mu})$ との対応関係がある.

$$f(\boldsymbol{x}) = \frac{1}{2\pi \sqrt{|\Sigma|}} \exp\left\{ -\frac{D^2}{2} \right\} \tag{7.17}$$

(a) $\Sigma = I_2$ の場合

(b) $\Sigma \neq I_2$ の場合

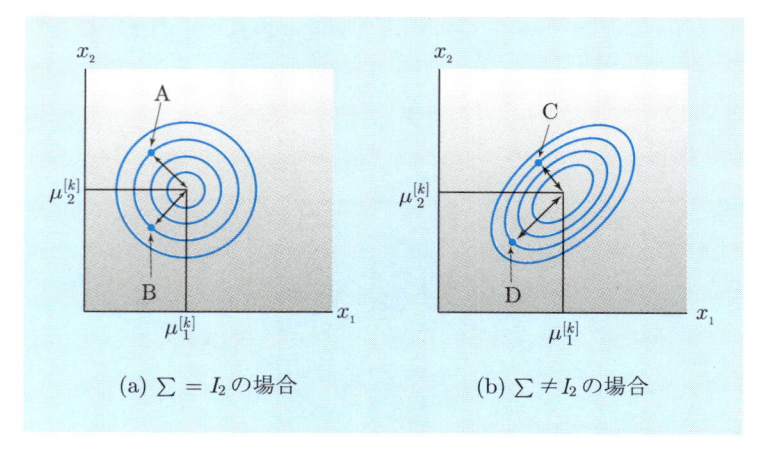

図 **7.3** マハラノビスの距離と等高線

マハラノビスの距離を用いて判別方式を次のように定める．

$$\begin{aligned} D^{[1]2} \leq D^{[2]2} &\iff \text{母集団 [1] に属する} \\ D^{[1]2} > D^{[2]2} &\iff \text{母集団 [2] に属する} \end{aligned} \quad (7.18)$$

(7.15) 式より次式が成り立つ ((7.28) 式を参照)．

$$D^{[2]2} - D^{[1]2} = 2[\mu_1^{[1]} - \mu_1^{[2]}, \mu_2^{[1]} - \mu_2^{[2]}] \begin{bmatrix} \sigma^{11} & \sigma^{12} \\ \sigma^{12} & \sigma^{22} \end{bmatrix} \begin{bmatrix} x_1 - \bar{\mu}_1 \\ x_2 - \bar{\mu}_2 \end{bmatrix} \quad (7.19)$$

ただし，$\bar{\mu}_1 = (\mu_1^{[1]} + \mu_1^{[2]})/2$, $\bar{\mu}_2 = (\mu_2^{[1]} + \mu_2^{[2]})/2$ である．これを2で割った

$$z = [\mu_1^{[1]} - \mu_1^{[2]}, \mu_2^{[1]} - \mu_2^{[2]}] \begin{bmatrix} \sigma^{11} & \sigma^{12} \\ \sigma^{12} & \sigma^{22} \end{bmatrix} \begin{bmatrix} x_1 - \bar{\mu}_1 \\ x_2 - \bar{\mu}_2 \end{bmatrix} \quad (7.20)$$

を線形判別関数と呼び，次のように判別する．

$$\begin{aligned} z \geq 0 &\iff D^{[1]2} \leq D^{[2]2} \iff \text{母集団 [1] に属する} \\ z < 0 &\iff D^{[1]2} > D^{[2]2} \iff \text{母集団 [2] に属する} \end{aligned} \quad (7.21)$$

通常は，データに基づいてこれらを推定する．

7.3 変数が2個以上の場合の解析方法

例題 7 ────────────────────────── 判別方式

表 7.4 のデータに基づいて判別方式を導け.

解答 健常者のデータ(母集団 [1])より

$n^{[1]} = 5$

$\hat{\mu}_1^{[1]} = \bar{x}_1^{[1]} = \dfrac{\sum x_{i1}^{[1]}}{n^{[1]}} = \dfrac{376}{5} = 75.2$

$\hat{\mu}_2^{[1]} = \bar{x}_2^{[1]} = \dfrac{\sum x_{i2}^{[1]}}{n^{[1]}} = \dfrac{101.8}{5} = 20.36$

$S_{11}^{[1]} = \sum (x_{i1}^{[1]} - \bar{x}_1^{[1]})^2 = \sum x_{i1}^{[1]2} - \dfrac{(\sum x_{i1}^{[1]})^2}{n^{[1]}}$

$\qquad = 29430 - \dfrac{376^2}{5} = 1154.8$

$S_{22}^{[1]} = \sum (x_{i2}^{[1]} - \bar{x}_2^{[1]})^2 = \sum x_{i2}^{[1]2} - \dfrac{(\sum x_{i2}^{[1]})^2}{n^{[1]}}$

$\qquad = 2146.14 - \dfrac{101.8^2}{5} = 73.492$

$S_{12}^{[1]} = \sum (x_{i1}^{[1]} - \bar{x}_1^{[1]})(x_{i2}^{[1]} - \bar{x}_2^{[1]}) = \sum x_{i1}^{[1]} x_{i2}^{[1]} - \dfrac{(\sum x_{i1}^{[1]})(\sum x_{i2}^{[1]})}{n^{[1]}}$

$\qquad = 7877.0 - \dfrac{376 \times 101.8}{5} = 221.64$

となる. 一方,患者のデータ(母集団 [2])より

$n^{[2]} = 5$

$\hat{\mu}_1^{[2]} = \bar{x}_1^{[2]} = \dfrac{\sum x_{i1}^{[2]}}{n^{[2]}} = \dfrac{183}{5} = 36.6$

$\hat{\mu}_2^{[2]} = \bar{x}_2^{[2]} = \dfrac{\sum x_{i2}^{[2]}}{n^{[2]}} = \dfrac{77.2}{5} = 15.44$

$S_{11}^{[2]} = \sum (x_{i1}^{[2]} - \bar{x}_1^{[2]})^2 = \sum x_{i1}^{[2]2} - \dfrac{(\sum x_{i1}^{[2]})^2}{n^{[2]}}$

$\qquad = 7495 - \dfrac{183^2}{5} = 797.2$

$S_{22}^{[2]} = \sum (x_{i2}^{[2]} - \bar{x}_2^{[2]})^2 = \sum x_{i2}^{[2]2} - \dfrac{(\sum x_{i2}^{[2]})^2}{n^{[2]}}$

$\qquad = 1267.26 - \dfrac{77.2^2}{5} = 75.292$

$$S_{12}^{[2]} = \sum(x_{i1}^{[2]} - \bar{x}_1^{[2]})(x_{i2}^{[2]} - \bar{x}_2^{[2]}) = \sum x_{i1}^{[2]} x_{i2}^{[2]} - \frac{(\sum x_{i1}^{[2]})(\sum x_{i2}^{[2]})}{n^{[2]}}$$
$$= 2998.4 - \frac{183 \times 77.2}{5} = 172.88$$

となる．これらより，次を得る．

$$\hat{\bar{\mu}}_1 = \frac{\hat{\mu}_1^{[1]} + \hat{\mu}_1^{[2]}}{2} = \frac{75.2 + 36.6}{2} = 55.9$$
$$\hat{\bar{\mu}}_2 = \frac{\hat{\mu}_2^{[1]} + \hat{\mu}_2^{[2]}}{2} = \frac{20.36 + 15.44}{2} = 17.90$$
$$\hat{\sigma}_{11} = \frac{S_{11}^{[1]} + S_{11}^{[2]}}{(n^{[1]} - 1) + (n^{[2]} - 1)} = \frac{1154.8 + 797.2}{(5-1) + (5-1)} = 244.0 = (15.62)^2$$
$$\hat{\sigma}_{22} = \frac{S_{22}^{[1]} + S_{22}^{[2]}}{(n^{[1]} - 1) + (n^{[2]} - 1)} = \frac{73.492 + 75.292}{(5-1) + (5-1)} = 18.598 = (4.313)^2$$
$$\hat{\sigma}_{12} = \frac{S_{12}^{[1]} + S_{12}^{[2]}}{(n^{[1]} - 1) + (n^{[2]} - 1)} = \frac{221.64 + 172.88}{(5-1) + (5-1)} = 49.315$$
$$\hat{\Sigma} = \begin{bmatrix} \hat{\sigma}_{11} & \hat{\sigma}_{12} \\ \hat{\sigma}_{12} & \hat{\sigma}_{22} \end{bmatrix} = \begin{bmatrix} 244.0 & 49.315 \\ 49.315 & 18.598 \end{bmatrix}$$
$$\hat{\Sigma}^{-1} = \begin{bmatrix} \hat{\sigma}^{11} & \hat{\sigma}^{12} \\ \hat{\sigma}^{12} & \hat{\sigma}^{22} \end{bmatrix} = \begin{bmatrix} 0.008831 & -0.02342 \\ -0.02342 & 0.1159 \end{bmatrix}$$

以上より，(7.20) 式の線形判別関数の推定式は次のようになる．

$$\hat{z} = [\hat{\mu}_1^{[1]} - \hat{\mu}_1^{[2]}, \hat{\mu}_2^{[1]} - \hat{\mu}_2^{[2]}] \begin{bmatrix} \hat{\sigma}^{11} & \hat{\sigma}^{12} \\ \hat{\sigma}^{12} & \hat{\sigma}^{22} \end{bmatrix} \begin{bmatrix} x_1 - \hat{\bar{\mu}}_1 \\ x_2 - \hat{\bar{\mu}}_2 \end{bmatrix}$$
$$= [75.2 - 36.6, 20.36 - 15.44] \begin{bmatrix} 0.008831 & -0.02342 \\ -0.02342 & 0.1159 \end{bmatrix} \begin{bmatrix} x_1 - 55.9 \\ x_2 - 17.90 \end{bmatrix}$$
$$= -6.639 + 0.226 x_1 - 0.334 x_2$$

表 7.4 の x_1 と x_2 の値に対して判別方式：

$$\hat{z} \geq 0 \iff \hat{D}^{[1]2} \leq \hat{D}^{[2]2} \iff \text{母集団 [1]（健常者）に属する}$$
$$\hat{z} < 0 \iff \hat{D}^{[1]2} > \hat{D}^{[2]2} \iff \text{母集団 [2]（患者）に属する}$$

を適用する．スコア（$\hat{z}$ の値）およびこの判別方式に基づく判別結果を表 7.4 に記載する．

7.3 変数が2個以上の場合の解析方法

(2) 誤判別の確率

$\boldsymbol{\delta} = \boldsymbol{\mu}^{[1]} - \boldsymbol{\mu}^{[2]}$ と定義する.

本当は母集団[1]に属するサンプルなのに,母集団[2]に属すると誤判別する確率を求める. $\boldsymbol{x} \sim N(\boldsymbol{\mu}^{[1]}, \Sigma)$ のもとで, $z \sim N(\boldsymbol{\delta}'\Sigma^{-1}\boldsymbol{\delta}/2, \boldsymbol{\delta}'\Sigma^{-1}\boldsymbol{\delta})$ が成り立つ (7.4節を参照). これより,

$$\begin{aligned} Pr(z < 0) &= Pr\left(\frac{z - \boldsymbol{\delta}'\Sigma^{-1}\boldsymbol{\delta}/2}{\sqrt{\boldsymbol{\delta}'\Sigma^{-1}\boldsymbol{\delta}}} < \frac{-\boldsymbol{\delta}'\Sigma^{-1}\boldsymbol{\delta}/2}{\sqrt{\boldsymbol{\delta}'\Sigma^{-1}\boldsymbol{\delta}}}\right) \\ &= Pr\left(u < -\sqrt{\boldsymbol{\delta}'\Sigma^{-1}\boldsymbol{\delta}}/2\right) \\ &= Pr\left(u > \sqrt{\boldsymbol{\delta}'\Sigma^{-1}\boldsymbol{\delta}}/2\right) \end{aligned} \tag{7.22}$$

となる.

次に,本当は母集団[2]に属するサンプルなのに,母集団[1]に属すると誤判別する確率を求める. $\boldsymbol{x} \sim N(\boldsymbol{\mu}^{[2]}, \Sigma)$ のもとで, $z \sim N(-\boldsymbol{\delta}'\Sigma^{-1}\boldsymbol{\delta}/2, \boldsymbol{\delta}'\Sigma^{-1}\boldsymbol{\delta})$ が成り立つので,

$$\begin{aligned} Pr(z \geq 0) &= Pr\left(\frac{z + \boldsymbol{\delta}'\Sigma^{-1}\boldsymbol{\delta}/2}{\sqrt{\boldsymbol{\delta}'\Sigma^{-1}\boldsymbol{\delta}}} \geq \frac{\boldsymbol{\delta}'\Sigma^{-1}\boldsymbol{\delta}/2}{\sqrt{\boldsymbol{\delta}'\Sigma^{-1}\boldsymbol{\delta}}}\right) \\ &= Pr\left(u \geq \sqrt{\boldsymbol{\delta}'\Sigma^{-1}\boldsymbol{\delta}}/2\right) \end{aligned} \tag{7.23}$$

となる. つまり, (7.22)式と(7.23)式の値は等しくなる.

例題 8 ―― 誤判別の確率

例題7の結果から誤判別の確率を推定せよ.

解答

$$\hat{\boldsymbol{\delta}} = \hat{\boldsymbol{\mu}}^{[1]} - \hat{\boldsymbol{\mu}}^{[2]} = \begin{bmatrix} 75.2 - 36.6 \\ 20.36 - 15.44 \end{bmatrix} = \begin{bmatrix} 38.6 \\ 4.92 \end{bmatrix}$$

$$\hat{\boldsymbol{\delta}}'\hat{\Sigma}^{-1}\hat{\boldsymbol{\delta}} = [38.6, 4.92] \begin{bmatrix} 0.008831 & -0.02342 \\ -0.02342 & 0.1159 \end{bmatrix} \begin{bmatrix} 38.6 \\ 4.92 \end{bmatrix} = 7.068$$

となる.

健常者（母集団 [1] に属するサンプル）を患者（母集団 [2] に属するサンプル）と誤判別する確率は

$$Pr(z < 0) = Pr(u > \sqrt{7.068}/2) = Pr(u > 1.33) = 0.0918$$

となる．一方，患者（母集団 [2] に属するサンプル）を健常者（母集団 [1] に属するサンプル）と誤判別する確率も上と同じ値になる．

つまり，「本当は健常者なのに患者と誤判別する確率：0.0918」「本当は患者なのに健常者と誤判別する確率：0.0918」となる．

7.2 節と同様，判別表に基づいて誤判別率を検討することもできる.

―― 例題 9 ――――――――――――――――――――――― 判別表

表 7.4 の判別結果より判別表を作成せよ．

解答 判別表を表 7.5 に示す.

表 7.5　判別表

データ結果	判別結果		計
	健常者	患者	
健常者	4	1	5
患者	0	5	5
計	4	6	10

表 7.5 より，「本当は健常者なのに患者と誤判別した割合：$1/5 = 0.20$」「本当は患者なのに健常者と誤判別した割合：$0/5 = 0$」となる．

2 つの母集団間の距離として 2 つの母平均ベクトル間のマハラノビスの距離の 2 乗を定義し，判別効率と呼ぶ．

$$D_{x_1 x_2}^2([1],[2]) = (\boldsymbol{\mu}^{[1]} - \boldsymbol{\mu}^{[2]})' \Sigma^{-1} (\boldsymbol{\mu}^{[1]} - \boldsymbol{\mu}^{[2]}) = \boldsymbol{\delta}' \Sigma^{-1} \boldsymbol{\delta} \quad (7.24)$$

―― 例題 10 ―――――――――――――――――――――― 判別効率

表 7.4 のデータより判別効率を推定せよ．

解答 表 7.4 のデータについて判別効率の推定値は例題 8 においてすでに求めており，$\hat{D}_{x_1 x_2}^2([1],[2]) = 7.068$ である．

（3）変数選択

例題 7～10 では，2つの変数の両方を判別方式に取り込むという前提で例示した．ここでは，2つの変数のうちそれぞれが判別に役立つのかを逐次検討する．

例題 11 　　　　　　　　　　　　　　　　　　　　　　　　　変数選択

表 7.4 のデータに基づいて変数選択を行え．

[解答]　「検査値 1 x_1」と「検査値 2 x_2」のそれぞれの（1次元の）判別効率の推定値は次のようになる．

$$x_1 : \hat{D}^2_{x_1}([1],[2]) = \frac{(\hat{\mu}^{[1]}_1 - \hat{\mu}^{[2]}_1)^2}{\hat{\sigma}^2_{11}} = \frac{(75.2-36.6)^2}{244.0} = 6.106$$

$$x_2 : \hat{D}^2_{x_2}([1],[2]) = \frac{(\hat{\mu}^{[1]}_2 - \hat{\mu}^{[2]}_2)^2}{\hat{\sigma}^2_{22}} = \frac{(20.36-15.44)^2}{18.598} = 1.302$$

「検査値 1」のほうが「検査値 2」よりも判別効率が大きい．

例題 5 では，(7.10) 式と上の判別効率の推定値を用いて x_1 の F_0 値 $F_0 = 15.27$ を求めた．同様に計算することにより，x_2 の F_0 値は $F_0 = 3.255$ となる．そこで，まず，「検査値 1」を判別方式に取り入れる．得られる判別方式は例題 1 に示した通りである．

次に，「検査値 2」を判別方式に追加する価値があるかどうかを考える．再び，(7.10) 式を用いる．$p=1$，$\hat{D}^2_{x(p)}([1],[2]) = \hat{D}^2_{x_1}([1],[2]) = 6.106$，$r=1$ および例題 10 で求めた $\hat{D}^2_{x(p+r)}([1],[2]) = \hat{D}^2_{x_1 x_2}([1],[2]) = 7.068$ を (7.10) 式に代入する．

$$F_0 = \frac{(5+5-1-1-1)5 \times 5\{7.068-6.106\}}{1\{(5+5-2)(5+5)+5 \times 5 \times 6.106\}} = 0.724$$

これより，x_1 を取り込んだ後では，x_2 は健常者と患者の判別に寄与しないと考えられる．

以上より，「検査値 2」は判別方式に取り込まない．つまり，表 7.1 のデータに対しては，例題 7 の判別方式ではなく，例題 1 の判別方式を採用する．■

(4) 得られた判別方式の利用

どちらの母集団に属するのか不明なサンプルについて，その変数の値と得られた判別方式に基づいてサンプルの判別を行う．

> **例題 12** ─────────────────── サンプルの判別
> 表 7.4 のデータに基づいて $x_1 = 70$, $x_2 = 19.0$ の人を判別せよ．

解答 例題 11 の検討より，x_2 の値は用いない．例題 1 で求めた線形判別関数の推定式に $x_1 = 70$ を代入して，$\hat{z} = 2.217 > 0$ となるので，このサンプルは健常者と判別する．

7.4♣ 行列とベクトルによる表現

変数が p 個あるとする．そして，2 つの母集団分布はそれぞれ p 次元正規分布であると仮定する．

$$\boldsymbol{x} = \begin{bmatrix} x_1 \\ x_2 \\ \vdots \\ x_p \end{bmatrix} \sim N(\boldsymbol{\mu}^{[k]}, \Sigma) \quad (k = 1, 2) \tag{7.25}$$

$$\boldsymbol{\mu}^{[k]} = \begin{bmatrix} \mu_1^{[k]} \\ \mu_2^{[k]} \\ \vdots \\ \mu_p^{[k]} \end{bmatrix}, \quad \Sigma = \begin{bmatrix} \sigma_{11} & \sigma_{12} & \cdots & \sigma_{1p} \\ \sigma_{12} & \sigma_{22} & \cdots & \sigma_{2p} \\ \vdots & \vdots & \ddots & \vdots \\ \sigma_{1p} & \sigma_{2p} & \cdots & \sigma_{pp} \end{bmatrix} \tag{7.26}$$

マハラノビスの距離の 2 乗を次のように定義する．

$$\begin{aligned} D^{[k]2} &= (\boldsymbol{x} - \boldsymbol{\mu}^{[k]})' \Sigma^{-1} (\boldsymbol{x} - \boldsymbol{\mu}^{[k]}) \\ &= \sum_{i=1}^{p} \sum_{j=1}^{p} (x_i - \mu_i^{[k]})(x_j - \mu_j^{[k]}) \sigma^{ij} \end{aligned} \tag{7.27}$$

これより，

7.4 行列とベクトルによる表現

$$
\begin{aligned}
D^{[2]2} - D^{[1]2} &= x'x - x'\Sigma^{-1}\mu^{[2]} - \mu^{[2]'}\Sigma^{-1}x + \mu^{[2]'}\Sigma^{-1}\mu^{[2]} \\
&\quad - x'x + x'\Sigma^{-1}\mu^{[1]} + \mu^{[1]'}\Sigma^{-1}x - \mu^{[1]'}\Sigma^{-1}\mu^{[1]} \\
&= 2(\mu^{[1]} - \mu^{[2]})'\Sigma^{-1}x - (\mu^{[1]} - \mu^{[2]})'\Sigma^{-1}(\mu^{[1]} + \mu^{[2]}) \\
&= 2(\mu^{[1]} - \mu^{[2]})'\Sigma^{-1}(x - \bar{\mu})
\end{aligned}
\tag{7.28}
$$

となる．ただし，

$$
\bar{\mu} = \frac{\mu^{[1]} + \mu^{[2]}}{2} \tag{7.29}
$$

である．

(7.28) 式を 2 で割った

$$
z = (\mu^{[1]} - \mu^{[2]})'\Sigma^{-1}(x - \bar{\mu}) \tag{7.30}
$$

を線形判別関数と呼び，次のように判定する．

$$
\begin{aligned}
z \geq 0 &\iff D^{[1]2} \leq D^{[2]2} \iff \text{母集団 [1] に属する} \\
z < 0 &\iff D^{[1]2} > D^{[2]2} \iff \text{母集団 [2] に属する}
\end{aligned}
\tag{7.31}
$$

次に，誤判別の確率を求めるために，z の確率分布を導く．$\delta = \mu^{[1]} - \mu^{[2]}$ と定義する．

本当は母集団 [1] に属するサンプルなのに，母集団 [2] に属すると誤判別する確率を考える．$x \sim N(\mu^{[1]}, \Sigma)$ の下で

$$
\begin{aligned}
E(z) &= E(\delta'\Sigma^{-1}(x - \bar{\mu})) = \delta'\Sigma^{-1}(\mu^{[1]} - \bar{\mu}) \\
&= \delta'\Sigma^{-1}\delta/2 \\
V(z) &= V(\delta'\Sigma^{-1}(x - \bar{\mu})) = V(\delta'\Sigma^{-1}x) \\
&= \delta'\Sigma^{-1}V(x)\Sigma^{-1}\delta = \delta'\Sigma^{-1}\Sigma\Sigma^{-1}\delta \\
&= \delta'\Sigma^{-1}\delta
\end{aligned}
\tag{7.32}
$$

$$
\tag{7.33}
$$

つまり，$z \sim N(\delta'\Sigma^{-1}\delta/2, \delta'\Sigma^{-1}\delta)$ である．したがって，この（1 次元）正規分布に基づいて $Pr(z < 0)$ を計算すればよい．

本当は母集団 [2] に属するサンプルなのに，母集団 [1] に属すると誤判別する確率についても同様である．$x \sim N(\mu^{[2]}, \Sigma)$ の下で，上と同様の計算を行って，$z \sim N(-\delta'\Sigma^{-1}\delta/2, \delta'\Sigma^{-1}\delta)$ を得る．したがって，この（1 次元）正規分布に基づいて $Pr(z \geq 0)$ を計算すればよい．

練習問題

◆**問題 7.1** 次のデータについて以下の設問に答えよ．

表 データ（問題 7.1）

No.	1	2	3	4	5	6	7	8
母集団	[1]	[1]	[1]	[1]	[2]	[2]	[2]	[2]
x_1	4	6	5	5	5	6	7	6

（1）線形判別関数の推定式を求めよ．
（2）誤判別の確率を正規分布に基づいて求めよ．
（3）判別表を作成せよ．
（4）判別効率を推定せよ．
（5）F_0 値を求めよ．

◆**問題 7.2** 次のデータ（問題 7.1 のデータに x_2 を追加したもの）について以下の設問に答えよ．

表 データ（問題 7.2）

No.	1	2	3	4	5	6	7	8
母集団	[1]	[1]	[1]	[1]	[2]	[2]	[2]	[2]
x_1	4	6	5	5	5	6	7	6
x_2	2	5	4	6	2	3	5	1

（1）x_2 だけを用いるときの判別効率を求め，問題 7.1 の（4）と比較せよ．
（2）x_2 だけを用いるときの F_0 値を求め，問題 7.1 の（5）と比較せよ．
（3）x_1 と x_2 の両方を用いるときの判別効率を求めよ．
（4）設問（2）より，x_1 と x_2 のうちで，F_0 値の大きな変数を取り込む．その後，残りの変数を取り込むときの F_0 値を計算せよ．
（5）x_1 と x_2 の両方を用いて線形判別関数を推定せよ．
（6）（5）による誤判別の確率を正規分布に基づいて求めよ．
（7）（5）による判別表を作成せよ．

◆**問題 7.3**[♣] 1つの変数 x による判別を行う．ただし，母集団 [1] の確率分布は $N(\mu^{[1]}, \sigma^{[1]2})$，母集団 [2] の確率分布は $N(\mu^{[2]}, \sigma^{[2]2})$ とし，等分散性を仮定しない．このときの判別方式を考えよ．

第8章

数量化2類

本章では,数量化2類を説明する.数量化2類は,判別に用いる変数が質的変数の場合に判別分析と同じ目的で適用する手法である.

8.1 適用例と解析ストーリー

(1) 適用例と解析の目的

表8.1は,健常者とある疾病にかかっている患者に対する吐き気の程度 x_1(質的変数)と頭痛の程度 x_2(質的変数)のデータである.

表 8.1 健常者・患者の症状のデータ

サンプル No.	健常者・患者	吐き気 x_1	頭痛 x_2
1	健常者	無	少
2	健常者	少	無
3	健常者	無	無
4	健常者	無	無
5	健常者	無	無
6	患者	少	多
7	患者	多	無
8	患者	少	少
9	患者	少	多
10	患者	多	少

このデータに基づいて,「その疾病にかかっているか否かを吐き気の程度と頭痛の程度より判別できるか」「どちらの変数の方が判別能力があるか」「判別できるとすればその精度はどのくらいか」「例えば,吐き気が無く,頭痛が多いならどのように判別されるか」などを検討したい.

(2) 数量化2類の解析ストーリー

数量化2類の解析の流れは以下の通りである．

> **数量化2類の解析ストーリー**
> （1）健常者を母集団[1]，患者を母集団[2]とする．
> 　質的変数をダミー変数に変換する．ダミー変数を量的変数と考えて，それぞれの母集団への距離としてマハラノビスの距離の2乗を求める．マハラノビスの距離の2乗値の小さい母集団へ判別するという判別方式を定める．
> （2）誤判別の確率を求め，得られた判別方式の精度を評価する．
> （3）変数選択を行い，有用な変数を選択する．
> （4）得られた判別方式を利用して，どちらの母集団に属するのか不明なサンプルの判別を行う．

8.2　変数が1個の場合の解析方法

（1）マハラノビスの距離と判別方式

本節では，変数が1つだけの場合を説明する．表8.1に示したデータについて「吐き気 x_1」だけに基づいて判別することを例に取り上げて解説する．

第6章で述べたように，「吐き気」のような質的な変数をアイテムと呼び，「多」「少」「無」をカテゴリーと呼ぶ．この質的変数に対して次のようにダミー変数を定義する．

$$x_{1(2)} = \begin{cases} 1 & \text{少のとき} \\ 0 & \text{少でないとき} \end{cases} \tag{8.1}$$

$$x_{1(3)} = \begin{cases} 1 & \text{多のとき} \\ 0 & \text{多でないとき} \end{cases} \tag{8.2}$$

$x_{1(2)} = x_{1(3)} = 0$ が「無」を意味する．一般に，ダミー変数は「(質的変数

8.2 変数が1個の場合の解析方法

のカテゴリー数)−1」個導入する(上の例では「$3-1=2$」個).表8.1のデータで「吐き気 x_1」の部分をダミー変数に書き換えると表8.2になる.

このデータに基づいて,変数が2つの場合の判別分析(第7章の内容)を形式的に適用する.「形式的に」という意味は,第7章の判別分析では変数が正規分布に従っていることが前提だった.それに対して,ダミー変数は0と1の2つの値しかとらないから,正規分布には従わない.したがって,正規分布に基づいた誤判別の確率の計算は正確ではなく,参考程度にとどめる.

表 8.2 表8.1(「吐き気」の部分)の書き換えおよびスコアと判別結果

サンプル No.	健常者・患者	$x_{1(2)}$	$x_{1(3)}$	スコア	判別結果
1	健常者	0	0	5.33	健常者
2	健常者	1	0	−2.67	患者
3	健常者	0	0	5.33	健常者
4	健常者	0	0	5.33	健常者
5	健常者	0	0	5.33	健常者
6	患者	1	0	−2.67	患者
7	患者	0	1	−5.34	患者
8	患者	1	0	−2.67	患者
9	患者	1	0	−2.67	患者
10	患者	0	1	−5.34	患者

例題 1 　　　　　　　　　　　　　　　　　　　　　　　　**判別方式**

表8.2に基づいて,変数が2つの場合の判別方式(7.3節の例題7と同様の計算)を導け.

[解答] 健常者のデータ(母集団 [1])より

$n^{[1]} = 5$

$\hat{\mu}_{1(2)}^{[1]} = \bar{x}_{1(2)}^{[1]} = \dfrac{\sum x_{i1(2)}^{[1]}}{n^{[1]}} = \dfrac{1}{5} = 0.20$

$\hat{\mu}_{1(3)}^{[1]} = \bar{x}_{1(3)}^{[1]} = \dfrac{\sum x_{i1(3)}^{[1]}}{n^{[1]}} = \dfrac{0}{5} = 0$

$S_{(2)(2)}^{[1]} = \sum x_{i1(2)}^{[1]2} - \dfrac{(\sum x_{i1(2)}^{[1]})^2}{n^{[1]}} = 1 - \dfrac{1^2}{5} = 0.80$

$$S^{[1]}_{(3)(3)} = \sum x^{[1]2}_{i1(3)} - \frac{(\sum x^{[1]}_{i1(3)})^2}{n^{[1]}} = 0 - \frac{0^2}{5} = 0$$

$$S^{[1]}_{(2)(3)} = \sum x^{[1]}_{i1(2)} x^{[1]}_{i1(3)} - \frac{(\sum x^{[1]}_{i1(2)})(\sum x^{[1]}_{i1(3)})}{n^{[1]}} = 0 - \frac{1 \times 0}{5} = 0$$

となる.一方,患者のデータ(母集団 [2])より

$$n^{[2]} = 5$$

$$\hat{\mu}^{[2]}_{1(2)} = \bar{x}^{[2]}_{1(2)} = \frac{\sum x^{[2]}_{i1(2)}}{n^{[2]}} = \frac{3}{5} = 0.60$$

$$\hat{\mu}^{[2]}_{1(3)} = \bar{x}^{[2]}_{1(3)} = \frac{\sum x^{[2]}_{i1(3)}}{n^{[2]}} = \frac{2}{5} = 0.40$$

$$S^{[2]}_{(2)(2)} = \sum x^{[2]2}_{i1(2)} - \frac{(\sum x^{[2]}_{i1(2)})^2}{n^{[2]}} = 3 - \frac{3^2}{5} = 1.20$$

$$S^{[2]}_{(3)(3)} = \sum x^{[2]2}_{i1(3)} - \frac{(\sum x^{[2]}_{i1(3)})^2}{n^{[2]}} = 2 - \frac{2^2}{5} = 1.20$$

$$S^{[2]}_{(2)(3)} = \sum x^{[2]}_{i1(2)} x^{[2]}_{i1(3)} - \frac{(\sum x^{[2]}_{i1(2)})(\sum x^{[2]}_{i1(3)})}{n^{[2]}} = 0 - \frac{3 \times 2}{5} = -1.20$$

となる.これらより,次を得る.

$$\hat{\bar{\mu}}_{1(2)} = \frac{\hat{\mu}^{[1]}_{1(2)} + \hat{\mu}^{[2]}_{1(2)}}{2} = \frac{0.20 + 0.60}{2} = 0.40$$

$$\hat{\bar{\mu}}_{1(3)} = \frac{\hat{\mu}^{[1]}_{1(3)} + \hat{\mu}^{[2]}_{1(3)}}{2} = \frac{0 + 0.40}{2} = 0.20$$

$$\hat{\sigma}_{(2)(2)} = \frac{S^{[1]}_{(2)(2)} + S^{[2]}_{(2)(2)}}{(n^{[1]} - 1) + (n^{[2]} - 1)} = \frac{0.80 + 1.20}{(5-1)+(5-1)} = 0.250 = (0.500)^2$$

$$\hat{\sigma}_{(3)(3)} = \frac{S^{[1]}_{(3)(3)} + S^{[2]}_{(3)(3)}}{(n^{[1]} - 1) + (n^{[2]} - 1)} = \frac{0 + 1.20}{(5-1)+(5-1)} = 0.150 = (0.387)^2$$

$$\hat{\sigma}_{(2)(3)} = \frac{S^{[1]}_{(2)(3)} + S^{[2]}_{(2)(3)}}{(n^{[1]} - 1) + (n^{[2]} - 1)} = \frac{0 - 1.20}{(5-1)+(5-1)} = -0.150$$

$$\hat{\Sigma} = \begin{bmatrix} \hat{\sigma}_{(2)(2)} & \hat{\sigma}_{(2)(3)} \\ \hat{\sigma}_{(2)(3)} & \hat{\sigma}_{(3)(3)} \end{bmatrix} = \begin{bmatrix} 0.250 & -0.150 \\ -0.150 & 0.150 \end{bmatrix}$$

8.2 変数が1個の場合の解析方法

$$\hat{\Sigma}^{-1} = \begin{bmatrix} \hat{\sigma}^{(2)(2)} & \hat{\sigma}^{(2)(3)} \\ \hat{\sigma}^{(2)(3)} & \hat{\sigma}^{(3)(3)} \end{bmatrix} = \begin{bmatrix} 10.00 & 10.00 \\ 10.00 & 16.67 \end{bmatrix}$$

これらより,線形判別関数の推定式は次のようになる.

$$\hat{z} = [\hat{\mu}^{[1]}_{1(2)} - \hat{\mu}^{[2]}_{1(2)}, \hat{\mu}^{[1]}_{1(3)} - \hat{\mu}^{[2]}_{1(3)}] \begin{bmatrix} \hat{\sigma}^{(2)(2)} & \hat{\sigma}^{(2)(3)} \\ \hat{\sigma}^{(2)(3)} & \hat{\sigma}^{(3)(3)} \end{bmatrix} \begin{bmatrix} x_{1(2)} - \hat{\bar{\mu}}_{1(2)} \\ x_{1(3)} - \hat{\bar{\mu}}_{1(3)} \end{bmatrix}$$

$$= [0.20 - 0.60, 0 - 0.40] \begin{bmatrix} 10.00 & 10.00 \\ 10.00 & 16.67 \end{bmatrix} \begin{bmatrix} x_{1(2)} - 0.40 \\ x_{1(3)} - 0.20 \end{bmatrix}$$

$$= 5.33 - 8.00 x_{1(2)} - 10.67 x_{1(3)}$$

$$= 5.33 + \begin{cases} 0 & \text{(無の場合)} \\ -8.00 & \text{(少の場合)} \\ -10.67 & \text{(多の場合)} \end{cases}$$

表 8.2 の $x_{1(2)}$ と $x_{1(3)}$ の値に対して判別方式:

$$\hat{z} \geq 0 \iff \hat{D}^{[1]2} \leq \hat{D}^{[2]2} \iff \text{母集団 [1](健常者)に属する}$$
$$\hat{z} < 0 \iff \hat{D}^{[1]2} > \hat{D}^{[2]2} \iff \text{母集団 [2](患者)に属する}$$

を適用する.スコア($\hat{z}$ の値)およびこの判別方式に基づく判別結果を表 8.2 に記載する.

(2) 誤判別の確率

数量化2類では,質的変数をダミー変数に変換している.そして,ダミー変数を量的変数と考えて,形式的にマハラノビスの距離の2乗を求める.ダミー変数は正規分布に従わないから,第7章で述べた正規分布に基づく方法の適用は正確ではない.判別表を作成して検討する.

例題 2 ───────────────────────── 判別表 ─

表 8.2 の判別結果より判別表を作成せよ.

解答 判別表を表 8.3 に示す.

第 8 章 数量化 2 類

表 8.3 判別表

データ結果	判別結果		計
	健常者	患者	
健常者	4	1	5
患者	0	5	5
計	4	6	10

表 8.3 より,「本当は健常者なのに患者と誤判別した割合:$1/5 = 0.20$」「本当は患者なのに健常者と誤判別した割合:$0/5 = 0$」となる.

次に,判別効率の推定値を求める.これは,2つの母平均のマハラノビスの距離の2乗の推定値だった.

---**例題 3**---------------------------------**判別効率**--

表 8.2 のデータより判別効率を推定せよ.

解答 例題1の結果より,判別効率の推定値は

$$\hat{D}^2_{x_{1(2)}x_{1(3)}}([1],[2]) = (\hat{\boldsymbol{\mu}}^{[1]} - \hat{\boldsymbol{\mu}}^{[2]})'\hat{\Sigma}^{-1}(\hat{\boldsymbol{\mu}}^{[1]} - \hat{\boldsymbol{\mu}}^{[2]}) = \hat{\boldsymbol{\delta}}'\hat{\Sigma}^{-1}\hat{\boldsymbol{\delta}}$$

$$= [0.20 - 0.60, 0 - 0.40] \begin{bmatrix} 10.00 & 10.00 \\ 10.00 & 16.67 \end{bmatrix} \begin{bmatrix} 0.20 - 0.60 \\ 0 - 0.40 \end{bmatrix}$$

$$= 7.468$$

となる.

(注1) 数量化2類では正確でないが,正規分布に基づく方法を表 8.2 のデータに適用する.例題3より $\hat{\boldsymbol{\delta}}'\hat{\Sigma}^{-1}\hat{\boldsymbol{\delta}} = 7.468$ となるので,(7.22)式と(7.23)式を用いて,

$$Pr\left(u > \sqrt{\hat{\boldsymbol{\delta}}'\hat{\Sigma}^{-1}\hat{\boldsymbol{\delta}}}/2\right) = Pr(u > \sqrt{7.468}/2) = Pr(u > 1.37) = 0.0853 \quad (8.3)$$

となる.つまり,「本当は健常者なのに患者と誤判別する確率:0.0853」「本当は患者なのに健常者と誤判別する確率:0.0853」となる.

(3) 変数選択

第7章と同様に考える.第7章の判別分析では変数を1つずつ取り入れる形式だったが,数量化2類の場合にはダミー変数を1組として考える.(7.10)式で紹介した次の F_0 の計算式を用いる.

$$F_0 = \frac{(n^{[1]}+n^{[2]}-p-r-1)n^{[1]}n^{[2]}\{\hat{D}^2_{x(p+r)}([1],[2])-\hat{D}^2_{x(p)}([1],[2])\}}{r\{(n^{[1]}+n^{[2]}-2)(n^{[1]}+n^{[2]})+n^{[1]}n^{[2]}\hat{D}^2_{x(p)}([1],[2])\}} \tag{8.4}$$

p は変数を追加する前のダミー変数の個数であり,r は追加するダミー変数の個数である.

この F_0 が F 分布に従うことも正規分布の前提が必要である.ここでは,近似的な観点から用いることにする.

例題 4 ─────────────────────── 変数選択 ───

表 8.2 のデータに基づいて変数選択を行え.

[解答] 表 8.2 のデータについて (8.4) 式の F_0 値を計算する.ダミー変数を考慮する前は,何も変数を考えないので,$p=0$,$\hat{D}^2_{x(p)}([1],[2])=0$ である.また,$r=2$(表 8.2 のダミー変数の個数)および例題 3 で求めた $\hat{D}^2_{x(p+r)}([1],[2])=\hat{D}^2_{x_{1(2)}x_{1(3)}}([1],[2])$ $= 7.468$ を (8.4) 式に代入すると次を得る.

$$\begin{aligned}F_0 &= \frac{(5+5-0-2-1)5\times 5\{7.468-0\}}{2\{(5+5-2)(5+5)+5\times 5\times 0\}} \\ &= 8.168\end{aligned}$$

F_0 値は変数選択の目安の値の 2 より大きいので,「吐き気」は健常者と患者の判別に寄与していると考えられる.

(4) 得られた判別方式の利用

どちらの母集団に属するのか不明なサンプルについて,その変数の値と得られた判別方式に基づいてサンプルの判別を行う.

例題 5 ─────────────────────── サンプルの判別 ───

表 8.2 のデータに基づいて吐き気が無い人の判定を行え.

[解答] 例題 1 で得た判別方式を用いると $\hat{z}=5.33>0$ となるので,健常者と判別できる.

8.3 変数が2個以上の場合の解析方法

（1）マハラノビスの距離と判別方式

表 8.2 のデータについて考える．変数が「吐き気」と「頭痛」の 2 つであり，両方とも質的変数である．

「吐き気 x_1」に対して次のようにダミー変数を定義する（(8.1) 式，(8.2) 式と同じ）．

$$x_{1(2)} = \begin{cases} 1 & \text{少のとき} \\ 0 & \text{少でないとき} \end{cases} \tag{8.5}$$

$$x_{1(3)} = \begin{cases} 1 & \text{多のとき} \\ 0 & \text{多でないとき} \end{cases} \tag{8.6}$$

$x_{1(2)} = x_{1(3)} = 0$ が「無」を意味する．同様に，「頭痛 x_2」に対して次のようにダミー変数を定義する．

$$x_{2(2)} = \begin{cases} 1 & \text{少のとき} \\ 0 & \text{少でないとき} \end{cases} \tag{8.7}$$

$$x_{2(3)} = \begin{cases} 1 & \text{多のとき} \\ 0 & \text{多でないとき} \end{cases} \tag{8.8}$$

$x_{2(2)} = x_{2(3)} = 0$ が「無」を意味する．

表 8.1 のデータをダミー変数に変換して書き換えると表 8.4 となる．

表 8.1 では（質的）変数の個数は 2 個だったが，ダミー変数の導入により，表 8.4 では変数の個数が 4 個になっている．この 4 個のダミー変数を量的変数と考えて，形式的に第 7 章の判別分析を適用する．

8.3 変数が2個以上の場合の解析方法

表 8.4 表 8.1 の書き換えおよびスコアと判別結果

サンプル No.	健常者・患者	$x_{1(2)}$	$x_{1(3)}$	$x_{2(2)}$	$x_{2(3)}$	スコア	判別結果
1	健常者	0	0	1	0	6.40	健常者
2	健常者	1	0	0	0	3.20	健常者
3	健常者	0	0	0	0	12.80	健常者
4	健常者	0	0	0	0	12.80	健常者
5	健常者	0	0	0	0	12.80	健常者
6	患者	1	0	0	1	-11.20	患者
7	患者	0	1	0	0	-8.00	患者
8	患者	1	0	1	0	-3.20	患者
9	患者	1	0	0	1	-11.20	患者
10	患者	0	1	1	0	-14.40	患者

例題 6 ─────────────────────── 判別方式

表 8.4 のデータに基づいて判別方式を導け.

解答 線形判別関数の推定式は次のようになる（解析ソフトを使用した）.

$$\hat{z} = (\hat{\boldsymbol{\mu}}^{[1]} - \hat{\boldsymbol{\mu}}^{[2]})'\hat{\Sigma}^{-1}(\boldsymbol{x} - \hat{\boldsymbol{\mu}})$$

$$= 12.80 - 9.60 x_{1(2)} - 20.80 x_{1(3)} - 6.40 x_{2(2)} - 14.40 x_{2(3)}$$

$$= 12.80 + \begin{Bmatrix} 0 & (\text{吐き気が無}) \\ -9.60 & (\text{吐き気が少}) \\ -20.80 & (\text{吐き気が多}) \end{Bmatrix} + \begin{Bmatrix} 0 & (\text{頭痛が無}) \\ -6.40 & (\text{頭痛が少}) \\ -14.40 & (\text{頭痛が多}) \end{Bmatrix}$$

表 8.4 の $x_{1(2)}, x_{1(3)}, x_{2(2)}, x_{2(3)}$ の値に対して判別方式：

$$\hat{z} \geq 0 \iff \hat{D}^{[1]2} \leq \hat{D}^{[2]2} \iff 母集団[1]（健常者）に属する$$

$$\hat{z} < 0 \iff \hat{D}^{[1]2} > \hat{D}^{[2]2} \iff 母集団[2]（患者）に属する$$

を適用する. スコア（$\hat{z}$ の値）およびこの判別方式に基づく判別結果を表 8.4 に記載する.

(2) 誤判別の確率

スコアおよび判別結果より判別表を作成して誤判別の確率を評価する．

例題 7 ──────────────────────────── 判別表

表 8.4 の判別結果より判別表を作成せよ．

解答 判別表を表 8.5 に示す．

表 8.5 判別表

データ結果	判別結果		計
	健常者	患者	
健常者	5	0	5
患者	0	5	5
計	5	5	10

表 8.5 より，「本当は健常者なのに患者と誤判別した割合：$0/5 = 0$」「本当は患者なのに健常者と誤判別した割合：$0/5 = 0$」となる．

次に，判別効率の推定値を求める．

例題 8 ──────────────────────────── 判別効率

表 8.4 のデータより判別効率を推定せよ．

解答 表 8.4 のデータに対して，4 つのダミー変数を用いた場合の判別効率は

$$\hat{D}^2_{x_{1(2)}x_{1(3)}x_{2(2)}x_{2(3)}}([1],[2]) = \hat{\boldsymbol{\delta}}'\hat{\Sigma}^{-1}\hat{\boldsymbol{\delta}} = 19.20$$

となる．これは，例題 3 で求めた「吐き気」だけの場合の判別効率の値 7.468 よりずいぶん大きくなっている．

(注 2) 数量化 2 類では正確でないが，正規分布に基づく方法を表 8.4 のデータにも適用する．例題 8 より $\hat{\boldsymbol{\delta}}'\hat{\Sigma}^{-1}\hat{\boldsymbol{\delta}} = 19.20$ となるので，(7.22) 式と (7.23) 式を用いて，

$$\begin{aligned}
Pr\left(u > \sqrt{\hat{\boldsymbol{\delta}}'\hat{\Sigma}^{-1}\hat{\boldsymbol{\delta}}}/2\right) &= Pr(u > \sqrt{19.20}/2) \\
&= Pr(u > 2.19) = 0.0143
\end{aligned} \tag{8.9}$$

となる．つまり，「本当は健常者なのに患者と誤判別する確率：0.0143」「本当は患者なのに健常者と誤判別する確率：0.0143」となる．

(3) 変数選択

(8.4) 式を用いて変数選択を行う.

例題 9 ─────────────────── 変数選択

表 8.4 のデータに基づいて変数選択を行え.

[解答] まず,「吐き気」「頭痛」のどちらの変数を取り入れるのかを検討する.「吐き気」だけを取り込んだ場合の F_0 値は例題 4 より 8.168 だった. 同様な計算によって,「頭痛」だけを取り込んだ場合の F_0 値は 2.466 となる. これらより, 1 つだけ質的変数を取り込むのなら「吐き気」の方がよい. このときの判別方式は 8.2 節で求めた内容である.

次に,「吐き気」を取り込んだ段階で, さらに「頭痛」を取り込む価値があるかどうかを検討する. (8.4) 式に, $p=2$, $r=2$, $\hat{D}^2_{x(p)}([1],[2]) = \hat{D}^2_{x_{1(2)}x_{1(3)}}([1],[2]) = 7.468$, $\hat{D}^2_{x(p+r)}([1],[2]) = \hat{D}^2_{x_{1(2)}x_{1(3)}x_{2(2)}x_{2(3)}}([1],[2]) = 19.20$ を代入する.

$$F_0 = \frac{(5+5-2-2-1)5 \times 5\{19.20 - 7.468\}}{2\{(5+5-2)(5+5) + 5 \times 5 \times 7.468\}}$$
$$= 2.749$$

これより,「頭痛」も判別方式に取り込む意味があると考える.

(4) 得られた判別方式の利用

どちらの母集団に属するのか不明なサンプルについて判別を行う.

例題 10 ─────────────── サンプルの判別

表 8.4 のデータに基づいて吐き気が無く, 頭痛が多い人の判別を行え.

[解答] 例題 6 で得た判別方式を用いると $\hat{z} = -1.60 < 0$ となるので, 患者と判別できる.

8.4 変数に量的変数と質的変数が混在する場合

表 8.6 は，本章の表 8.1 に第 7 章の表 7.1 を併せたものである．x_1 と x_2 が質的変数，x_3 と x_4 が量的変数である．

表 8.6 のように量的変数と質的変数が混在している場合でも，判別分析の解析方法はこれまでの内容と同じである．すなわち，質的変数 x_1 と x_2 をダミー変数 ($x_{1(2)}, x_{1(3)}, x_{2(2)}, x_{2(3)}$) に変換し，$x_3$ と x_4 とをあわせて，すべてを量的変数とみなして第 7 章で述べた内容にそって解析する．

表 8.6　健常者・患者のデータ（表 8.1＋表 7.1）

サンプル No.	健常者・患者	吐き気 x_1	頭痛 x_2	検査値1 x_3	検査値2 x_4
1	健常者	無	少	50	15.5
2	健常者	少	無	69	18.4
3	健常者	無	無	93	26.4
4	健常者	無	無	76	22.9
5	健常者	無	無	88	18.6
6	患者	少	多	43	16.9
7	患者	多	無	56	21.6
8	患者	少	少	38	12.2
9	患者	少	多	21	16.0
10	患者	多	少	25	10.5

─ 例題 11 ─────────────── 判別方式と変数選択

表 8.6 に基づいて判別方式を導け．

解答　4 つの変数のうち，どれか 1 つの変数を取り入れる場合の F_0 値を求めると，x_3 の F_0 値が 15.27 と最大である．

次に，どの変数を取り込むのかを検討するために残り 3 つの変数に対して F_0 値を求めると，x_1 の F_0 値が 2.143 と一番大きく，2 以上である．そこで，x_1 も取り入れる．

x_1 と x_3 を取り入れた段階で，他の変数の F 値は 2 以上にはならない．そこで，x_1 と x_3 に基づく線形判別関数の推定式を求めると，次のようになる．

$$\hat{z} = -3.62 - 6.83 x_{1(2)} - 10.48 x_{1(3)} + 0.151 x_3$$
$$= -3.62 + \left\{\begin{array}{rl} 0 & \text{(吐き気が無)} \\ -6.83 & \text{(吐き気が少)} \\ -10.48 & \text{(吐き気が多)} \end{array}\right\} + 0.151 x_3$$

これより，判別方式：

$$\hat{z} \geq 0 \iff \hat{D}^{[1]2} \leq \hat{D}^{[2]2} \iff \text{母集団 [1]（健常者）に属する}$$
$$\hat{z} < 0 \iff \hat{D}^{[1]2} > \hat{D}^{[2]2} \iff \text{母集団 [2]（患者）に属する}$$

を得る．

練習問題

◆問題 8.1 次のデータについて以下の設問に答えよ．

表 データ（問題 8.1）

No.	1	2	3	4	5	6	7	8
母集団	[1]	[1]	[1]	[1]	[2]	[2]	[2]	[2]
x	A	B	A	A	C	B	C	C

（1）線形判別関数の推定式を求めよ．
（2）判別表を作成せよ．
（3）判別効率を推定せよ．
（4）変数 x の F_0 値を求めよ．

第9章

主成分分析

本章では，主成分分析を説明する．この方法は，多くの量的変数が存在する場合に，それらの間の相関構造を考慮して，低い次元の合成変数（主成分）に変換し，データが有している情報をより解釈しやすくするための方法である．主成分分析には，「相関係数行列から出発する方法」と「分散共分散行列から出発する方法」の2種類があるが，本章では前者だけを説明する．

9.1 適用例と解析ストーリー

（1）適用例と解析の目的

表9.1は，10人の生徒に実施した国語・英語・数学・理科の4教科の試験の成績である．それぞれの科目を量的変数と考える．変数の個数は$p=4$である．回帰分析のときとは異なり目的変数はない．

表9.1のデータより各変数の対ごとに散布図を描くと図9.1を得る．各変数間の相関係数はすべて正であり，さらに，「国語と英語」「数学と理科」の相

表 9.1 試験の成績のデータ

生徒 No.	国語 x_1	英語 x_2	数学 x_3	理科 x_4
1	86	79	67	68
2	71	75	78	84
3	42	43	39	44
4	62	58	98	95
5	96	97	61	63
6	39	33	45	50
7	50	53	64	72
8	78	66	52	47
9	51	44	76	72
10	89	92	93	91

9.1 適用例と解析ストーリー

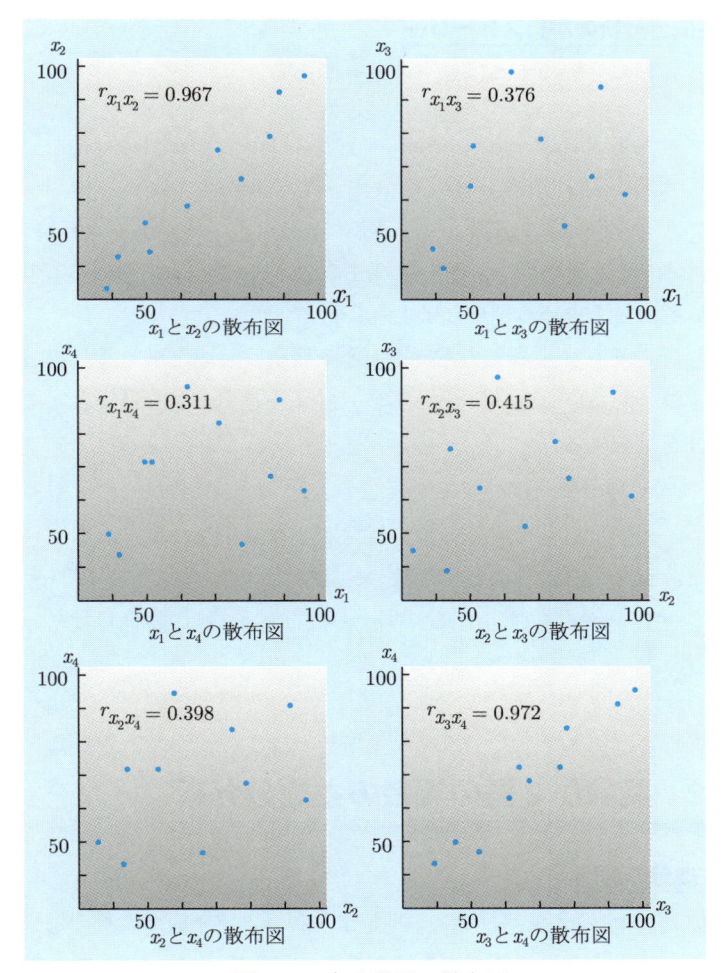

図9.1 各変数間の散布図

関係数は高い値となっている．つまり，表9.1のデータにはなんらかの相関構造があると考えることができる．

この（4次元）データに基づいて，「より低い次元でデータのばらつきを解釈できないか」「そのためにはどのように**合成変数（主成分）**を構成すればよいか」「それぞれの主成分の説明力はどれくらいか」「科目や生徒をどのように分類できるか」などを検討したい．

（2） 主成分分析の解析ストーリー

主成分分析の解析の流れは以下の通りである．

> **主成分分析の解析ストーリー**
> （1） 相関係数行列 R の第1固有値（最大固有値）λ_1 に対応する固有ベクトルから**第1主成分** z_1 を求める．次に，R の第2固有値 λ_2 に対応する固有ベクトルから**第2主成分** z_2 を求める．同様にして，**第 k 主成分**を求める（$k = 3, 4, \cdots, p$）．
> （2） それぞれの主成分の**寄与率**および**累積寄与率**を求める．「固有値が1以上」ないしは「累積寄与率が80%を超える」を目安として主成分を選択する．
> （3） **因子負荷量**を求める．固有ベクトルや因子負荷量の値を参考にして，選択した各主成分の意味について考察する．また，因子負荷量を散布図にプロットし，変数の分類を行う．
> （4） **主成分得点**を散布図にプロットし，サンプルの特徴付けや分類を行う．

9.2　変数が2個の場合の主成分分析

（1） 主成分の導出

変数が x_1，x_2 の2つで，サンプルサイズが n とする．2変数の場合は，主成分分析を行って次元の低下を企てる必要性は薄いから，実際的な意味はあまりない．しかし，ここでは，主成分分析の考え方を示すために2変数の場合について詳しく説明する．

変数 x_1 と x_2 を標準化する．

$$u_1 = \frac{x_1 - \bar{x}_1}{s_1}, \quad u_2 = \frac{x_2 - \bar{x}_2}{s_2} \tag{9.1}$$

ここで $\bar{x}_1$ と $\bar{x}_2$ はそれぞれの変数の平均，s_1 と s_2 はそれぞれの変数の標準偏差である．2.1 節で述べたように u_1 と u_2 は両者とも平均が 0，分散が 1 に

9.2 変数が2個の場合の主成分分析

なる.また,後のため,次のことにも注意しておく(【問題 9.4】を参照).

$$\sum_{i=1}^{n} u_{i1}^2 = \sum_{i=1}^{n} u_{i2}^2 = n-1 \tag{9.2}$$

$$\sum_{i=1}^{n} u_{i1} u_{i2} = (n-1) r_{x_1 x_2} \tag{9.3}$$

第 1 主成分 z_1 を

$$z_1 = a_1 u_1 + a_2 u_2 \tag{9.4}$$

とおく.$\bar{u}_1 = \bar{u}_2 = 0$ だから,

$$\bar{z}_1 = 0 \tag{9.5}$$

である.目的は,データの情報をできるだけ多く有するように z_1 を定めることである(つまり,係数 a_1 と a_2 をデータから定めることである).

「z_1 がもとのデータの情報をできるだけ多く有する」ということを「データの全体のバラツキをできるだけ z_1 のバラツキに反映させる」と考える.すなわち,z_1 の分散

$$V_{z_1} = \frac{1}{n-1} \sum_{i=1}^{n} (z_{i1} - \bar{z}_1)^2 = \frac{1}{n-1} \sum_{i=1}^{n} z_{i1}^2 \tag{9.6}$$

が最大になるような a_1 と a_2 を求める.(9.2) 式と (9.3) 式を用いて

$$\begin{aligned} V_{z_1} &= \frac{1}{n-1} \sum_{i=1}^{n} z_{i1}^2 = \frac{1}{n-1} \sum (a_1 u_{i1} + a_2 u_{i2})^2 \\ &= \frac{1}{n-1} \left\{ a_1^2 \sum u_{i1}^2 + 2 a_1 a_2 \sum u_{i1} u_{i2} + a_2^2 \sum u_{i2}^2 \right\} \\ &= a_1^2 + a_2^2 + 2 r_{x_1 x_2} a_1 a_2 \end{aligned} \tag{9.7}$$

となるから,V_{z_1} の値は (a_1, a_2) の値が大きくなればいくらでも大きくなる.そこで,

$$a_1^2 + a_2^2 = 1 \tag{9.8}$$

の制約条件を設けた下で,V_{z_1} の最大化を考える.

制約付きの最大化問題を求めるための定石は**ラグランジュの未定乗数法**で

ある．未定乗数 λ を用いて，

$$f(a_1, a_2, \lambda) = a_1^2 + a_2^2 + 2r_{x_1 x_2} a_1 a_2 - \lambda(a_1^2 + a_2^2 - 1) \qquad (9.9)$$

とおき，a_1, a_2 のそれぞれで微分（偏微分）してゼロとおく．すると，次式を得る．

$$\begin{aligned} 2a_1 + 2r_{x_1 x_2} a_2 - 2\lambda a_1 &= 0 \\ 2r_{x_1 x_2} a_1 + \quad 2a_2 - 2\lambda a_2 &= 0 \end{aligned} \qquad (9.10)$$

(9.10) 式の両辺をそれぞれ 2 で割って，行列の形に表現すると

$$\begin{bmatrix} 1 & r_{x_1 x_2} \\ r_{x_1 x_2} & 1 \end{bmatrix} \begin{bmatrix} a_1 \\ a_2 \end{bmatrix} = \lambda \begin{bmatrix} a_1 \\ a_2 \end{bmatrix} \qquad (9.11)$$

となる．行列 R を

$$R = \begin{bmatrix} 1 & r_{x_1 x_2} \\ r_{x_1 x_2} & 1 \end{bmatrix} \qquad (9.12)$$

とおく．R は**相関係数行列**である．また，$\boldsymbol{a} = [a_1, a_2]'$ とおくと，(9.11) 式は

$$R\boldsymbol{a} = \lambda \boldsymbol{a} \qquad (9.13)$$

となる．(9.11) 式および (9.13) 式は，λ が行列 R の**固有値**であり，求めるべき $[a_1, a_2]$ は**固有ベクトル**であることを示している．

ここで，(9.11) 式の両辺に左からベクトル $[a_1, a_2]$ をかけてみよう．すると

$$a_1^2 + a_2^2 + 2r_{x_1 x_2} a_1 a_2 = \lambda(a_1^2 + a_2^2) \qquad (9.14)$$

を得る．この式の左辺は V_{z_1} であり，右辺は (9.8) 式で設けた制約条件より λ に等しい．すなわち，

$$V_{z_1} = \lambda \qquad (9.15)$$

である．

以上より，(9.7) 式の V_{z_1} を最大化することは，「相関係数行列 R の固有値問題を解いて，最大固有値 λ_1 に対応する（長さ **1** の）固有ベクトル $\boldsymbol{a} = [a_1, a_2]'$ を求めれば（つまり，$R\boldsymbol{a} = \lambda_1 \boldsymbol{a}$），それが V_{z_1} の最大値を与える $[a_1, a_2]$ で

9.2 変数が 2 個の場合の主成分分析

あり，V_{z_1} の最大値は λ_1 となる」という手続きで実行できる．

次に，第 1 主成分 z_1 だけでデータの情報を十分説明できないときは第 2 主成分

$$z_2 = b_1 u_1 + b_2 u_2 \tag{9.16}$$

を考慮する．第 2 主成分 z_2 は，すでに定まっている第 1 主成分 z_1 に含まれない情報を追加するために導入するので，z_1 と無相関となるように定める．

z_1 と z_2 の相関係数 $r_{z_1 z_2}$ の分子は，

$$\begin{aligned}
\sum (z_{i1} - \bar{z}_1)(z_{i2} - \bar{z}_2) &= \sum z_{i1} z_{i2} \\
&= \sum (a_1 u_{i1} + a_2 u_{i2})(b_1 u_{i1} + b_2 u_{i2}) \\
&= a_1 b_1 \sum u_{i1}^2 + a_1 b_2 \sum u_{i1} u_{i2} + a_2 b_1 \sum u_{i1} u_{i2} + a_2 b_2 \sum u_{i2}^2 \\
&= (n-1)\{a_1 b_1 + r_{x_1 x_2} a_1 b_2 + r_{x_1 x_2} a_2 b_1 + a_2 b_2\} \\
&= (n-1)\bm{a}' R \bm{b} \\
&= (n-1)\lambda_1 \bm{a}' \bm{b}
\end{aligned} \tag{9.17}$$

となる．ここで，$\bm{b} = [b_1, b_2]'$ とおいた．また，最後の等式は，$R\bm{a} = \lambda_1 \bm{a}$ より $\bm{a}' R = \lambda_1 \bm{a}'$（$R$ は対称行列）であることから成り立つ．これより，$r_{z_1 z_2} = 0$ の条件は，

$$\bm{a}' R \bm{b} = 0 \tag{9.18}$$

または，

$$\bm{a}' \bm{b} = a_1 b_1 + a_2 b_2 = 0 \tag{9.19}$$

の条件と同じである．このことより，第 2 主成分は，

$$\begin{aligned}
V_{z_2} &= \frac{1}{n-1} \sum_{i=1}^{n} (z_{i2} - \bar{z}_2)^2 = \frac{1}{n-1} \sum_{i=1}^{n} z_{i2}^2 \\
&= b_1^2 + b_2^2 + 2 r_{x_1 x_2} b_1 b_2
\end{aligned} \tag{9.20}$$

を $b_1^2 + b_2^2 = 1$，および，(9.18) 式または (9.19) 式の条件の下で最大化することにより求められる．

この場合も，ラグランジュの未定乗数法を用いて解く．今回は，(9.19) 式

の制約条件もあるので，λ と η の2つの乗数を用いて

$$f(b_1, b_2, \lambda, \eta) = b_1^2 + b_2^2 + 2r_{x_1 x_2} b_1 b_2 - \lambda(b_1^2 + b_2^2 - 1) - \eta(a_1 b_1 + a_2 b_2) \tag{9.21}$$

とおき，b_1, b_2 のそれぞれで微分（偏微分）してゼロとおくと，次式を得る．

$$\begin{aligned} 2b_1 + 2r_{x_1 x_2} b_2 - 2\lambda b_1 - \eta a_1 = 0 \\ 2r_{x_1 x_2} b_1 + 2b_2 - 2\lambda b_2 - \eta a_2 = 0 \end{aligned} \tag{9.22}$$

(9.22) 式のそれぞれを 2 で割って，行列の形に表現すると

$$\begin{bmatrix} 1 & r_{x_1 x_2} \\ r_{x_1 x_2} & 1 \end{bmatrix} \begin{bmatrix} b_1 \\ b_2 \end{bmatrix} = \lambda \begin{bmatrix} b_1 \\ b_2 \end{bmatrix} + \frac{\eta}{2} \begin{bmatrix} a_1 \\ a_2 \end{bmatrix} \tag{9.23}$$

または，

$$R\boldsymbol{b} = \lambda \boldsymbol{b} + \frac{\eta}{2} \boldsymbol{a} \tag{9.24}$$

となる．ここで，(9.24) 式の両辺に左から $\boldsymbol{a}'$ をかけると

$$\boldsymbol{a}' R \boldsymbol{b} = \lambda \boldsymbol{a}' \boldsymbol{b} + \frac{\eta}{2} \boldsymbol{a}' \boldsymbol{a} \tag{9.25}$$

となる．そして，(9.18) 式と (9.19) 式より $\eta = 0$ を得る．したがって，(9.24) 式は

$$R\boldsymbol{b} = \lambda \boldsymbol{b} \tag{9.26}$$

となる．

(9.26) 式は，第 2 主成分 z_2 の係数 (b_1, b_2) も R の固有ベクトルであることを示している．また，V_{z_1} の最大値が R の最大固有値だったことと同じ理由で，V_{z_2} の最大値も R の最大固有値となる．しかし，V_{z_2} の最大化においては，R の最大固有値 λ_1 に対応する固有ベクトル $\boldsymbol{a}$ は制約条件 (9.19) を満たさない．そこで，V_{z_2} の最大値は R の 2 番目に大きな固有値 λ_2 となり，第 2 主成分 z_2 の構成には λ_2 に対応する（長さ 1 の）固有ベクトル $\boldsymbol{b} = [b_1, b_2]'$ を用いる．この $\boldsymbol{b}$ は，次の線形代数の基本事項より，制約条件 (9.19) を満たす．

9.2 変数が2個の場合の主成分分析

線形代数の基本事項：『対称行列の固有値はすべて実数であり，異なる固有値に対応する固有ベクトルは直交する』

固有値が実数なので，最大化の意味があることにも注意しよう．

例題 1 　　　　　　　　　　　　　　　　　　　　　　　　　主成分

2つの変数 x_1 と x_2 の相関係数が $r_{x_1 x_2} = r \geq 0$ であるとき，主成分を求めよ．

解答　相関係数行列 R は

$$R = \begin{bmatrix} 1 & r \\ r & 1 \end{bmatrix}$$

である．

R の固有値は，

$$\begin{vmatrix} 1-\lambda & r \\ r & 1-\lambda \end{vmatrix} = (1-\lambda)^2 - r^2 = 0$$

を解くことにより，$\lambda_1 = 1+r$, $\lambda_2 = 1-r$ と求まる．λ_1 に対応する（長さ1の）固有ベクトルは $\boldsymbol{a} = [\sqrt{2}/2, \sqrt{2}/2]'$ であり，λ_2 に対応する（長さ1の）固有ベクトルは $\boldsymbol{b} = [\sqrt{2}/2, -\sqrt{2}/2]'$ である．

したがって，第1主成分 z_1 と第2主成分 z_2 はそれぞれ次のようになる．

$$z_1 = \frac{\sqrt{2}}{2} u_1 + \frac{\sqrt{2}}{2} u_2$$

$$z_2 = \frac{\sqrt{2}}{2} u_1 - \frac{\sqrt{2}}{2} u_2$$

2変数の場合は，このように，主成分はデータに依存せずに定まってしまう．

（2）寄与率および累積寄与率

本節では，もともとの変数が2つなので，主成分も2つまでしか求まらない．それぞれの主成分は (9.7) 式と (9.20) 式の V_{z_1} と V_{z_2} を最大にするように求めた．そして，それらの最大値は λ_1 と λ_2 だった．そこで，第1主成分と第2主成分のそれぞれの**寄与率**を次のように定義する．

$$\text{第 1 主成分の寄与率} = \frac{\lambda_1}{\lambda_1 + \lambda_2}$$
$$\text{第 2 主成分の寄与率} = \frac{\lambda_2}{\lambda_1 + \lambda_2} \tag{9.27}$$

固有値に関する基本的な性質から，$\lambda_1 + \lambda_2 = \mathrm{tr} R = 2$ となる．また，$\lambda_1 + \lambda_2 = 2 = V_{u_1} + V_{u_2}$（$u_1$ と u_2 の分散の和）と考えることもできる．

次に，**累積寄与率**を次のように定義する．

$$\text{第 1 主成分の累積寄与率} = \frac{\lambda_1}{\lambda_1 + \lambda_2}$$
$$\text{第 2 主成分の累積寄与率} = \frac{\lambda_1 + \lambda_2}{\lambda_1 + \lambda_2} = 1 \tag{9.28}$$

例題 2　　　　　　　　　　　　　　　　　　　　　　　　　寄与率

例題 1 について寄与率を求めよ．

[解答]　例題 1 において，固有値は $\lambda_1 = 1 + r$，$\lambda_2 = 1 - r$ だったので，第 1 主成分の寄与率は $(1+r)/2$ であり，第 2 主成分の寄与率は $(1-r)/2$ である．

相関係数 r の値が大きいほど，第 1 主成分の寄与率は 1 に近づく．また，$r = 0$ のときは，どちらの主成分の寄与率も 0.5 であり，第 1 主成分へのデータの情報の縮約は行われない．

（3）**因子負荷量と主成分の解釈**

主成分ともとの変数 x_1，x_2 との相関係数 $[r_{z_1 x_1}, r_{z_1 x_2}, r_{z_2 x_1}, r_{z_2 x_2}]$ を考えることができる．これらを**因子負荷量**と呼ぶ．相関係数の性質から，これらは，主成分ともとの変数を標準化した変数 u_1，u_2 との相関係数 $[r_{z_1 u_1}, r_{z_1 u_2}, r_{z_2 u_1}, r_{z_2 u_2}]$ に等しくなる．

「第 1 主成分 z_1 がもとのデータの情報をできるだけ多く有する」ということを「z_1 は x_1 とも x_2 とも高い相関関係をもつ」と考えて，

$$Q_1 = r_{z_1 x_1}^2 + r_{z_1 x_2}^2 \tag{9.29}$$

を最大にするような (a_1, a_2) を求めるという方針で主成分を求めることもで

9.2 変数が2個の場合の主成分分析

きる．この場合も，R の最大固有値と固有ベクトルを求めることに帰着し，これまで述べてきた内容と同じになる．第2主成分の構成についても同じである．

因子負荷量と固有値や固有ベクトルの間には次のような関係がある（【問題9.5】を参照）．

$$
\begin{aligned}
r_{z_1 x_1} = \sqrt{\lambda_1} a_1, & \qquad r_{z_1 x_2} = \sqrt{\lambda_1} a_2 \\
r_{z_2 x_1} = \sqrt{\lambda_2} b_1, & \qquad r_{z_2 x_2} = \sqrt{\lambda_2} b_2
\end{aligned}
\tag{9.30}
$$

相関係数行列 R は**非負定値行列**なので，その固有値 λ_1, λ_2 はつねに非負である．

(9.30) 式より，因子負荷量と固有ベクトルは主成分に対して同じ情報を与える．例えば，第1主成分 z_1 については，$[r_{z_1 x_1}, r_{z_1 x_2}]$ によってもとの変数との関わり具合を考察してその解釈を与えるが，これは，$[a_1, a_2]$ を見ることと同じである．ただし，因子負荷量では固有値の平方根がかけられているので寄与の程度まで同時に把握できる．

例題 3 ──────────────────── 因子負荷量

例題1について因子負荷量を求めよ．

[解答] 因子負荷量はそれぞれ次のようになる．

$$
r_{z_1 x_1} = \sqrt{\lambda_1} a_1 = \frac{\sqrt{2(1+r)}}{2}, \qquad r_{z_1 x_2} = \sqrt{\lambda_1} a_2 = \frac{\sqrt{2(1+r)}}{2}
$$

$$
r_{z_2 x_1} = \sqrt{\lambda_2} b_1 = \frac{\sqrt{2(1-r)}}{2}, \qquad r_{z_2 x_2} = \sqrt{\lambda_2} b_2 = -\frac{\sqrt{2(1-r)}}{2}
$$

(4) 主成分得点

個々のサンプルに対して各変数の値を標準化して (9.4) 式に代入して得られた値を第1主成分の**主成分得点**と呼ぶ．(9.16) 式に代入すれば第2主成分の主成分得点を得る．例えば，No.k のサンプルの変数の値が $[x_{k1}, x_{k2}]$ のとき，(9.1) 式より $[u_{k1}, u_{k2}]$ を計算して，これらを (9.4) 式と (9.16) 式に代入する．得られた $[z_{k1}, z_{k2}]$ が No.k のサンプルの第1主成分と第2主成分の主

成分得点である．

各主成分に対して，主成分得点はサンプルの個数だけ計算することができる．これらを散布図にプロットし，各主成分に与えた意味付けを考慮しながらサンプルの特徴付けや分類などを試みる．

9.3　変数が p 個の場合の主成分分析

変数が 3 個以上になっても考え方は 9.2 節の場合と同様である．

変数 $x_1, x_2, \cdots, x_p$ を標準化する．

$$u_1 = \frac{x_1 - \bar{x}_1}{s_1}, \quad u_2 = \frac{x_2 - \bar{x}_2}{s_2}, \quad \cdots, \quad u_p = \frac{x_p - \bar{x}_p}{s_p} \tag{9.31}$$

そして，第 1 主成分 z_1 を

$$z_1 = a_1 u_1 + a_2 u_2 + \cdots + a_p u_p \tag{9.32}$$

とおく．z_1 の分散 V_{z_1} が最大になる $[a_1, a_2, \cdots, a_p]$ を求めればよい．その解は $x_1, x_2, \cdots, x_p$ の相関係数行列

$$R = \begin{bmatrix} 1 & r_{x_1 x_2} & \cdots & r_{x_1 x_p} \\ r_{x_2 x_1} & 1 & \cdots & r_{x_2 x_p} \\ \vdots & \vdots & \ddots & \vdots \\ r_{x_p x_1} & r_{x_p x_2} & \cdots & 1 \end{bmatrix} \tag{9.33}$$

の第 1 固有値（最大固有値）λ_1 に対応する（長さ 1 の）固有ベクトルである．このとき $V_{z_1} = \lambda_1$ となる．

第 2 主成分は R の第 2 固有値に対応する（長さ 1 の）固有ベクトルであり（$V_{z_2} = \lambda_2$），同様に，第 k 主成分は第 k 固有値に対応する（長さ 1 の）固有ベクトルとして求めることができる（$V_{z_k} = \lambda_k$, $k = 3, 4, \cdots, p$）．

第 k 主成分の寄与率を

9.3 変数が p 個の場合の主成分分析

$$\frac{\lambda_k}{\lambda_1 + \lambda_2 + \cdots + \lambda_p} = \frac{\lambda_k}{p} \tag{9.34}$$

と定義する．また，第 k 主成分までの累積寄与率を

$$\frac{\lambda_1 + \lambda_2 + \cdots + \lambda_k}{\lambda_1 + \lambda_2 + \cdots + \lambda_p} = \frac{\lambda_1 + \lambda_2 + \cdots + \lambda_k}{p} \tag{9.35}$$

と定義する．

次に，「固有値が1以上」または「累積寄与率が80%を超える」という目安で主成分を選択する．「固有値が1以上」というのは，固有値の和が p（変数の個数＝主成分の個数）であり，主成分1つあたりの固有値の平均は1であることに基づく．

それぞれの主成分 z_k ともとの変数 x_i との相関係数 $r_{z_k x_i}$ を因子負荷量と呼ぶ．因子負荷量と固有ベクトルの間には (9.30) 式と同様な関係がある．すなわち，第1主成分に対しては，

$$r_{z_1 x_1} = \sqrt{\lambda_1} a_1, \quad r_{z_1 x_2} = \sqrt{\lambda_1} a_2, \quad \cdots, \quad r_{z_1 x_p} = \sqrt{\lambda_1} a_p \tag{9.36}$$

の関係がある．第2主成分以降も同様である．

因子負荷量や固有ベクトルの値から，それぞれの主成分の意味について考察する．また，因子負荷量を散布図にプロットし，変数の分類を行う．

最後に，各主成分の式に各サンプルのデータの値を標準化した後に代入して主成分得点を求める．主成分得点の散布図を描き，サンプルの特徴付けや分類を行う．

例題 4 ─────────────────────────── 主成分分析 ─

表 9.1 に示したデータ（変数の数 $p=4$）に主成分分析を適用せよ．

[解答] まず，表 9.1 のデータの平均と標準偏差は次のようになる．

$$\bar{x}_1 = 66.4, \quad \bar{x}_2 = 64.0, \quad \bar{x}_3 = 67.3, \quad \bar{x}_4 = 68.6$$
$$s_1 = 20.5, \quad s_2 = 21.6, \quad s_3 = 19.4, \quad s_4 = 18.0$$

次に，相関係数行列は

$$R = \begin{bmatrix} 1 & 0.967 & 0.376 & 0.311 \\ 0.967 & 1 & 0.415 & 0.398 \\ 0.376 & 0.415 & 1 & 0.972 \\ 0.311 & 0.398 & 0.972 & 1 \end{bmatrix}$$

である．R の固有値と対応する（長さ 1 の）固有ベクトルを求めると次のようになる（解析ソフトを使用した）．

$$\lambda_1 = 2.721, \quad \boldsymbol{a} = [0.487, 0.511, 0.508, 0.493]'$$
$$\lambda_2 = 1.222, \quad \boldsymbol{b} = [0.527, 0.474, -0.481, -0.516]'$$
$$\lambda_3 = 0.052, \quad \boldsymbol{c} = [-0.499, 0.539, -0.504, 0.455]'$$
$$\lambda_4 = 0.005, \quad \boldsymbol{d} = [0.485, -0.474, -0.506, 0.533]'$$

これらより，4 つの主成分が得られる．

$$\begin{aligned} z_1 &= 0.487u_1 + 0.511u_2 + 0.508u_3 + 0.493u_4 \\ z_2 &= 0.527u_1 + 0.474u_2 - 0.481u_3 - 0.516u_4 \\ z_3 &= -0.499u_1 + 0.539u_2 - 0.504u_3 + 0.455u_4 \\ z_4 &= 0.485u_1 - 0.474u_2 - 0.506u_3 + 0.533u_4 \end{aligned}$$

それぞれの主成分の寄与率は

$$\text{第 1 主成分の寄与率} = \lambda_1/p = 0.680$$
$$\text{第 2 主成分の寄与率} = \lambda_2/p = 0.306$$
$$\text{第 3 主成分の寄与率} = \lambda_3/p = 0.013$$
$$\text{第 4 主成分の寄与率} = \lambda_4/p = 0.001$$

となる．第 2 主成分までの累積寄与率は $0.680 + 0.306 = 0.986$ なので，第 2 主成分まで考えれば十分である．すなわち，第 2 主成分までで，4 次元データのもつ情報のうち 98.6% を説明できる（固有値の大きさの観点からも第 2 主成分までを選択すればよい）．

因子負荷量を表 9.2 に与える．

9.3 変数が p 個の場合の主成分分析

表 9.2 因子負荷量

	国語 x_1	英語 x_2	数学 x_3	理科 x_4
z_1	$r_{z_1 x_1} = 0.804$	$r_{z_1 x_2} = 0.842$	$r_{z_1 x_3} = 0.838$	$r_{z_1 x_4} = 0.814$
z_2	$r_{z_2 x_1} = 0.583$	$r_{z_2 x_2} = 0.524$	$r_{z_2 x_3} = -0.531$	$r_{z_2 x_4} = -0.570$
z_3	$r_{z_3 x_1} = -0.114$	$r_{z_3 x_2} = 0.123$	$r_{z_3 x_3} = -0.115$	$r_{z_3 x_4} = 0.104$
z_4	$r_{z_4 x_1} = 0.035$	$r_{z_4 x_2} = -0.034$	$r_{z_4 x_3} = -0.036$	$r_{z_4 x_4} = 0.038$

表 9.3 標準化した値 ($u_1 \sim u_4$) と主成分得点 (z_1, z_2)

生徒 No.	標準化した値				主成分得点	
	u_1	u_2	u_3	u_4	z_1	z_2
1	0.956	0.694	−0.015	−0.033	0.796	0.857
2	0.224	0.509	0.552	0.856	1.072	−0.348
3	−1.190	−0.972	−1.459	−1.367	−2.491	0.319
4	−0.215	−0.278	1.582	1.467	1.280	−1.763
5	1.444	1.528	−0.325	−0.311	1.166	1.802
6	−1.337	−1.435	−1.149	−1.033	−2.477	−0.299
7	−0.800	−0.509	−0.170	0.189	−0.643	−0.679
8	0.566	0.093	−0.789	−1.200	−0.669	1.341
9	−0.751	−0.926	0.448	0.189	−0.518	−1.148
10	1.102	1.296	1.325	1.244	2.485	−0.084

取り上げる主成分の意味付けを考える．第 1 主成分 z_1 は，因子負荷量の値がすべて 0.8 くらいで，符号がすべて正であることから，「総合的な学力」を表すものと解釈できる．第 2 主成分 z_2 は，因子負荷量の絶対値がすべて 0.5 前後で，国語と英語の符号は正，数学と理科の符号は負なので，「文系・理系の違い」を表す（z_2 が大きければ文系，小さければ理系）と解釈できる．

横軸を第 1 主成分，縦軸を第 2 主成分として表 9.2 の因子負荷量の値を散布図にプロットし，図 9.2 に示す．国語と英語，数学と理科が非常に近い位置にあり，「国語と英語」および「数学と理科」は横軸について対称な位置にある．

最後に，主成分得点を求める．これは，表 9.1 のそれぞれのサンプル（生徒）の成績を (9.31) 式を用いて標準化し，それらを上で得られている主成分の式に代入して計算する．表 9.3 に標準化した値および第 1 主成分と第 2 主成分の主成分得点を与える．

第 1 主成分得点を横軸，第 2 主成分得点を縦軸として描いた主成分得点の散布図を図 9.3 に示す．図 9.3 において，第 1 主成分の性質より右にいくほど総合的な学力があり，第 2 主成分の性質より上にいくほど文系，下にいくほど理系である．図 9.3 より次のことがわかる．サンプル No.10 は，総合的学力が高く，文系・理系どちらも高い能力がある．サンプル No.5 は，総合的学力はそこそこ高く，文系能力が高い．サンプル No.4 は，総合的学力はそこそこ高く，理系能力が高い．サンプル No.3, No.6 は，総合的学力は低い．

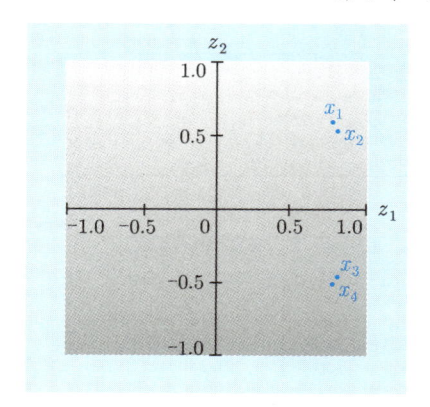

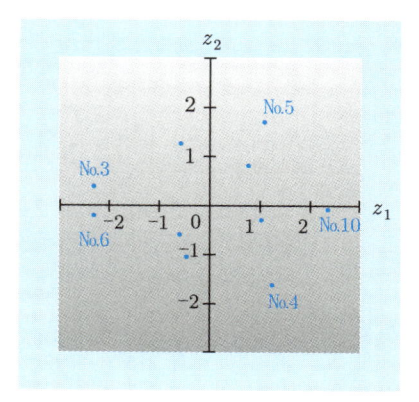

図 9.2 因子負荷量の散布図　　**図 9.3** 主成分得点の散布図

（注1）各主成分の主成分得点の分散が1になるように調整して散布図を描くこともある．このためには，主成分得点を対応する固有値の平方根で割ればよい．例えば，例題4の場合には，表9.3の z_1 を $\sqrt{\lambda_1}=\sqrt{2.721}$ で割れば，第1主成分の主成分得点の分散が1になる．同様に，表9.3の z_2 を $\sqrt{\lambda_2}=\sqrt{1.222}$ で割れば，第2主成分の主成分得点の分散が1になる．

9.4 ♣ 行列とベクトルによる表現

（1）主成分の導出

主成分分析の理論的な内容を，変数の個数が p，サンプルサイズが n の場合に対して行列とベクトルを用いて説明する．

まず，次のようにベクトルを定義する．

$$\boldsymbol{a}=\begin{bmatrix} a_1 \\ a_2 \\ \vdots \\ a_p \end{bmatrix}, \quad \boldsymbol{u}_i=\begin{bmatrix} u_{i1} \\ u_{i2} \\ \vdots \\ u_{ip} \end{bmatrix} \quad (i=1,2,\cdots,n) \tag{9.37}$$

ここで，u_{ij} は，No.i のサンプルの変数 x_j の値を (9.31) 式を用いて標準化したものである．

9.4 行列とベクトルによる表現

第1主成分を

$$z_1 = a_1 u_1 + a_2 u_2 + \cdots + a_p u_p \tag{9.38}$$

と定義すると，No.i のサンプルの主成分得点は次のように表現できる．

$$\begin{aligned} z_{i1} &= a_1 u_{i1} + a_2 u_{i2} + \cdots + a_p u_{ip} \\ &= \boldsymbol{a}' \boldsymbol{u}_i \\ &= \boldsymbol{u}_i' \boldsymbol{a} \end{aligned} \tag{9.39}$$

これより，z_1 の分散を考える．

$$\begin{aligned} V_{z_1} &= \frac{1}{n-1} \sum_{i=1}^{n} z_{i1}^2 \\ &= \frac{1}{n-1} \sum_{i=1}^{n} (\boldsymbol{a}' \boldsymbol{u}_i)(\boldsymbol{u}_i' \boldsymbol{a}) \\ &= \boldsymbol{a}' \left(\frac{1}{n-1} \sum_{i=1}^{n} \boldsymbol{u}_i \boldsymbol{u}_i' \right) \boldsymbol{a} \\ &= \boldsymbol{a}' R \boldsymbol{a} \end{aligned} \tag{9.40}$$

ここで，R は (9.33) 式で定義された相関係数行列である．上式の最後の等式は，

$$\boldsymbol{u}_i \boldsymbol{u}_i' = \begin{bmatrix} u_{i1} \\ u_{i2} \\ \vdots \\ u_{ip} \end{bmatrix} [u_{i1}, u_{i2}, \cdots, u_{ip}] = \begin{bmatrix} u_{i1}^2 & u_{i1} u_{i2} & \cdots & u_{i1} u_{ip} \\ u_{i2} u_{i1} & u_{i2}^2 & \cdots & u_{i2} u_{ip} \\ \vdots & \vdots & \ddots & \vdots \\ u_{ip} u_{i1} & u_{ip} u_{i2} & \cdots & u_{ip}^2 \end{bmatrix} \tag{9.41}$$

であること，および，(9.2) 式と (9.3) 式を考慮すればよい．

(9.40) 式の分散 V_{z_1} の最大化において，制約条件

$$a_1^2 + a_2^2 + \cdots + a_p^2 = \boldsymbol{a}' \boldsymbol{a} = 1 \tag{9.42}$$

を設ける．ラグランジュの未定乗数法を用いて，

$$f(\boldsymbol{a}, \lambda) = \boldsymbol{a}' R \boldsymbol{a} - \lambda (\boldsymbol{a}' \boldsymbol{a} - 1) \tag{9.43}$$

とおいて，これをベクトル $\boldsymbol{a}$ により微分して（3.3 節を参照）$\boldsymbol{0}$ とおく．

$$\frac{\partial f}{\partial \boldsymbol{a}} = 2 R \boldsymbol{a} - 2 \lambda \boldsymbol{a} = \boldsymbol{0} \tag{9.44}$$

これより，

$$Ra = \lambda a \tag{9.45}$$

を得る．

(9.45) 式に左から a' をかければ，(9.42) 式を用いることにより，

$$a'Ra = \lambda a'a = \lambda \tag{9.46}$$

を得る．(9.46) 式の左辺は V_{z_1} である．

以上より，(9.38) 式で定義した第 1 主成分の係数は，(9.45) 式の固有値問題を解いて，最大固有値に対応する（長さ 1 の）固有ベクトルを求めればよいことがわかる．

次に，第 2 主成分の導出を考えよう．第 2 主成分を

$$z_2 = b_1 u_1 + b_2 u_2 + \cdots + b_p u_p \tag{9.47}$$

と定義する．$b = [b_1, b_2, \cdots, b_p]'$ と定義して，No.i のサンプルの第 2 主成分の主成分得点を次のように表現する．

$$z_{i2} = b_1 u_{i1} + b_2 u_{i2} + \cdots + b_p u_{ip} = b' u_i = u_i' b \tag{9.48}$$

これより，z_2 の分散は (9.40) 式と同様に展開して，

$$V_{z_2} = \frac{1}{n-1} \sum_{i=1}^{n} z_{i2}^2 = b' R b \tag{9.49}$$

となる．

V_{z_2} の最大化にあたり，(9.42) 式と同様の制約条件

$$b_1^2 + b_2^2 + \cdots + b_p^2 = b' b = 1 \tag{9.50}$$

および，z_1 と z_2 が無相関という制約条件を設定する．$r_{z_1 z_2}$ の分子は次のように記述できる．

$$\begin{aligned}
\sum_{i=1}^{n} z_{i1} z_{i2} &= \sum_{i=1}^{n} (a' u_i)(u_i' b) \\
&= (n-1) a' \left(\frac{1}{n-1} \sum_{i=1}^{n} u_i u_i' \right) b \\
&= (n-1) a' R b \\
&= (n-1) \lambda_1 a' b
\end{aligned} \tag{9.51}$$

9.4 行列とベクトルによる表現

最後の等式において，$Ra = \lambda_1 a$ および R が対称行列であるから $a'R = \lambda_1 a'$ となることを用いている．(9.51) 式より，z_1 と z_2 が無相関であることは

$$a'Rb = 0 \tag{9.52}$$

または

$$a'b = 0 \tag{9.53}$$

と書き換えることができる．

以上より，再びラグランジュの未定乗数法を用いる．

$$f(b, \lambda, \eta) = b'Rb - \lambda(b'b - 1) - \eta a'b \tag{9.54}$$

とおいて，これをベクトル b により微分してゼロとおく．

$$\frac{\partial f}{\partial b} = 2Rb - 2\lambda b - \eta a = 0 \tag{9.55}$$

(9.55) 式に左から a' をかければ

$$2\,a'Rb - 2\lambda\,a'b - \eta\,a'a = 0 \tag{9.56}$$

となり，(9.52) 式と (9.53) 式および (9.42) 式より $\eta = 0$ を得る．したがって，(9.55) 式は

$$Rb = \lambda b \tag{9.57}$$

となる．

(9.57) 式に左から b' をかければ，$V_{z_2} = \lambda$ となり，第 2 主成分の係数は，R の第 2 固有値に対応する（長さ 1 の）固有ベクトルを求めればよいことがわかる．

第 3 主成分以降も同様である．第 3 主成分 z_3 については，z_1 および z_2 の両者と無相関になるように制約を設けて上と同様に考えればよい．その結果，R の第 3 固有値に対応する（長さ 1 の）固有ベクトルを求めればよいことになる．同様にして，第 p 主成分（p は変数の個数）まで求めることができる．

3.2 節で述べたように，R は対称行列なので，その固有値はすべて実数であり，異なる固有値に対応する固有ベクトルは直交する．また，R は非負定値行列なので固有値はすべてゼロ以上である．さらに，固有値の和について

$$\lambda_1 + \lambda_2 + \cdots + \lambda_p = \mathrm{tr} R = p \tag{9.58}$$

が成り立つ．

（2）相関係数行列の近似

主成分分析で行っている数学的な操作をまとめておこう．
R についての固有値問題を解いて次を得たとする．

$$
\begin{aligned}
R\boldsymbol{a}_1 &= \lambda_1 \boldsymbol{a}_1 \\
R\boldsymbol{a}_2 &= \lambda_2 \boldsymbol{a}_2 \\
&\vdots \\
R\boldsymbol{a}_p &= \lambda_p \boldsymbol{a}_p
\end{aligned}
\tag{9.59}
$$

ここでは，固有ベクトルを $\boldsymbol{a}_1, \boldsymbol{a}_2, \cdots, \boldsymbol{a}_p$ と表現している．

R は対称行列なので，3.2 節で述べたスペクトル分解

$$
R = \lambda_1 \boldsymbol{a}_1 \boldsymbol{a}_1' + \lambda_2 \boldsymbol{a}_2 \boldsymbol{a}_2' + \cdots + \lambda_p \boldsymbol{a}_p \boldsymbol{a}_p' \tag{9.60}
$$

が成り立つ．

ここで，仮に，第2主成分までの累積寄与率が1に近いとしよう．このことは $\lambda_3, \lambda_4, \cdots, \lambda_p$ が0に近いことを意味する．すなわち，(9.60) 式より

$$
R \fallingdotseq \lambda_1 \boldsymbol{a}_1 \boldsymbol{a}_1' + \lambda_2 \boldsymbol{a}_2 \boldsymbol{a}_2' \tag{9.61}
$$

が成り立つことになる．ちなみに，(9.61) 式の右辺の行列の階数（ランク）は2である．

主成分分析はスペクトル分解に基づいた相関係数行列 R の近似である．この近似がうまくいくためには，いくつかの大きな固有値が存在し，その他の固有値がゼロに近ければよい．つまり，そのようになる相関構造が変数間に存在すればよい．逆にいえば，もとの各変数間に特徴のある相関構造が存在せず，各変数が互いに無相関に近ければ，R は単位行列に近くなり，すべての固有値は1に近くなる．そのときは，(9.61) 式のような近似は成立せず，データの有する情報を少数個の主成分に縮約することはできない．

練習問題

◆**問題 9.1** 表 9.1 のデータにおいて 2 つの変数 x_1 と x_3 だけに基づいて以下の設問に答えよ．
（1）主成分および固有値を求めよ．
（2）寄与率を求めよ．
（3）因子負荷量を求めよ．

◆**問題 9.2** 以下の設問に答えよ．
（1）3 つの変数があり，相関係数行列が次式で与えられるとき，主成分，固有値，寄与率，因子負荷量をそれぞれ求めよ．

$$R = \begin{bmatrix} 1 & 0.8 & 0 \\ 0.8 & 1 & 0 \\ 0 & 0 & 1 \end{bmatrix}$$

（2）3 つの変数があり，相関係数行列が次式で与えられるとき，主成分，固有値，寄与率，因子負荷量をそれぞれ求めよ．

$$R = \begin{bmatrix} 1 & 0.4 & 0.3 \\ 0.4 & 1 & 0 \\ 0.3 & 0 & 1 \end{bmatrix}$$

◆**問題 9.3** 表 9.3 について次の設問に答えよ．
（1）表 9.3 の数値より z_1 と z_2 の平均と分散を求めよ．
（2）表 9.3 の数値より z_1 と z_2 の相関係数を求めよ．

◆**問題 9.4** 次の設問に答えよ．
（1）(9.2) 式を示せ．
（2）(9.3) 式を示せ．

◆**問題 9.5** (9.30) 式を示せ．

第10章

数量化3類

本章では，数量化3類を説明する．数量化3類は，各サンプルがそれぞれの変数に反応しているかどうかを示すデータに基づいて，主成分分析と同じ目的で適用する手法である．

10.1 適用例と解析ストーリー

(1) 適用例と解析の目的

表10.1は，児童10人の得意科目のデータである．〇点がその児童の得意科目を表している．各科目は，各サンプル（児童）に対して〇印が「付いているか」「付いていないか」のいずれかなので，質的変数と考える．

表 10.1　児童の得意科目のデータ（〇印が得意科目）

児童 No.	国語	社会	算数	理科	音楽	図工	体育
1	〇			〇		〇	
2			〇		〇	〇	
3	〇						〇
4	〇	〇	〇	〇			
5		〇					〇
6				〇	〇	〇	
7			〇	〇			
8	〇	〇		〇			〇
9			〇			〇	〇
10	〇	〇	〇	〇			

このデータに基づいて，「低い次元でデータのばらつきを解釈できないか」「そのためにはどのような数量を変数やサンプルに与えたらよいか」「そのような数量化によって説明力はどれくらいあるか」「科目や児童をどのように分

類できるか」などを検討したい．

（2） 数量化3類の解析ストーリー

数量化3類の解析の流れは以下の通りである．

> **数量化3類の解析ストーリー**
> （1）第 i 変数に数量 x_i，第 j サンプルに数量 y_j をわりあて，反応がある（○印のある）ところに数量 $[x_i, y_j]$ を与えて相関係数を考える．
> （2）相関係数が最大になるような数量 x_i と y_j を求める過程で得られる行列の固有値を求める．最大固有値はつねに1なので，それを除外して，第2固有値とそれに対応する固有ベクトルを求めて**成分1の変数スコア** $x^{(1)}$ と**サンプルスコア** $y^{(1)}$ を求める．次に第3固有値とそれに対応する固有ベクトルを求めて**成分2の変数スコア** $x^{(2)}$ と**サンプルスコア** $y^{(2)}$ を求める．以下同様に**成分3**，**成分4**などを求める．
> （3）それぞれの成分の**寄与率**および**累積寄与率**を求める．数量化3類では固有値は1以下である．したがって，主成分分析のときに用いた「累積寄与率が80%以上」という目安だけが意味を持つ．
> 　　ただし，一般的に，数量化3類では成分1や成分2の寄与率は主成分分析の場合のように大きくならないことが多い．そのような場合には，主に成分1と成分2に重点をおいて考察する．
> （4）変数スコアとサンプルスコアの散布図（横軸が成分1，縦軸が成分2）を描いて，変数とサンプルの特徴付けと分類を行う．

10.2　数量化3類の基本的な考え方と解析方法

（1） 基本的な考え方

表10.1のデータに基づいて説明する．同じような能力・興味を持っている児童たち（**サンプル**）は同じような科目（**変数**）を得意とする（**反応する**）で

あろう．この前提の下に，児童を同じような得意科目を持つグループに分類し，科目を同じような能力・興味を持つ児童たちから得意とされるグループに分類することを考える．

表 10.1 において○印が対角線上に集まるように行と列をうまく並び替えると表 10.2 を得る．表 10.2 は，「反応の似た児童（サンプル）が近くに」「反応のされ方が似た科目（変数）が近くに」配置されている．これより，サンプルや変数のグルーピングが可能になる．

より簡単な例で基本的な考え方を説明する．表 10.3 のデータを考える．表 10.3 のデータの行と列をうまく並び替えて表 10.4 を得る．

表 10.2　表 10.1 のデータの行と列の並び替え

児童 No.	音楽	図工	算数	理科	国語	社会	体育
2	○	○	○				
6	○	○		○			
7	○		○	○			
1		○		○	○		
9		○					○
4			○	○	○		
10			○	○	○		
8				○	○	○	
3					○		○
5						○	○

表 10.3　データの形式（説明のためのデータ）

サンプル No.	変数		
	a_1	a_2	a_3
1		○	○
2		○	
3			○
4	○		○

表 10.4　表 10.3 のデータの行と列の並び替え

サンプル No.	変数		
	a_2	a_3	a_1
2	○		
1	○	○	
3		○	
4		○	○

（2） **成分の導出**

数量化 3 類の解析方法のポイントは，表 10.3 から表 10.4 への行と列の並び替えに関連して，各変数や各サンプルにどのような数量を与えるかである．

いま，変数 $[a_1, a_2, a_3]$ に数量 $[x_1, x_2, x_3]$ を与え，サンプル $[1, 2, 3, 4]$ に数量 $[y_1, y_2, y_3, y_4]$ を与えるとする．そして，表 10.3 の○印にこれらの数量をわりあてて表 10.5 を作成する．

さらに，表 10.5 のデータを $[x, y]$ の対の表に表現すると表 10.6 となる．

表 10.5　表 10.3 の○印への $[x_i, y_j]$ の割り振り

サンプル No.		変数		
		a_1	a_2	a_3
		x_1	x_2	x_3
1	y_1		$[x_2, y_1]$	$[x_3, y_1]$
2	y_2		$[x_2, y_2]$	
3	y_3			$[x_3, y_3]$
4	y_4	$[x_1, y_4]$		$[x_3, y_4]$

表 10.6　表 10.5 の $[x, y]$ 表

x	y
x_1	y_4
x_2	y_1
x_2	y_2
x_3	y_1
x_3	y_3
x_3	y_4

「表 10.3 の行と列をうまく並び替えて○印ができるだけ対角線に集まるようにする」という操作は，「表 10.6 から求まる x と y の相関係数を最大にする x と y を与える」ことと考える．

相関係数の値は x と y の平行移動に関しては不変だから，

$$\bar{x} = \frac{x_1 + 2x_2 + 3x_3}{6} = 0, \quad \bar{y} = \frac{2y_1 + y_2 + y_3 + 2y_4}{6} = 0 \tag{10.1}$$

と仮定してもよい．相関係数は次のように表現できる．

$$r_{xy} = \frac{S_{xy}}{\sqrt{S_{xx}S_{yy}}} \tag{10.2}$$

ここで，(10.1) 式の制約条件（$\sum x = \sum y = 0$）より次のようになる．

$$S_{xy} = \sum xy - \frac{(\sum x)(\sum y)}{n}$$
$$= x_1 y_4 + x_2 y_1 + x_2 y_2 + x_3 y_1 + x_3 y_3 + x_3 y_4 \qquad (10.3)$$

$$S_{xx} = \sum x^2 - \frac{(\sum x)^2}{n} = x_1^2 + 2x_2^2 + 3x_3^2 \qquad (10.4)$$

$$S_{yy} = \sum y^2 - \frac{(\sum y)^2}{n} = 2y_1^2 + y_2^2 + y_3^2 + 2y_4^2 \qquad (10.5)$$

次のように $[x, y]$ から $[v, w]$ へ変換する．

$$v_1 = \sqrt{1}\, x_1, \qquad v_2 = \sqrt{2}\, x_2, \qquad v_3 = \sqrt{3}\, x_3 \qquad (10.6)$$

$$w_1 = \sqrt{2}\, y_1, \qquad w_2 = \sqrt{1}\, y_2, \qquad w_3 = \sqrt{1}\, y_3, \qquad w_4 = \sqrt{2}\, y_4 \qquad (10.7)$$

根号の中は，根号の後に記述されている変数が表 10.6 において何回現れているのかを表す．この変換より，S_{xy}, S_{xx}, S_{yy} は次のようになる．

$$\begin{aligned} S_{xy} &= \frac{v_1}{\sqrt{1}} \cdot \frac{w_4}{\sqrt{2}} + \frac{v_2}{\sqrt{2}} \cdot \frac{w_1}{\sqrt{2}} + \frac{v_2}{\sqrt{2}} \cdot \frac{w_2}{\sqrt{1}} \\ &\quad + \frac{v_3}{\sqrt{3}} \cdot \frac{w_1}{\sqrt{2}} + \frac{v_3}{\sqrt{3}} \cdot \frac{w_3}{\sqrt{1}} + \frac{v_3}{\sqrt{3}} \cdot \frac{w_4}{\sqrt{2}} \end{aligned} \qquad (10.8)$$

$$S_{xx} = v_1^2 + v_2^2 + v_3^2 \qquad (10.9)$$

$$S_{yy} = w_1^2 + w_2^2 + w_3^2 + w_4^2 \qquad (10.10)$$

相関係数の最大化にあたって，

$$S_{xx} = v_1^2 + v_2^2 + v_3^2 = 1 \qquad (10.11)$$

$$S_{yy} = w_1^2 + w_2^2 + w_3^2 + w_4^2 = 1 \qquad (10.12)$$

の制約条件の下で S_{xy} の最大化を考える（本来は，x と y の関連度を最大化するという観点から，S_{xy} の最大化を考えればよいが，制約がないと，S_{xy} はいくらでも大きくなるので，上式の制約を用意する必要がある）．

制約付きの最大化問題だから，ラグランジュの未定乗数法を用いる．未定乗数 λ と η を用いて

10.2 数量化3類の基本的な考え方と解析方法

$$f(v_1, v_2, v_3, w_1, w_2, w_3, w_4, \lambda, \eta) = S_{xy} - \frac{\lambda}{2}(S_{xx} - 1) - \frac{\eta}{2}(S_{yy} - 1) \tag{10.13}$$

と設定する．ここで，λ と η を2で割っているのは，微分した後の結果を見やすくするためである．これを $v_1, v_2, v_3, w_1, w_2, w_3, w_4$ で微分（偏微分）してゼロとおくと，次のようになる．

$$\frac{\partial f}{\partial v_1} = \frac{1}{\sqrt{1}} \cdot \frac{w_4}{\sqrt{2}} - \lambda v_1 = 0 \tag{10.14}$$

$$\frac{\partial f}{\partial v_2} = \frac{1}{\sqrt{2}} \cdot \frac{w_1}{\sqrt{2}} + \frac{1}{\sqrt{2}} \cdot \frac{w_2}{\sqrt{1}} - \lambda v_2 = 0 \tag{10.15}$$

$$\frac{\partial f}{\partial v_3} = \frac{1}{\sqrt{3}} \cdot \frac{w_1}{\sqrt{2}} + \frac{1}{\sqrt{3}} \cdot \frac{w_3}{\sqrt{1}} + \frac{1}{\sqrt{3}} \cdot \frac{w_4}{\sqrt{2}} - \lambda v_3 = 0 \tag{10.16}$$

$$\frac{\partial f}{\partial w_1} = \frac{1}{\sqrt{2}} \cdot \frac{v_2}{\sqrt{2}} + \frac{1}{\sqrt{2}} \cdot \frac{v_3}{\sqrt{3}} - \eta w_1 = 0 \tag{10.17}$$

$$\frac{\partial f}{\partial w_2} = \frac{1}{\sqrt{1}} \cdot \frac{v_2}{\sqrt{2}} - \eta w_2 = 0 \tag{10.18}$$

$$\frac{\partial f}{\partial w_3} = \frac{1}{\sqrt{1}} \cdot \frac{v_3}{\sqrt{3}} - \eta w_3 = 0 \tag{10.19}$$

$$\frac{\partial f}{\partial w_4} = \frac{1}{\sqrt{2}} \cdot \frac{v_1}{\sqrt{1}} + \frac{1}{\sqrt{2}} \cdot \frac{v_3}{\sqrt{3}} - \eta w_4 = 0 \tag{10.20}$$

(10.14) 式 $\times v_1$ +(10.15) 式 $\times v_2$ +(10.16) 式 $\times v_3$ を求めると，制約条件 (10.11) を考慮して，次式を得る．

$$S_{xy} = \lambda \tag{10.21}$$

また，(10.17) 式 $\times w_1$ +(10.18) 式 $\times w_2$ +(10.19) 式 $\times w_3$ +(10.20) 式 $\times w_4$ を求めると，制約条件 (10.12) を考慮して，次式を得る．

$$S_{xy} = \eta \tag{10.22}$$

すなわち，

$$S_{xy} = \lambda = \eta \tag{10.23}$$

第10章 数量化3類

が成り立つ. これを用いて, (10.17) 式〜(10.20) 式より

$$w_1 = \frac{1}{\lambda}\left(\frac{1}{\sqrt{2}}\cdot\frac{v_2}{\sqrt{2}} + \frac{1}{\sqrt{2}}\cdot\frac{v_3}{\sqrt{3}}\right) \tag{10.24}$$

$$w_2 = \frac{1}{\lambda}\left(\frac{1}{\sqrt{1}}\cdot\frac{v_2}{\sqrt{2}}\right) \tag{10.25}$$

$$w_3 = \frac{1}{\lambda}\left(\frac{1}{\sqrt{1}}\cdot\frac{v_3}{\sqrt{3}}\right) \tag{10.26}$$

$$w_4 = \frac{1}{\lambda}\left(\frac{1}{\sqrt{2}}\cdot\frac{v_1}{\sqrt{1}} + \frac{1}{\sqrt{2}}\cdot\frac{v_3}{\sqrt{3}}\right) \tag{10.27}$$

となるので, これらを (10.14) 式〜(10.16) 式に代入すると次式を得る.

$$\begin{aligned}\frac{1}{2}v_1 \qquad\qquad + \frac{\sqrt{3}}{6}v_3 &= \lambda^2 v_1 \\ \frac{3}{4}v_2 + \frac{\sqrt{6}}{12}v_3 &= \lambda^2 v_2 \\ \frac{\sqrt{3}}{6}v_1 + \frac{\sqrt{6}}{12}v_2 + \frac{2}{3}v_3 &= \lambda^2 v_3\end{aligned} \tag{10.28}$$

これを行列とベクトルを用いて表現する.

$$\begin{bmatrix} 1/2 & 0 & \sqrt{3}/6 \\ 0 & 3/4 & \sqrt{6}/12 \\ \sqrt{3}/6 & \sqrt{6}/12 & 2/3 \end{bmatrix}\begin{bmatrix} v_1 \\ v_2 \\ v_3 \end{bmatrix} = \lambda^2 \begin{bmatrix} v_1 \\ v_2 \\ v_3 \end{bmatrix} \tag{10.29}$$

(10.29) 式は, λ^2 が固有値であり, $[v_1, v_2, v_3]$ が固有ベクトルであることを意味している. 目的は $S_{xy} = \lambda$ の最大化だったから, (10.29) 式の最大の固有値を求めて, それに対応する (長さ1の) 固有ベクトルを求めればよい.

(10.29) 式の固有値と対応する (長さ1の) 固有ベクトルは次のようになる.

$$\begin{aligned}\text{第1固有値:} \quad & 1 \quad [v_1,v_2,v_3] = \left[\frac{\sqrt{6}}{6}, \frac{2\sqrt{3}}{6}, \frac{3\sqrt{2}}{6}\right] \\ \text{第2固有値:} \quad & 2/3 \quad [v_1,v_2,v_3] = \left[-\frac{\sqrt{30}}{10}, \frac{2\sqrt{15}}{10}, -\frac{\sqrt{10}}{10}\right] \\ \text{第3固有値:} \quad & 1/4 \quad [v_1,v_2,v_3] = \left[\frac{2\sqrt{30}}{15}, \frac{\sqrt{15}}{15}, -\frac{3\sqrt{10}}{15}\right]\end{aligned} \tag{10.30}$$

10.2 数量化3類の基本的な考え方と解析方法

$\lambda = S_{xy} = S_{xy}/\sqrt{S_{xx}S_{yy}} = r_{xy}$ （制約条件より $S_{xx} = S_{yy} = 1$ に注意）だから，$\lambda^2 \leq 1$ であることに注意する．

最大固有値は1だが，その固有ベクトルを (10.6) 式により $[x_1, x_2, x_3]$ に戻すと，

$$[x_1, x_2, x_3] = \left[\frac{v_1}{\sqrt{1}}, \frac{v_2}{\sqrt{2}}, \frac{v_3}{\sqrt{3}}\right] = \left[\frac{\sqrt{6}}{6}, \frac{\sqrt{6}}{6}, \frac{\sqrt{6}}{6}\right] \quad (10.31)$$

となり，(10.1) 式を満たさない．数量化3類では，つねに固有値が1で $[c, c, \cdots, c]$ というタイプの数量が求まるが，これは制約条件 (10.1) を満たさないので除外する．

したがって，S_{xy} の最大値は第2固有値 $\lambda^2 = 2/3$ に対応して $\lambda = \sqrt{2/3}$ となる．第2固有値に対応する $[x_1, x_2, x_3]$ を求めると，

$$[x_1, x_2, x_3] = \left[\frac{v_1}{\sqrt{1}}, \frac{v_2}{\sqrt{2}}, \frac{v_3}{\sqrt{3}}\right] = \left[-\frac{3\sqrt{30}}{30}, \frac{3\sqrt{30}}{30}, -\frac{\sqrt{30}}{30}\right] \quad (10.32)$$

となる．この数量は制約条件 (10.1) を満たしている．

(10.32) 式の値より (10.24)〜(10.27) 式を用いて $[w_1, w_2, w_3, w_4]$ を求めると次のようになる．

$$[w_1, w_2, w_3, w_4] = \left[\frac{\sqrt{10}}{10}, \frac{3\sqrt{5}}{10}, -\frac{\sqrt{5}}{10}, -\frac{2\sqrt{10}}{10}\right] \quad (10.33)$$

(10.7) 式を用いて，$[y_1, y_2, y_3, y_4]$ を求めると次を得る．

$$[y_1, y_2, y_3, y_4] = \left[\frac{w_1}{\sqrt{2}}, \frac{w_2}{\sqrt{1}}, \frac{w_3}{\sqrt{1}}, \frac{w_4}{\sqrt{2}}\right] = \left[\frac{\sqrt{5}}{10}, \frac{3\sqrt{5}}{10}, -\frac{\sqrt{5}}{10}, -\frac{2\sqrt{5}}{10}\right] \quad (10.34)$$

これも，確かに制約条件 (10.1) を満たす．

成分1だけで変数やサンプルの分類を十分に行えない場合には，成分2や成分3などを考える．ただし，表10.3のデータの場合には成分2までしか求まらない．一般に，変数の個数を p，サンプルの個数を n とするとき，$\{(p と n の小さい方)-1\}$ 個の成分まで求めることができる．

成分1の数量に添え字(1)を付けよう．すなわち，成分1では $[x_1^{(1)}, x_2^{(1)}, x_3^{(1)}]$,

$[y_1^{(1)}, y_2^{(1)}, y_3^{(1)}, y_4^{(1)}]$ を求めた．また，(10.6) 式と (10.7) 式で変換した v と w にも添え字 (1) を付けて，$[v_1^{(1)}, v_2^{(1)}, v_3^{(1)}]$，$[w_1^{(1)}, w_2^{(1)}, w_3^{(1)}, w_4^{(1)}]$ と表す．

これに対して，成分 2 として求める数量を $[x_1^{(2)}, x_2^{(2)}, x_3^{(2)}]$，$[y_1^{(2)}, y_2^{(2)}, y_3^{(2)}, y_4^{(2)}]$ と表現し，これらにも (10.6) 式と (10.7) 式を用いて変換を施して $[v_1^{(2)}, v_2^{(2)}, v_3^{(2)}]$，$[w_1^{(2)}, w_2^{(2)}, w_3^{(2)}, w_4^{(2)}]$ と表す．

成分 2 にも，制約条件 (10.1)，(10.11)，(10.12) と同様の制約条件を課す．さらに，$v^{(1)}$ と $v^{(2)}$ は無相関，$w^{(1)}$ と $w^{(2)}$ は無相関という制約条件を課す．すなわち，

$$\sum v_i^{(1)} v_i^{(2)} = \sum w_i^{(1)} w_i^{(2)} = 0 \tag{10.35}$$

という制約を課す．このもとで，$x^{(2)}$ と $y^{(2)}$ の相関係数 $r^{(2)}$ が最大になるように数量 $x^{(2)}$ と $y^{(2)}$ を求める．

実際に，成分 1 の場合と同様にラグランジュの未定乗数法を用いて解くことができる．しかし，(10.30) 式を眺めると，第 2 固有ベクトルと第 3 固有ベクトルは直交しており，(10.35) 式を満たす．(対称行列の異なる固有値に対応する固有ベクトルは直交する！) したがって，第 3 固有ベクトルに基づいて変数に与える数量を得ることができる．サンプルに与える数量は成分 1 と同じ手順で求めることができる．

第 3 固有値に対応する $[x_1^{(2)}, x_2^{(2)}, x_3^{(2)}]$ を求めると，

$$\begin{aligned}[x_1^{(2)}, x_2^{(2)}, x_3^{(2)}] &= \left[\frac{v_1^{(2)}}{\sqrt{1}}, \frac{v_2^{(2)}}{\sqrt{2}}, \frac{v_3^{(2)}}{\sqrt{3}}\right] \\ &= \left[\frac{4\sqrt{30}}{30}, \frac{\sqrt{30}}{30}, -\frac{2\sqrt{30}}{30}\right]\end{aligned} \tag{10.36}$$

となる．この数量は制約条件 (10.1) を満たしている．

(10.36) 式の値より (10.24)〜(10.27) 式を用いて $[w_1^{(2)}, w_2^{(2)}, w_3^{(2)}, w_4^{(2)}]$ を求めると次のようになる．

$$[w_1^{(2)}, w_2^{(2)}, w_3^{(2)}, w_4^{(2)}] = \left[-\frac{\sqrt{15}}{15}, \frac{\sqrt{30}}{15}, -\frac{2\sqrt{30}}{15}, \frac{2\sqrt{15}}{15}\right] \tag{10.37}$$

10.2 数量化3類の基本的な考え方と解析方法

(10.7) 式を用いて，$[y_1, y_2, y_3, y_4]$ を求めると次を得る．

$$[y_1^{(2)}, y_2^{(2)}, y_3^{(2)}, y_4^{(2)}] = \left[\frac{w_1^{(2)}}{\sqrt{2}}, \frac{w_2^{(2)}}{\sqrt{1}}, \frac{w_3^{(2)}}{\sqrt{1}}, \frac{w_4^{(2)}}{\sqrt{2}}\right]$$

$$= \left[-\frac{\sqrt{30}}{30}, \frac{\sqrt{30}}{15}, -\frac{2\sqrt{30}}{15}, \frac{\sqrt{30}}{15}\right] \quad (10.38)$$

これも，確かに制約条件 (10.1) を満たす．

(注1) (10.6) 式と (10.7) 式で $[x, y]$ を $[v, w]$ に変換している．このことにより，(10.29) 式の行列が対称行列になっている．変換を行なわなければ，一般的には，(10.29) 式の行列が対称行列にならない（【問題 10.2】を参照）．しかし，この場合でも同じ固有値と固有ベクトルを得ることができる．ただ，成分2を求めるときの説明が面倒になるので，変換を行って，対称行列の固有値問題となるようにしている．

(3) 寄与率および累積寄与率

成分1の寄与率，成分2の寄与率を次のように求める．

$$成分1の寄与率 = \frac{\lambda_2^2}{\lambda_2^2 + \lambda_3^2 + \cdots}$$

$$成分2の寄与率 = \frac{\lambda_3^2}{\lambda_2^2 + \lambda_3^2 + \cdots} \quad (10.39)$$

また，**累積寄与率**を次のように求める．

$$成分1までの累積寄与率 = \frac{\lambda_2^2}{\lambda_2^2 + \lambda_3^2 + \cdots}$$

$$成分2までの累積寄与率 = \frac{\lambda_2^2 + \lambda_3^2}{\lambda_2^2 + \lambda_3^2 + \cdots} \quad (10.40)$$

表10.3のデータに基づいて成分1と成分2の寄与率を求めると，それぞれ，0.727，0.273 となる．また，成分1までと成分2までの累積寄与率は，それぞれ，0.727，1.000 である．

（4）変数スコアとサンプルスコアの散布図

得られた変数スコアとサンプルスコアについて，成分1を横軸，成分2を縦軸にとって散布図を描き，変数やサンプルの特徴付けと分類を行う．

例題 1 ─────────────────────── 数量化 3 類の分析 ─

表 10.1 のデータに基づいて数量化 3 類の分析を行え．

[解答] 第1固有値1を除外した第2固有値以降の固有値，寄与率，累積寄与率を表 10.7 に与える（解析ソフトを使用した）．

表 10.7 固有値・寄与率・累積寄与率（表 10.1 のデータ）

No.	固有値	寄与率	累積寄与率
1	0.561	0.437	0.437
2	0.279	0.218	0.655
3	0.197	0.153	0.808
4	0.125	0.098	0.906
5	0.091	0.071	0.977
6	0.029	0.023	1.000

表 10.7 より，成分2までで累積寄与率が 0.655 である．成分2までの変数スコアを表 10.8 に，成分2までのサンプルスコアを表 10.9 に示す．ただし，ここでは主成分分析の手順に準じて，それぞれの成分に対して分散が固有値に一致するように，得られたスコアを $\sqrt{(n-1)\lambda^2}$ 倍する（n は表 10.1 における○印の数 $n=31$）．

表 10.8 変数スコア（成分2まで）

科目	成分1 $x^{(1)}$	成分2 $x^{(2)}$
国語	−0.581	−0.336
社会	−0.840	−0.335
算数	0.394	−0.077
理科	0.152	−0.553
音楽	1.318	0.102
図工	0.805	0.605
体育	−0.949	1.000

表 10.9 サンプルスコア（成分2まで）

児童	成分1 $y^{(1)}$	成分2 $y^{(2)}$
1	0.167	−0.179
2	1.120	0.397
3	−1.021	0.628
4	−0.291	−0.616
5	−1.194	0.629
6	1.012	0.097
7	0.830	−0.333
8	−0.740	−0.106
9	0.111	0.964
10	−0.291	−0.616

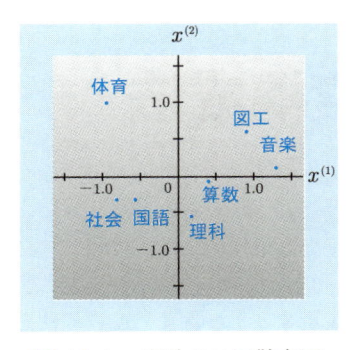

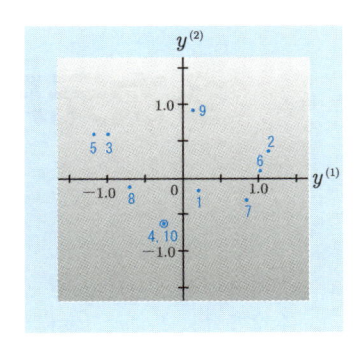

図 10.1 変数スコア散布図　　図 10.2 サンプルスコア散布図

表 10.8 と表 10.9 の値を散布図に描くと図 10.1 と図 10.2 のようになる．図 10.1 では，国語と社会，算数と理科，音楽と図工がそれぞれ近い位置にある．そして，体育が離れて位置している．一方，図 10.2 では，それぞれの児童がその得意とする科目の図 10.1 における平均的なところに位置している．たとえば，図 10.2 において，児童 3 は図 10.1 の体育と国語の中間あたりに位置しており，児童 5 は図 10.1 の体育と社会の中間あたりに位置している．

練習問題

◆**問題 10.1** 変数が a_1 と a_2 の 2 つ，サンプルが 3 つとし，次の表のデータを得たとする．このとき，数量化 3 類により，変数とサンプルの数量化を行え．

表　データ（○印が反応）

サンプル No.	変数	
	a_1	a_2
1	○	
2	○	○
3		○

◆**問題 10.2** (10.4)式と(10.5)式で定義される S_{xx} と S_{yy} について $S_{xx} = S_{yy} = 1$ という制約条件をおく．その下で，(10.3) 式で定義される S_{xy} の最大化を考える（すなわち，$[v, w]$ への変換を考えない）．次の設問にしたがって検討せよ．

(1) ラグランジュの未定乗数法を用いて得られる x_1, x_2, x_3 に関する固有値問題の表現式（(10.29) 式に対応するもの）を求めよ．

(2) 固有値と（長さ 1 の）固有ベクトルを求めよ．

(3) $S_{xx}=1$ と $S_{yy}=1$ を満たす成分 1 の変数スコアとサンプルスコアを求めよ．

第11章

多次元尺度構成法

本章では，多次元尺度構成法を説明する．多次元尺度構成法を **MDS**（Multi-Dimensional Scaling）と呼ぶことが多い．MDS は，対象 i と対象 j の親近性 s_{ij} がデータとして与えられたときに，ユークリッド空間にサンプルを布置し，類似したものを近くに，類似していないものを遠くに配置する方法の総称である．親近性とはサンプルが似ていれば大きな値をとる尺度で，距離の逆数や距離に負号をつけたものは親近性の一例である．これまでの手法ではサンプルごとのデータが与えられていたが，MDS では対象間のデータが解析対象であり，その点がこれまでの手法と大きく異なる．MDS は，距離をデータとする**計量 MDS** と，順序尺度で測定された親近性データを解析する**非計量 MDS** に大別できる．本章では，主に非計量 MDS の解析方法について説明する．

11.1 適用例と解析ストーリー

（1）適用例と解析の目的

表 11.1 は，10 種類の自動車についてある評価者が類似性を，まったく同一の場合を 10，まったく似ていない場合を 1 とする 10 段階の尺度で評価したデータである．

このデータに基づいて，「この評価者は，自動車のどのような特徴を考慮して似ている・似ていないを判断しているのか」「その特徴は何項目ぐらいあるのか」「その特徴に基づいて自動車をグルーピングできないか」などを検討したい．

11.2 非計量 MDS の解析方法

表 11.1　自動車の類似性のデータ

	1	2	3	4	5	6	7	8	9	10
1. クラウン	10									
2. セドリック	9	10								
3. サニー	6	7	10							
4. マークⅡ	7	9	8	10						
5. カローラ	5	6	8	8	10					
6. スカイライン	2	3	6	3	6	10				
7. マーチ	2	3	5	4	7	6	10			
8. ヴィッツ	1	2	4	3	5	5	9	10		
9. RAV4	1	1	2	1	3	3	7	8	10	
10. パジェロ	2	3	3	4	5	2	5	5	4	10

(2) MDS の解析ストーリー

MDS の解析の流れは以下の通りである．

> **MDS の解析ストーリー**
> (1) 対象 i の座標を $(x_{i1}, x_{i2}, \cdots, x_{iP})$，対象 j の座標を $(x_{j1}, x_{j2}, \cdots, x_{jP})$ とする．n 個の対象のすべての組み合わせの親近性のデータから，ユークリッド空間内に，親近性の大きいペアはなるべく近くなるように，親近性の小さいペアはなるべく離れるように座標 $(x_{i1}, x_{i2}, \cdots, x_{iP})$，$(x_{j1}, x_{j2}, \cdots, x_{jP})$ と次元 P を求める．
>
> 対象の空間布置が親近性データを説明する度合いを表す評価基準であるストレスを求め，親近性データの再現の度合いを評価する．
> (2) 求めた座標に基づいて対象を散布図にプロットし，軸の解釈，対象の特徴の把握，対象の分類を行う．

11.2　非計量 MDS の解析方法

(1) 座標と次元数の求め方

MDS は，対象間の親近性や距離が与えられているときに，対象 i と j の座標 $(x_{i1}, x_{i2}, \cdots, x_{iP})$，$(x_{j1}, x_{j2}, \cdots, x_{jP})$ および次元 P を求める手法であ

る．対象間の距離 d_{ij} （親近性であれば $-s_{ij}$）が距離の公理，すなわち

$$\left.\begin{array}{l} d_{ij} \geq 0 \\ d_{ij} = d_{ji} \\ d_{ij} + d_{jk} \geq d_{ik} \end{array}\right\} \quad (11.1)$$

を満たしていれば，次節で述べる計量 MDS により，解析的に座標を求めることが可能である．

それに対して，表 11.1 のデータは，まったく同一の場合を 10，まったく似ていない場合を 1 として回答してもらった結果である．表 11.1 では $s_{12} = 9$，$s_{13} = 6$，$s_{19} = 1$ などのデータが得られているが，9，6，1 などの絶対値や s_{12} と s_{13} との差が 3 であるということはほとんど意味がない．このデータでは，$s_{12} > s_{13} > s_{19}$ という順序関係のみが成り立っていると考えるのが妥当であろう．このように，順序のみが意味を持つデータを，1.1 節で述べたように，**順序尺度**と呼ぶ．

順序尺度は，差に意味がないので距離の公理は適用できず，計量 MDS を用いることはできない．表 11.1 のようなアンケート形式で回答されるデータは順序尺度であることが多く，非計量 MDS を用いるのが一般的である．以下では，非計量 MDS の代表的な方法である**クラスカルの方法**を説明する．

非計量 MDS では，順序尺度である親近性 s_{ij} を距離データ d_{ij}^* に変換する．その際，

$$-s_{ij} > -s_{kl} \quad \text{ならば} \quad d_{ij}^* \geq d_{kl}^* \quad (11.2)$$

$$-s_{ij} = -s_{kl} \quad \text{ならば} \quad d_{ij}^* = d_{kl}^* \quad (11.3)$$

という関係を満たすようにする．s_{ij} に負号を付けたのは非親近性に変換するためである．そして，求めるべき座標から計算される距離 d_{ij} と d_{ij}^* の差の 2 乗和が最小になるように座標を定める．距離はユークリッド距離を一般化した**ミンコフスキー距離**

$$d_{ij}^* \fallingdotseq d_{ij} = \left(\sum_{m=1}^{P} |x_{im} - x_{jm}|^t \right)^{1/t} \quad (11.4)$$

11.2 非計量 MDS の解析方法

を用いる.ここで,t をミンコフスキー定数と呼ぶ.$t = 2$ の場合がユークリッド距離である.

非計量 MDS では,次元数 P とミンコフスキー定数 t を与えたもとで,次に示す**ストレス** S を最小にするように座標を定める.ストレス S は,

$$S = \sqrt{\frac{\sum\sum_{i<j}(d_{ij} - d_{ij}^*)^2}{\sum\sum d_{ij}^2}} \qquad (11.5)$$

と定義される.ここで $\sum\sum_{i<j}(d_{ij} - d_{ij}^*)^2$ は,$(d_{ij} - d_{ij}^*)^2$ を (i,j) 要素とする行列の対角要素を除いた下三角の部分の要素の和である.d_{ij} と d_{ij}^* が近くなれば S はゼロに近づくので,適合がよいほど S は小さい値となる.$\sum\sum d_{ij}^2$ で基準化しているのは,d_{ij} と d_{ij}^2 がともにゼロに収束するのを避けるためである.

S が最小になる座標を求めるために,クラスカルの方法では**最急降下法**が用いられる.最急降下法は,制約無し最適化問題を解くための勾配法の1つで,局所的に目的関数を最も下げる方向に解を探索する方法である.初期値の与え方によっては局所最適解,すなわち極小値ではあるが全体の最小値ではない値に収束する可能性がある.したがって,S のみの値で判断するのではなく,得られた空間上の配置が妥当なものかどうかを技術的あるいは経験的知識から十分吟味する必要がある.

以上に述べた計算を,次元 P とミンコフスキー定数 t を変化させながら繰り返す.次元数を決定するには次のようないくつかの基準がある.

> (A) ストレス S の判断規準値と比較して決める.
> (B) 次元数 P の増加とともに S は単調に減少するが,減少の程度がゆるやかになった次元で打ち切る.
> (C) 対象の空間布置,座標軸が解釈できるところで打ち切る.

ここで,(A) の S に関する判断規準値は,クラスカルが表 11.2 に示すものを与えている.また,観測された(非)親近性がどの程度再現されているかについて,s_{ij} と d_{ij}^* を散布図にプロットして確認する方法も参考にできる.

表 11.2　ストレス S の適合度の判断基準（Kruskal[†]）

S	適合度合い
0.200	よくない
0.100	悪くはない適合
0.050	よい適合
0.025	非常によい適合
0.000	完全な適合

これをシェパードダイアグラムと呼ぶ．

実際には，(A) と (B) を参考にしながら (C) により判断することが多い．通常，次元数は 2 または 3 で十分なことが多い．

ミンコフスキー定数 t は，次元数 P に比べて最適解におよぼす影響は少ない．多くの場合 $t = 2$ に固定して問題ない．

（2）軸の解釈と対象の分類

求めた座標に基づいて，各対象を散布図などにプロットし，軸の解釈，対象の特徴把握と分類などを行う．先にも述べたように，明解な解釈が得られない場合は，解の初期値や次元数を変えるなどして再計算を行うことも必要である．

MDS の結果は，対象の相対的な位置関係のみを再現したのであるから，軸の方向性に意味はなく，任意の方向に回転させることができる．軸をいろいろな方向にとってみて，その軸の両端付近にある対象の特徴の違いから軸の意味を推測していくのが現実的な解釈の方法である．

―― 例題 1 ――――――――――――――――――――――非計量 MDS の分析――

表 11.1 のデータに基づいて非計量 MDS を適用せよ．

[解答]　ミンコフスキー定数は $t = 2$ に固定し，$P = 1 \sim 6$ で座標を求めた（解析ソフトを使用した）．次元数 P を横軸に，ストレス S を縦軸にとったプロットを図 11.1 に示す．この図から次元数は 2 または 3 にすべきであるが，$P = 2$ で $S = 0.0298$

[†] Kruskal,J.B.(1964)：Multidimensional scaling by optimizing goodness of fit to a nonmetric hypothesis", Psychometrika, Vol.29, 1-27.

11.2 非計量 MDS の解析方法

でありよく適合していること,また3次元目の解釈が困難であることにより,次元数は2とした.

得られた対象の座標を表 11.3 に,散布図にプロットしたものを図 11.2 に,シェパードダイアグラムを図 11.3 に示す.シェパードダイアグラムの縦軸は d_{ij},横軸は s_{ij} である.図中の階段状の線は d_{ij}^* を表す.再生された距離がこの階段関数上にのる場合は,現在の解で距離をうまく再現していることを示す.図 11.3 から,プロットはほぼ線上にあり,再現性がよいことがわかる.

次に図 11.2 の散布図から次元の解釈を行う.散布図の左下にはセダン系の,右上には RV 系の自動車が布置されている.また,左上は年輩者向けの,右下には若者向けの自動車が布置されている.したがって,図中に示したように軸を約 45 度回転させてみると,1つの軸はセダン系か RV 系かを表し,もう1つの軸は年輩者向けか若者向けかを表すと解釈できる.したがって,この評価者はこの 10 台の自動車を,「用途」と「好まれる年齢層」という2つの特徴で似ている・似ていないを判断していたことがわかる.

表 11.3 非計量 MDS で求めた座標

	次元 1	次元 2
クラウン	−1.382	0.146
セドリック	−0.990	0.086
サニー	−0.520	−0.369
マーク II	−0.723	0.188
カローラ	−0.168	−0.045
スカイライン	0.250	−1.050
マーチ	0.680	−0.096
ヴィッツ	1.002	−0.042
RAV 4	1.454	0.110
パジェロ	0.406	1.071

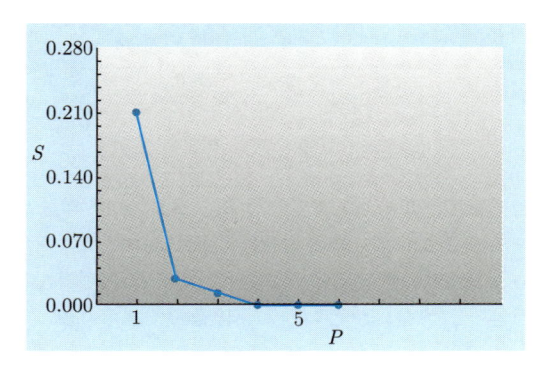

図 11.1 ストレス S のプロット

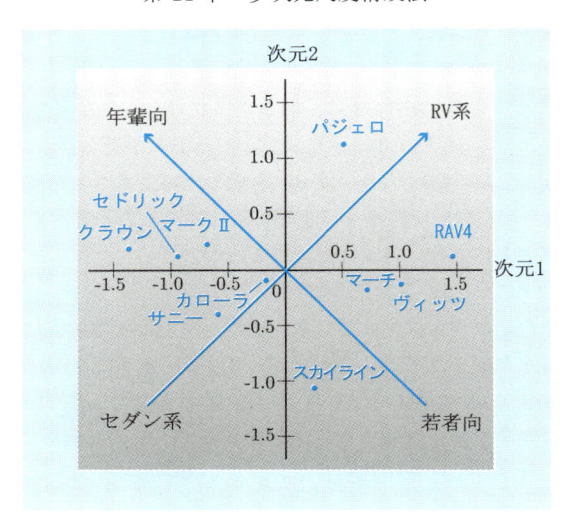

図 11.2　散布図

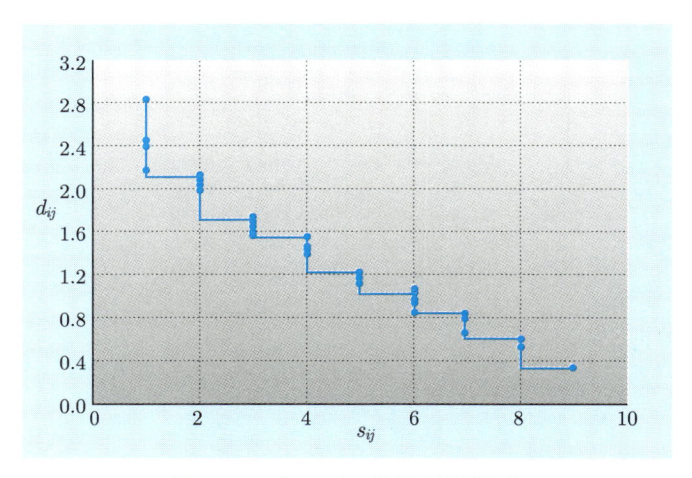

図 11.3　シェパードダイアグラム

　この特徴で自動車のグルーピングを行うと,「セダン系の年輩者向け」がクラウン,セドリック, マークⅡ,「セダン系の若者向け」がスカイライン,「RV 系の年輩者向け」がパジェロ,「RV 系の若者向け」がマーチ, ヴィッツ, RAV4, そして「中間的な車」としてサニー, カローラというように分類できる.

この例のように，軸の解釈を行う際は，得られた原点を中心に回転を行うと見通しがよくなる場合がある．また，できるだけ遠くに布置された対象を比較することにより，対象の特徴把握が行いやすくなる．

この例では一人の評価者のデータを用いて解析を行った．複数の評価者のデータがある場合には，平均値を用いるのが一般的である．ただし，平均値を用いるのは，評価者の評点のばらつきがそれほど大きくない場合のみ可能であり，評価の傾向が異なる評価者がいる場合には層別などの処理を施す必要がある．

11.3 計量 MDS の考え方

先に述べたように，解析対象である距離が距離の公理を満たす場合は，計量 MDS により解析的に座標を求めることができる．計量 MDS の代表的な方法である**トガーソンの方法**では，距離に定数を加えることで距離の公理を満たす場合にも適用できる．以下で，このトガーソンの方法を説明する．

距離の公理を満たす場合の典型的な例は，駅や都市の間の直線距離が測られており，その距離から駅や都市の座標を求める場合である．n 個の地点があるものとし，地点 i と地点 j の座標をそれぞれ $(x_{i1}, x_{i2}, \cdots, x_{iP})$, $(x_{j1}, x_{j2}, \cdots, x_{jP})$ とすると，2 つの地点間のユークリッド距離 d_{ij} は

$$d_{ij} = \sqrt{\sum_{m=1}^{P}(x_{im} - x_{jm})^2} \tag{11.6}$$

である．

(11.6) 式で求められる距離は原点をどこにとっても不変であるから，地点 k を原点にとることにする．このとき任意の 2 つの地点 i, j がつくる原点からの内積 z_{ij} を，

$$z_{ij} = \sum_{m=1}^{P} x_{im} x_{jm} \tag{11.7}$$

と定義する．図 11.4 に示すように 3 地点 i, j, k で構成される三角形において余弦定理から

$$d_{ij}^2 = d_{ik}^2 + d_{jk}^2 - 2\,d_{ik}d_{jk}\cos\theta \tag{11.8}$$

が成り立つ．また，内積 z_{ij} は

第 11 章 多次元尺度構成法

$$z_{ij} = d_{ik}d_{jk}\cos\theta \tag{11.9}$$

であるので，(11.8) 式と (11.9) 式から，

$$z_{ij} = \frac{1}{2}(d_{ik}^2 + d_{jk}^2 - d_{ij}^2) \tag{11.10}$$

となる．

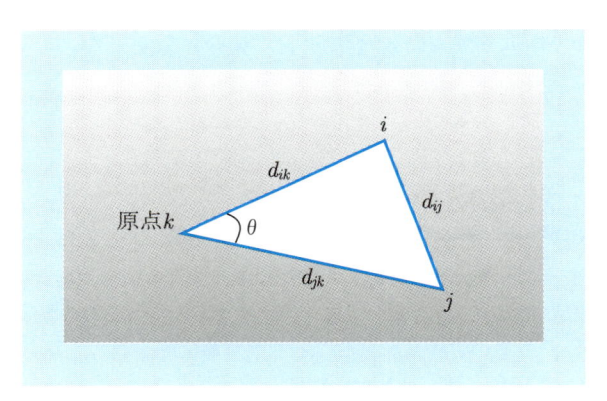

図 11.4　3 地点で構成される三角形と距離

各地点間の距離のデータから z_{ij} を求め，それを要素とする $(n-1)\times(n-1)$ 行列を Z，求めるべき座標を並べた $(n-1)\times P$ 行列を X とすると，

$$Z = XX' \tag{11.11}$$

と表すことができる．Z から X を求めるために，

$$Q = \sum_i \sum_j \left(z_{ij} - \sum_{m=1}^{P} x_{im}x_{jm}\right)^2 \tag{11.12}$$

の最小化を考える．そのためには Z の固有値と固有ベクトルを求め，Z の固有値を対角要素とする対角行列を Λ，対応する固有ベクトルを列に並べた行列を Y として，

$$X = Y\Lambda Y' \tag{11.13}$$

という分解を行う．これを**エッカート—ヤング分解**と呼ぶ．これより求めるべき行列 X は，

$$X = Y\Lambda^{1/2} \tag{11.14}$$

となる．

これまで述べてきた解法は距離に誤差が含まれない場合を前提としているので，どの地点を原点としてもよい．しかし，実際のデータでは誤差がないことはまれである．そのような場合には，どの地点を原点とするのかで結果が異なる．そこで，原点を n 個の地点の重心 $(\bar{x}_{.1}, \bar{x}_{.2}, \cdots, \bar{x}_{.P})$ にとって解を求める．原点を重心とした場合，(11.10) 式は，

$$z_{ij} = \frac{1}{2}\left(\sum_{i=1}^{n}\frac{d_{ij}^2}{n} + \sum_{j=1}^{n}\frac{d_{ij}^2}{n} - \sum_{i=1}^{n}\sum_{j=1}^{n}\frac{d_{ij}^2}{n^2} - d_{ij}^2\right) \tag{11.15}$$

となる（【問題 11.2】を参照）．この z_{ij} を要素とする $n \times n$ 行列 Z を先と同様にエッカート–ヤング分解して，求めるべき座標を並べた $n \times P$ 行列 X を (11.14) 式と同様に求める．

■■練習問題

◆**問題 11.1** 以下のデータは，ある評価者が 6 つの都市の類似性について，まったく同一の場合を 5，まったく似ていない場合を 1 とする 5 段階の尺度で評価したデータである．また，図はこのデータに非計量 MDS を適用し，得られた都市の座標を散布図にプロットしたものである．この散布図から，次元の解釈を試みよ．

表 都市の類似性のデータ

	1	2	3	4	5	6
1. 東京	5					
2. 横浜	3	5				
3. 神戸	1	3	5			
4. 大阪	1	3	3	5		
5. 京都	1	1	2	4	5	
6. 長野	1	2	1	3	2	5

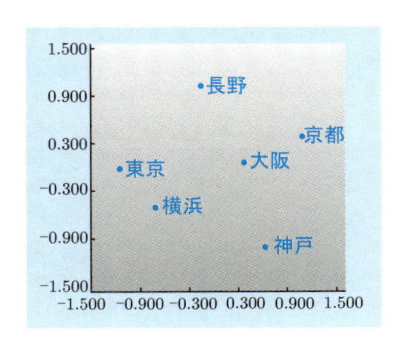

図 散布図

◆**問題 11.2**♣ (11.15) 式を示せ．

第12章

クラスター分析

　本章では，クラスター分析を説明する．クラスター（集落）分析は，対象間の距離を定義して，距離の近さによって対象を分類する方法の総称である．対象は，サンプルの場合もあるし，変数の場合もある．方法を大別すると，階層的な方法と非階層的な方法に分けられる．本章では前者の方法のみを説明する．第9章の主成分分析において，主成分得点によるサンプルの分類方法を説明したが，クラスター分析ではこのようなサンプルの分類を定量的な尺度に基づいて行うことが可能となる．

12.1 適用例と解析ストーリー

（1）適用例と解析の目的

　表12.1は，表9.1を再掲したものである．第9章では，主成分得点の散布図により，「総合的な学力が高い生徒」「理系能力が高い生徒」というようにサンプルの分類を行った．その際の判断基準は散布図上の点が視覚的に近いか

表 12.1　試験の成績のデータ (表9.1の再掲)

生徒 No.	国語 x_1	英語 x_2	数学 x_3	理科 x_4
1	86	79	67	68
2	71	75	78	84
3	42	43	39	44
4	62	58	98	95
5	96	97	61	63
6	39	33	45	50
7	50	53	64	72
8	78	66	52	47
9	51	44	76	72
10	89	92	93	91

どうかであり，分析者の主観的な判断が入る．それに対して，分類の対象が似ているかいないかをより客観的な判断基準で分類する手法がクラスター分析である．

表 12.1 のデータに基づいて，「似た能力を持った生徒をグルーピングできないか」「いくつのグループに分けることができるか」「あるグループにはどのような特徴を持った生徒が集まるのか」「グループ間の違いは何か」などを検討したい．

（2）クラスター分析の解析ストーリー

クラスター分析の解析の流れは以下の通りである．

> **クラスター分析の解析ストーリー**
> （1）個々の対象間の近さを測るための距離，およびクラスターを併合する際の距離を決める．
> 個々の対象間の距離をすべて計算し，距離が最小となる対象を統合して最初のクラスターとする．
> 新しく形成されたクラスターと対象間の距離をすべて計算し，対象間の距離を含めて最小のものを統合する．これをすべてのクラスターが統合されるまで繰り返す．
> （2）クラスターの統合過程を示す**デンドログラム（樹形図）**を描き，適当な距離で切断することによりいくつかのグループに分ける．各グループに含まれる対象を調べ，グループの特徴を把握する．

12.2　変数が 2 個の場合のクラスター分析

（1）クラスターの形成方法

簡単のために，表 12.2 のように国語と英語の成績が 5 段階評価で得られている場合を例にとり，クラスターの形成方法を説明する．

第 12 章 クラスター分析

表 12.2　国語と英語の成績（5 段階評価）

生徒 No.	国語 x_1	英語 x_2
1	5	1
2	4	2
3	1	5
4	5	4
5	5	5

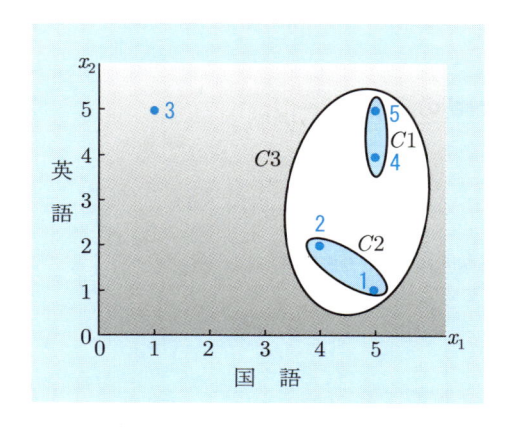

図 12.1　表 12.2 のデータの散布図

　表 12.2 のデータを散布図にプロットしたものが図 12.1 である．これらの距離を計算して，近いものを統合していく．その際の距離には，ユークリッド距離，重み付きユークリッド距離，マハラノビス距離，ミンコフスキー距離など種々のものがある．以下では次のユークリッド距離を用いよう．(x_{i1}, x_{i2}), (x_{j1}, x_{j2}) をそれぞれ i 番目，j 番目の対象のデータとするとき，ユークリッド距離は，

$$d_{ij} = \sqrt{(x_{i1} - x_{j1})^2 + (x_{i2} - x_{j2})^2} \tag{12.1}$$

である．ユークリッド距離は，日常的に用いる距離と同じである．

　表 12.2 のデータについて，すべての対象間の距離を計算した結果を表 12.3 に示す．

　表 12.3 から，No.4 と No.5 の間の距離が最小なので，この 2 つのサンプルを結合してクラスター 1 とする．このクラスターを $C1(4,5)$ と表す．次に，

12.2 変数が2個の場合のクラスター分析

このクラスターと残りのサンプル No.1〜No.3 について,すべての距離を計算する.このとき,サンプル間とクラスター間の距離を定義しなければならない.ここでは,2つのクラスターに属する対象のうち,最も近い対象間の距離をクラスター間の距離とする**最短距離法**を用いることにする.距離の計算結果を表 12.4 に示す.

最短距離法での距離を No.3 と $C1$ で説明する.No.3 と $C1$ 内の2つのサンプル No.4 と No.5 との距離は,表 12.3 からそれぞれ $d_{34} = 4.12$, $d_{35} = 4.00$ である.この小さい方を No.3 と $C1$ 間の距離とするので $d_{C13} = 4.00$ となる.

表 12.4 から,最小の距離は d_{12} であるから,No.1 と No.2 を統合して $C2(1,2)$ とする.同様にして順次計算した結果を表 12.5,表 12.6 に示す.表 12.5 では,$C1$ と $C2$ 間の距離が最小なのでこれを結合した $C3(1,2,4,5)$ を作り,最後にこれと No.3 を結合して (表 12.6) $C4(1,2,3,4,5)$ とすることで,クラスターの形成は終了する.

表 12.3 対象間のユークリッド距離(1)

生徒 No.	1	2	3	4
1				
2	1.41			
3	5.66	4.24		
4	3.00	2.24	4.12	
5	4.00	3.16	4.00	1.00

表 12.4 対象間のユークリッド距離(2)

生徒 No.	1	2	3
1			
2	1.41		
3	5.66	4.24	
$C1(4,5)$	3.00	2.24	4.00

表 12.5 対象間のユークリッド距離(3)

生徒 No.	$C2$	3
$C2(1,2)$		
3	4.24	
$C1(4,5)$	2.24	4.00

表 12.6 対象間のユークリッド距離(4)

生徒 No.	$C3$
$C3(1,2,4,5)$	
3	4.00

(2) デンドログラム

クラスターの形成過程を示すために，図 12.2 に示すデンドログラム（**樹形図**）を用いることが多い．デンドログラムは，縦軸に距離をとり横軸に対象を等間隔に並べ，統合された対象またはクラスターを統合時の距離の高さ (表 12.3～表 12.6 の ▢ の値) で結んだものである．

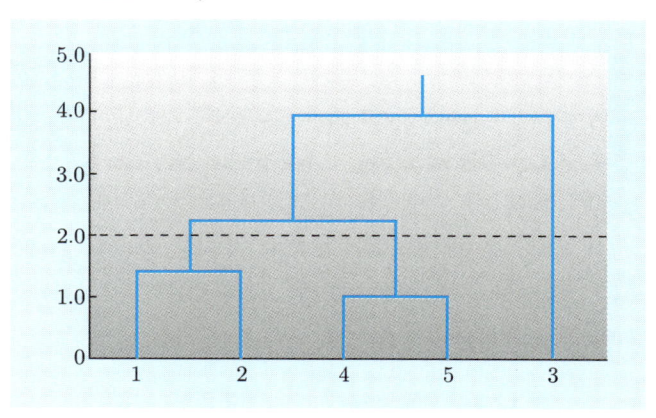

図 12.2 表 12.2 のデータのデンドログラム（最短距離法）

デンドログラムを任意の距離で切断すると，いくつかのグループに分けることができる．図 12.2 の破線は距離 2.0 で切った場合であり，$C1$, $C2$, No.3 の 3 つのグループに分けたことになる．

グループ分けをした後で，各グループに含まれる対象の内容を調べて特徴を把握する．クラスター $C1(4,5)$ は国語も英語も得意な生徒である．また，クラスター $C2(1,2)$ は，国語は得意であるが英語が苦手な生徒である．No.3 の生徒は，$C2$ とは逆に，国語は苦手だが英語が得意な生徒である．

もしも距離 3.0 で切って $C3(1,2,4,5)$ と No.3 の 2 つのクラスターに分けたとすると，$C3$ は国語が得意な生徒，No.3 は国語が苦手な生徒という特徴で捉えることができる．

クラスター分析では，クラスターの形成は距離という客観的な指標で行えるが，「いくつのグループに分けるか」「それらの特徴は何か」については解析者の意図が入る．

12.3 変数が p 個の場合のクラスター分析

変数が 3 個以上の場合も，距離が p 変数に拡張されるだけで，考え方は 12.2 節と同様である．p 変数の場合，$(x_{i1}, x_{i2}, \cdots, x_{ip})$ と $(x_{j1}, x_{j2}, \cdots, x_{jp})$ のユークリッド距離を，

$$d_{ij} = \sqrt{\sum_{k=1}^{p}(x_{ik} - x_{jk})^2} \tag{12.2}$$

と定義する．

─ 例題 1 ──────────────────────────── 最短距離法 ─
表 12.1 に示したデータにクラスター分析を適用せよ．

[解答] 対象間の距離はユークリッド距離とし，対象－クラスター間およびクラスター間の距離は最短距離法を用いる．

得られたデンドログラムを図 12.3 に示す（解析ソフトを使用した）．この図から，距離 32 で切ると 3 つのクラスターに分かれることがわかる．もとのデータを見ながら，各グループの特徴を把握する．$C1(3,6)$ は総合的に点数が低い生徒の集まりである．$C2(7,9)$ は，総合点はそれほど高くなく，低い中でも比較的理系の科目の方が得意な生徒達である．$C3(1,2,4,5,8,10)$ は，総合的な学力が比較的高い生徒の集まりである．

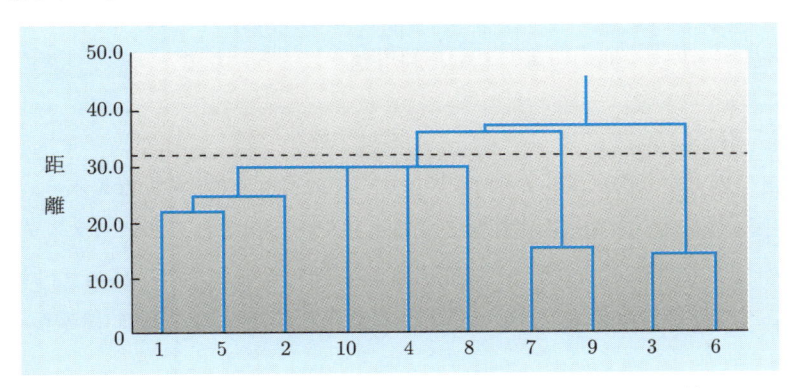

図 12.3 表 12.1 のデータのデンドログラム（最短距離法）

この例ではデータを標準化せずに解析を行った．標準化を行って解析することも可能である．

クラスターの特徴を把握するには，クラスター内の対象の生データを見ながら行うのであるが，変数が増えてくると解釈が難しくなる．標準化したデータ，各変数間の散布図，主成分分析の結果などを併用すると，解釈が行いやすくなる．

12.4 クラスター間の距離

これまでの説明では，クラスター間の距離は最短距離法を用いた．この他にもいくつかの方法があるので，最短距離法を含め本節で簡単にまとめておく．

> （A）最短距離法
> 　2つのクラスターに属する対象のうち，最も近い対象間の距離をクラスター間の距離とする方法である．
>
> （B）最長距離法
> 　2つのクラスターに属する対象のうち，最も遠い対象間の距離をクラスター間の距離とする方法である．

最短距離法，最長距離法では，対象間の距離がクラスター間の距離として用いられるので，最初にすべての対象間の距離を計算すれば，その値のいずれかがクラスター間の距離として再利用されることになる．

> （C）群平均法
> 　2つのクラスターに属する対象間のすべての組み合わせの距離を求め，その平均値をクラスター間の距離とする方法である．それぞれのクラスター内の対象の個数を n_1 個，n_2 個とすると対象間の組み合せは $n_1 \times n_2$ 個あり，その距離の総和を $n_1 \times n_2$ で割ったものがクラスター間の距離である．

（D）**重心法**

　各クラスターの代表点を**重心**とし，重心間の距離をクラスター間の距離とする方法である．重心とは，各変量の平均値の座標にあたる点である．あるクラスター内に n 個の対象 $(x_{11}, x_{12}, \cdots, x_{1p})$, $(x_{21}, x_{22}, \cdots, x_{2p})$, $\cdots$, $(x_{n1}, x_{n2}, \cdots, x_{np})$ があるとすると，各変量の平均をとった $(\bar{x}_{\cdot 1}, \bar{x}_{\cdot 2}, \cdots, \bar{x}_{\cdot p})$ が重心である．2つのクラスターを合成して新たな重心を求める際には，それぞれのクラスター内のデータ数を重みとする**重み付き平均**をとる．

12.5　ウォード法

（1）ウォード法の特徴

　ウォード法は，新たに統合されるクラスター内の平方和を最も小さくするという基準でクラスターを形成していく方法である．これまでに述べた階層的方法の1つであるが，実用性に関して評価の高い手法なので，本節で特に取り上げる．

　実用的であるというのは，**鎖効果**が起きにくいことを意味している．鎖効果とは，図12.4のデンドログラムに示されるように，ある1つのクラスターに対象が順に1つずつ吸収されてクラスターが形成されていく現象をいう．このようなデンドログラムが得られた場合には，どの距離で切っても，あるクラスターと，その他の対象1つずつで構成されたクラスターに分かれることになり，グループに分けたことにはならない．クラスター分析の目的は，対象全体をいくつかのグループに分けて特徴を把握することであるから，鎖効果が起きた場合は，目的を達成できないことになる．

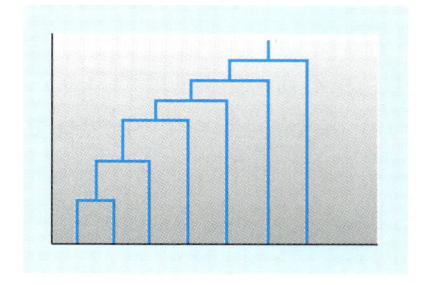

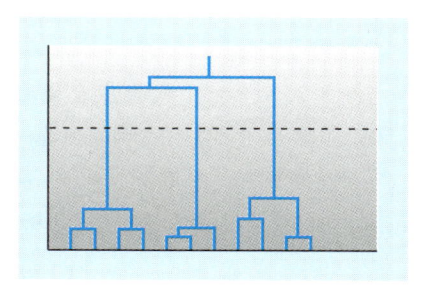

図 12.4 鎖効果を示すデンドログラム **図 12.5** "よい"クラスター分析の結果を示すデンドログラム

デンドログラムが図 12.5 のようになると,同一クラスター内では比較的小さな距離で結合し,クラスター間は離れた状態を示している.この形になれば,ある距離以上で切れば対象が大きく 3 つのクラスターに分かれる.クラスター内の集まりがよく,クラスター間が離れていれば特徴も把握しやすくなる.

ウォード法では鎖効果が起こりにくいことが経験的に知られており,図 12.5 のようなデンドログラムが得られることが多い.その意味で実用的なのである.一方,最短距離法は,1 つでも近い対象があればクラスターに統合されるので,鎖効果が起こりやすいことが知られている.

(2) **変数が 2 個の場合のウォード法**

変数が 2 個の場合のウォード法を説明するために,再び表 12.2 のデータを取り上げる.

No.1 と No.2 の生徒を結合したとすると,そのクラスター内での平方和 S_{12} は,次のようになる.

$$\begin{aligned} S_{12} &= \sum_{i=1}^{2}\sum_{k=1}^{2}(x_{ik}-\bar{x}_{\cdot k})^2 \\ &= (5-4.5)^2 + (4-4.5)^2 + (1-1.5)^2 + (2-1.5)^2 \\ &= 1.00 \end{aligned} \qquad (12.3)$$

同様に各対象を結合したとして平方和を計算すると表 12.7 のようになる.

12.5 ウォード法

表 12.7 対象間のウォード法における距離(1)

生徒 No.	1	2	3	4
1				
2	1.00			
3	16.00	9.00		
4	4.50	2.50	8.50	
5	8.00	5.00	8.00	0.50

ウォード法では，表 12.7 の値を距離とする．つまり，次に統合したときのクラスター内平方和の増加分が最小のものを統合していく．表 12.7 では，No.4 と No.5 を統合した場合に増加分が最小となるのでこれらを統合する．

次の段階では，$C1(4,5)$ と No.1～No.3 の各対象を結合したとして，そのときの平方和の増加分を計算する．例として，No.1 を統合した場合を考える．統合後の平方和 S_{145} は

$$S_{145} = (5-5.00)^2 + (5-5.00)^2 + (5-5.00)^2$$
$$+ (1-3.33)^2 + (4-3.33)^2 + (5-3.33)^2$$
$$= 8.67 \tag{12.4}$$

であり，結合前の平方和は $S_1=0$，$S_{45}=0.5$ であるから平方和の増加分 ΔS_{145} は，

$$\Delta S_{145} = S_{145} - S_1 - S_{45} = 8.67 - 0 - 0.50 = 8.17 \tag{12.5}$$

となる．これがクラスター $C1$ と生徒 No.1 との距離である．同様に他の対象について計算した結果を表 12.8 に示す．この表から，次に結合するのは No.1 と No.2 であることがわかる．同様にして最終段階までの距離の計算結果を表 12.9，表 12.10 に示す．また，図 12.6 にデンドログラムを示す．

表 12.8 対象間のウォード法における距離(2)

生徒 No.	1	2	3
1			
2	1.00		
3	16.00	9.00	
$C1$	8.17	4.83	10.83

表 12.9 対象間のウォード法における距離(3)

生徒 No.	$C2$	3
$C2$		
3	16.33	
$C1$	9.25	10.83

表 12.10　対象間のウォード法における距離（4）

生徒 No.	$C3$
$C3$	
3	14.45

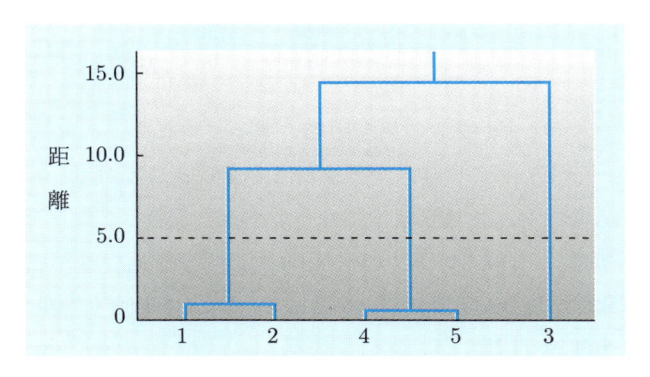

図 12.6　表 12.2 のデータのデンドログラム（ウォード法）

（3）変数が p 個の場合のウォード法

変数が 3 個以上の場合も考え方は第（2）項と同様である．

なお，平方和の増加分は次の一般的な式で求めることができる．クラスター l とクラスター m を統合してクラスター lm を作成する場合，それぞれのクラスター l とクラスター m に属する第 k 変数の i 番目のデータをそれぞれ x_{lik}, x_{mik}，サンプルサイズを n_l, n_m とすると

$$S_l = \sum_{i=1}^{n_l} \sum_{k=1}^{p} (x_{lik} - \bar{x}_{l \cdot k})^2 \tag{12.6}$$

$$S_m = \sum_{i=1}^{n_m} \sum_{k=1}^{p} (x_{mik} - \bar{x}_{m \cdot k})^2 \tag{12.7}$$

$$S_{lm} = S_l + S_m + \Delta S_{lm} \tag{12.8}$$

$$\Delta S_{lm} = \frac{n_l n_m}{n_l + n_m} \sum_{k=1}^{p} (\bar{x}_{l \cdot k} - \bar{x}_{m \cdot k})^2 \tag{12.9}$$

という関係が成り立つ．

例題 2 ─────────────────────── ウォード法
例題 1 のデータにウォード法を適用せよ．

解答 デンドログラムを図 12.7 に示す（解析ソフトを使用した）．図 12.3 と比較すると，ウォード法の特徴が現れていることがわかる．

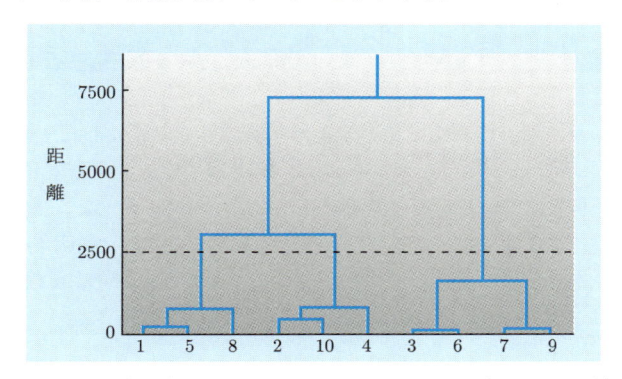

図 12.7 表 12.1 のデータのデンドログラム（ウォード法）

このデンドログラムから，$C1(1,2,4,5,8,10)$ と $C2(3,6,7,9)$ の大きく 2 つのクラスターに分かれることがわかる．$C1$ は総合的学力の高い生徒のクラスター，$C2$ は総合的学力の低い生徒のクラスターである．$C1$ の中では，$C3(1,5,8)$ と $C4(2,4,10)$ に分かれる．$C3$ は文系科目の得意な生徒のクラスターであり，$C4$ は理系科目の得意な生徒のクラスターである．総合的学力の低い生徒のクラスター $C2$ は，その中ですべての科目が不得意な生徒のクラスター $C5(3,6)$ と比較的理系科目がよい生徒のクラスター $C6(7,9)$ に分かれる．

■■■練習問題■■■■■■■■■■■■■■■■■■■■■■■■■■■■■■■■■■■

◆**問題 12.1** 次のデータは，4 人の学生の身長（x_1）と体重（x_2）である．ユークリッド距離を用いた最短距離法でクラスター分析を行え．

表 身長と体重のデータ

学生 No.	身長 x_1 (cm)	体重 x_2 (kg)
1	177	65
2	180	60
3	165	52
4	170	80

◆**問題 12.2** (12.9) 式を用いて，表 12.7 から表 12.10 の値を計算せよ．

第13章

その他の方法

本章では，これまで述べてきた手法以外でよく使われている方法として「パス解析」「グラフィカルモデリング」「因子分析」「正準相関分析」「多段層別分析」について手短に説明する．これらがマイナーな方法というわけではない．本来は，もっと多くのスペースを使って詳細に説明すべき方法であるが，本書全体の紙数の関係から，ここでは要点を紹介する程度にとどめる．

13.1 パス解析

（1）標準偏回帰係数

目的変数を y，説明変数を x_1, x_2 として重回帰モデル

$$y_i = \beta_0 + \beta_1 x_{i1} + \beta_2 x_{i2} + \varepsilon_i, \quad \varepsilon_i \sim N(0, \sigma^2) \quad (i = 1, 2, \cdots, n) \tag{13.1}$$

を考え，第5章で述べた最小2乗法により偏回帰係数 $\hat{\beta}_1, \hat{\beta}_2$ を得るとしよう．

ここで，例えば，x_1 は長さであり，単位が cm で表示されているとする．同じデータに対して x_1 の単位を mm に変換して（10倍して），最小2乗法により同様に求めた偏回帰係数を $\hat{\beta}'_1, \hat{\beta}'_2$ と表す．このとき，$\hat{\beta}'_1 = \hat{\beta}_1/10$，$\hat{\beta}'_2 = \hat{\beta}_2$ の関係がある．一般に，ある説明変数を a 倍すると，その偏回帰係数は $1/a$ 倍になり，その他の偏回帰係数や定数項は変化しない（【問題13.3】を参照）．

このことより，重回帰分析では各変数の偏回帰係数の大小を比べることには意味がない．通常，各変数は単位が異なるし，ある変数の単位を変更すれば，それに応じてその偏回帰係数も変化するからである．

そこで，各変数を標準化してから最小2乗法の適用を考える．標準化とは次のような操作だった．

$$u_{iy} = \frac{y_i - \bar{y}}{s_y}, \quad u_{i1} = \frac{x_{i1} - \bar{x}_1}{s_{x_1}}, \quad u_{i2} = \frac{x_{i2} - \bar{x}_2}{s_{x_2}} \tag{13.2}$$

ただし，s_y, s_{x_1}, s_{x_2} はそれぞれの変数の標準偏差である．標準化により u_y, u_1, u_2 は平均 0，分散 1 となる．u_y, u_1, u_2 は**無名数**（単位のない数）である．

u_y を目的変数，u_1 と u_2 を説明変数として最小2乗法により求めた偏回帰係数 b_1, b_2 を**標準偏回帰係数**と呼ぶ．この場合の定数項 b_0 は次の通りである．

$$b_0 = \bar{u}_y - b_1 \bar{u}_1 - b_2 \bar{u}_2 = 0 \tag{13.3}$$

(13.1)式に基づく予測式

$$\begin{aligned}\hat{y} &= \hat{\beta}_0 + \hat{\beta}_1 x_1 + \hat{\beta}_2 x_2 \\ &= \bar{y} + \hat{\beta}_1 (x_1 - \bar{x}_1) + \hat{\beta}_2 (x_2 - \bar{x}_2)\end{aligned} \tag{13.4}$$

を次のように変形する．

$$\frac{\hat{y} - \bar{y}}{s_y} = \hat{\beta}_1 \frac{s_{x_1}}{s_y} \frac{(x_1 - \bar{x}_1)}{s_{x_1}} + \hat{\beta}_2 \frac{s_{x_2}}{s_y} \frac{(x_2 - \bar{x}_2)}{s_{x_2}} \tag{13.5}$$

上式と，標準偏回帰係数を用いた予測式

$$\hat{u}_y = b_1 u_1 + b_2 u_2 \tag{13.6}$$

とを見比べると，通常の偏回帰係数と標準偏回帰係数とのあいだには次の関係のあることがわかる．

$$b_1 = \hat{\beta}_1 \frac{s_{x_1}}{s_y}, \quad b_2 = \hat{\beta}_2 \frac{s_{x_2}}{s_y} \tag{13.7}$$

各変数の標準偏回帰係数の大小を比べることには意味がある．

（２）擬似相関と偏相関係数

2つの変数 x と y を散布図にプロットした結果，直線的な関係があり，相関係数 r_{xy} の絶対値が大きかったとしても，即座に x と y のあいだに何らかの強い関連があると判断することはできない．例えば，x と y には本来何の関係もないのに，その背後に第3の変数 z が存在しており，z と x および z と y のあいだにそれぞれ強い相関関係があって，その結果，x と y のあいだに見かけ上の強い相関関係が生じている場合がある．

このように，本来，x と y のあいだに相関関係は存在しないにもかかわらず，別の変数 z が変化するため，それにともなって x と y も変化し，その結果，x と y のあいだに相関関係があるように見えるとき，この相関関係を**擬似相関**とか**見せかけの相関**と呼ぶ．

擬似相関がある場合，つまり，x と y の背後に第3の変数 z が存在すると考えられる場合に，実質的な x と y の相関関係の大きさの評価方法を考えよう．そのためには，x と y のそれぞれの変動から z に関係する部分を取り除いて，その両者の相関の程度を評価すれば，それが z とは関係のない x と y の実質的な相関係数となる．この実質的な相関係数のことを**偏相関係数**と呼び，$r_{xy\cdot z}$ と表す．$r_{xy\cdot z}$ の値は次式を用いて計算すればよい．

$$r_{xy\cdot z} = \frac{r_{xy} - r_{xz}r_{yz}}{\sqrt{(1-r_{xz}^2)(1-r_{yz}^2)}} \tag{13.8}$$

(13.8) 式は次のように導出される．x を目的変数，z を説明変数と考えて単回帰分析を行うと，予測式は次のようになる．

$$\hat{x}_i = \bar{x} + \frac{S_{xz}}{S_{zz}}(z_i - \bar{z}) \tag{13.9}$$

同様に，y を目的変数，z を説明変数と考えて単回帰分析を行うと，予測式は次のようになる．

$$\hat{y}_i = \bar{y} + \frac{S_{yz}}{S_{zz}}(z_i - \bar{z}) \tag{13.10}$$

(13.9) 式, (13.10) 式において S_{xz} と S_{yz} は, それぞれ x と z の偏差積和, y と z の偏差積和を表し, S_{zz} は z の平方和を表す. (13.9) 式と (13.10) 式より, それぞれの回帰分析における残差を考えると

$$e_{xi} = x_i - \hat{x}_i$$
$$= (x_i - \bar{x}) - \frac{S_{xz}}{S_{zz}}(z_i - \bar{z}) \tag{13.11}$$
$$e_{yi} = y_i - \hat{y}_i$$
$$= (y_i - \bar{y}) - \frac{S_{yz}}{S_{zz}}(z_i - \bar{z}) \tag{13.12}$$

となる. ここで, e_{xi} は z の影響を取り除いた x の変動部分を表し, e_{yi} は z の影響を取り除いた y の変動部分を表す. そこで, e_{xi} と e_{yi} の相関係数を求めれば, それが実質的な x と y との相関関係を表すものとなる. そのようにして得られたのが (13.8) 式の $r_{xy \cdot z}$ である.

(3) パスダイアグラムと線形構造方程式

パス解析では, なんらかの先験的情報から**パスダイアグラム**と呼ばれる因果関係ないしは時間的先行性を表すグラフをあらかじめ作成しておいて, そのつながりの強さを表す**パス係数**をデータから推定する.

図13.1に示す4変数のパスダイアグラムを考える. x_1 から x_2, x_3, x_4 に矢線が出ている. これは,「x_1 が x_2, x_3, x_4 の原因である」または「x_1 が x_2, x_3, x_4 よりも時間的に先行する」ことを意味している. 他の矢線についても同様に考える.

与えられたパスダイアグラムに基づいて, 矢線を受けている変数を目的変数, それに矢線を出している変数を説明変数として回帰モデルを想定する. 図13.1 に基づくと, 次の3つの回帰モデルを想定することができる.

$$x_2 = \alpha_{21} x_1 + \varepsilon_2 \tag{13.13}$$
$$x_3 = \alpha_{31} x_1 + \alpha_{32} x_2 + \varepsilon_3 \tag{13.14}$$
$$x_4 = \alpha_{41} x_1 + \alpha_{42} x_2 + \alpha_{43} x_3 + \varepsilon_4 \tag{13.15}$$

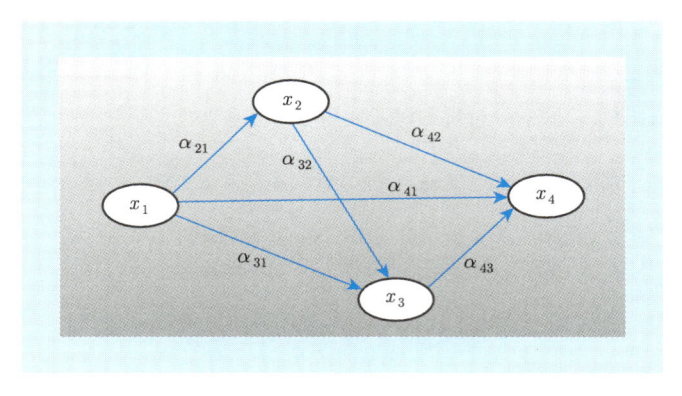

図 13.1 パスダイアグラムの例

ここで，α_{ij} はパス係数であり，添え字は j から i に矢線が向かっていることを意味している．ε は誤差項で，同じ式の右辺にある変数（説明変数）とは互いに独立であると仮定する．(13.13) 式～(13.15) 式を**線形構造方程式**と呼ぶ．

各変数を標準化した下で，それぞれの回帰モデルごとに最小 2 乗法を適用すれば，偏回帰係数がパス係数の推定量となる．また，標準化を施さなくても，回帰分析を行って標準偏回帰係数を求めれば，それがパス係数の推定量になる．このような理由により，上の回帰式では定数項を記載していない．

（4）**相関の分解**

引き続き，図 13.1 に基づいて説明する．(13.15) 式の両辺に x_2 をかけると，

$$x_2 x_4 = \alpha_{41} x_1 x_2 + \alpha_{42} x_2^2 + \alpha_{43} x_2 x_3 + x_2 \varepsilon_4 \tag{13.16}$$

となる．各変数が標準化されていることより，$E(x_i^2) = 1, E(x_i x_j) = \rho_{ij}$（$x_i$ と x_j の母相関係数）となり，誤差と右辺の他の変数との独立性（$E(x_i \varepsilon_j) = E(x_i) E(\varepsilon_j) = 0$）を考慮して，(13.16) 式の期待値をとると

$$\rho_{24} = \alpha_{41} \rho_{12} + \alpha_{42} + \alpha_{43} \rho_{23} \tag{13.17}$$

を得る．同様に，(13.13) 式に x_1 をかけて期待値をとると，

$$\rho_{12} = \alpha_{21} \tag{13.18}$$

となり，(13.14) 式に x_2 をかけて期待値をとり，(13.18) 式を代入すれば，

$$\rho_{23} = \alpha_{31}\rho_{12} + \alpha_{32} = \alpha_{31}\alpha_{21} + \alpha_{32} \tag{13.19}$$

を得る．これらを (13.17) 式に代入すれば，

$$\rho_{24} = \alpha_{42} + \alpha_{43}\alpha_{32} + \alpha_{21}\alpha_{41} + \alpha_{21}\alpha_{43}\alpha_{31} \tag{13.20}$$

となる．すなわち，x_2 と x_4 の母相関係数 ρ_{24} はパス係数の積和に分解される．ここで，α_{42} は x_2 から x_4 への矢線に対応し，**直接効果**と呼ぶ．$\alpha_{43}\alpha_{32}$ は「$x_2 \to x_3 \to x_4$」に対応し，**間接効果**と呼ぶ．また，$\alpha_{21}\alpha_{41} + \alpha_{21}\alpha_{43}\alpha_{31}$ は，x_1 を x_2 と x_4 の共通原因とする**擬似相関**である．これを**相関の分解**と呼ぶ．他の母相関係数についての相関の分解も同様に考えることができる（【問題 13.2】を参照）．

このように，一般に，相関の分解は，

$$（相関係数）=（直接効果）+（間接効果）+（擬似相関） \tag{13.21}$$

と表現できる．ただし，(13.18) 式や (13.19) 式のように，(13.21) 式の右辺のすべての項目が存在するとは限らない．

図 13.1 において，変数 x_2 に何らかの変化を生じさせたとき，擬似相関 $\alpha_{21}\alpha_{41} + \alpha_{21}\alpha_{43}\alpha_{31}$ の部分は x_4 に対する効果として現れない．このことより，直接効果と間接効果の和を**総合効果**と呼ぶ．

13.2 グラフィカルモデリング

(1) 相関係数行列と偏相関係数行列

13.1 節の第 (2) 項では，3 つの変数 x, y, z の（標本）相関係数 r_{xy}, r_{xz}, r_{yz} から（標本）偏相関係数を求める公式とその導出方法について述べた．その公式は，母相関係数と母偏相関係数に対しても成り立つ．本項では，変数の個数が 3 以上の場合も考える．

第13章 その他の方法

まず，母偏相関係数の別の求め方を説明する．以下では，変数を $x_1, x_2, \cdots, x_p$ と表し，x_i と x_j の母相関係数を ρ_{ij} と表し，母相関係数と母偏相関係数の関係について説明する（標本相関係数と標本偏相関係数についても同じ内容が成り立つ）．

p 個の変数 $x_1, x_2, \cdots, x_p$ の母相関係数行列 $\Pi = [\rho_{ij}]$（$p \times p$ 行列，(i,j) 要素が ρ_{ij}）に対して，その逆行列を $\Pi^{-1} = [\rho^{ij}]$（添え字を上付きにしている点に注意）と表す．このとき，x_i と x_j 以外のすべての変数を与えたときの x_i と x_j の**母偏相関係数**を

$$\rho_{ij \cdot \text{rest}} = -\frac{\rho^{ij}}{\sqrt{\rho^{ii} \rho^{jj}}} \tag{13.22}$$

と求めることができる（「rest」は「残りの変数」を意味する）．すなわち，逆行列における要素を2つの対角要素の平方根で割って基準化し，符号を反転すればよい．また，$\rho_{ii \cdot \text{rest}}$（自分自身との母偏相関係数）は，考える意味はないが，(13.22) 式に基づいて形式的に -1 と定義する．この母偏相関係数をすべての変数対について求め，行列の形にまとめたものを**母偏相関係数行列**と呼ぶ．

例えば，4つの変数があり，母相関係数行列 Π が次の通りであるとする．

$$\Pi = \begin{bmatrix} 1.00 & \rho_{12} & \rho_{13} & \rho_{14} \\ \rho_{21} & 1.00 & \rho_{23} & \rho_{24} \\ \rho_{31} & \rho_{32} & 1.00 & \rho_{34} \\ \rho_{41} & \rho_{42} & \rho_{43} & 1.00 \end{bmatrix} = \begin{bmatrix} 1.00 & 0.60 & 0.60 & 0.60 \\ 0.60 & 1.00 & 0.36 & 0.36 \\ 0.60 & 0.36 & 1.00 & 0.36 \\ 0.60 & 0.36 & 0.36 & 1.00 \end{bmatrix} \tag{13.23}$$

この逆行列を求めると次のようになる．

$$\Pi^{-1} = \begin{bmatrix} \rho^{11} & \rho^{12} & \rho^{13} & \rho^{14} \\ \rho^{21} & \rho^{22} & \rho^{23} & \rho^{24} \\ \rho^{31} & \rho^{32} & \rho^{33} & \rho^{34} \\ \rho^{41} & \rho^{42} & \rho^{43} & \rho^{44} \end{bmatrix}$$

$$= \begin{bmatrix} 2.688 & -0.938 & -0.938 & -0.938 \\ -0.938 & 1.563 & 0 & 0 \\ -0.938 & 0 & 1.563 & 0 \\ -0.938 & 0 & 0 & 1.563 \end{bmatrix} \quad (13.24)$$

母相関係数行列およびその逆行列の要素は $\rho_{ij} = \rho_{ji}$, $\rho^{ij} = \rho^{ji}$ という関係がある（Π と Π^{-1} は対称行列である）．

(13.22) 式を用いることにより，それぞれの母偏相関係数を求めることができる．例えば，

$$\rho_{12\cdot 34} = \rho_{12\cdot \text{rest}} = -\frac{\rho^{12}}{\sqrt{\rho^{11}\rho^{22}}} = -\frac{(-0.938)}{\sqrt{2.688 \times 1.563}} = 0.458 \quad (13.25)$$

$$\rho_{23\cdot 14} = \rho_{23\cdot \text{rest}} = -\frac{\rho^{23}}{\sqrt{\rho^{22}\rho^{33}}} = -\frac{0}{\sqrt{1.563 \times 1.563}} = 0 \quad (13.26)$$

となる．これらの値をすべての変数対に対して計算し，行列の形に並べると，次の母偏相関係数行列 Λ を得る．

$$\Lambda = \begin{bmatrix} - & \rho_{12\cdot \text{rest}} & \rho_{13\cdot \text{rest}} & \rho_{14\cdot \text{rest}} \\ \rho_{21\cdot \text{rest}} & - & \rho_{23\cdot \text{rest}} & \rho_{24\cdot \text{rest}} \\ \rho_{31\cdot \text{rest}} & \rho_{32\cdot \text{rest}} & - & \rho_{34\cdot \text{rest}} \\ \rho_{41\cdot \text{rest}} & \rho_{42\cdot \text{rest}} & \rho_{43\cdot \text{rest}} & - \end{bmatrix}$$

$$= \begin{bmatrix} - & 0.458 & 0.458 & 0.458 \\ 0.458 & - & 0 & 0 \\ 0.458 & 0 & - & 0 \\ 0.458 & 0 & 0 & - \end{bmatrix} \quad (13.27)$$

母偏相関係数行列では，母相関係数行列との区別が明確になるよう，対角部分を " $-$ " と表示している（この " $-$ " の部分は形式的には -1 がある）．

母偏相関係数行列を求めるためには，母相関係数行列の逆行列を求めなければならない．変数間に何らかの線形関係式が成り立つ場合には母相関係数

行列の逆行列は求まらない．このことは，回帰分析において多重共線性が発生することと同じである．したがって，このような状況では，線形関係式を構成している（または，構成していそうな）変数の 1 つないしはいくつかを取り除いてから解析を行う必要がある．

逆に，母偏相関係数行列 Λ が与えられたとき，それに対応する母相関係数行列 Π を求める手順は次の通りである．$\Lambda = [\rho_{ij\cdot\text{rest}}]$ に -1 をかけた行列の逆行列 $(-\Lambda)^{-1} = [\tau^{ij}]$ を求めて，対応する 2 つの対角要素の平方根で割って基準化することにより母相関係数 ρ_{ij} を求めることができる．すなわち，

$$\rho_{ij} = \frac{\tau^{ij}}{\sqrt{\tau^{ii}\tau^{jj}}} \tag{13.28}$$

である．

(13.27) 式の偏相関係数行列 Λ について考えよう．対角要素（" $-$ " と表示している部分）は -1 であることに注意して，$-\Lambda$ の逆行列を求めると次のようになる．

$$(-\Lambda)^{-1} = \begin{bmatrix} \tau^{11} & \tau^{12} & \tau^{13} & \tau^{14} \\ \tau^{21} & \tau^{22} & \tau^{23} & \tau^{24} \\ \tau^{31} & \tau^{32} & \tau^{33} & \tau^{34} \\ \tau^{41} & \tau^{42} & \tau^{43} & \tau^{44} \end{bmatrix}$$

$$= \begin{bmatrix} 2.698 & 1.235 & 1.235 & 1.235 \\ 1.235 & 1.566 & 0.566 & 0.566 \\ 1.235 & 0.566 & 1.566 & 0.566 \\ 1.235 & 0.566 & 0.566 & 1.566 \end{bmatrix} \tag{13.29}$$

ここで，(13.28) 式を用いることにより，母相関係数を求めることができる．例えば，

$$\rho_{12} = \frac{\tau^{12}}{\sqrt{\tau^{11}\,\tau^{22}}} = \frac{1.235}{\sqrt{2.698 \times 1.566}} = 0.60 \tag{13.30}$$

$$\rho_{23} = \frac{\tau^{23}}{\sqrt{\tau^{22}\tau^{33}}} = \frac{0.566}{\sqrt{1.566 \times 1.566}} = 0.36 \tag{13.31}$$

となる．これらの値をすべての変数対に対して計算し，行列の形に並べると，(13.23) 式の母相関係数行列 Π を得る．

（2）独立グラフ

母相関係数行列として

$$\Pi = \begin{bmatrix} 1.00 & \rho_{12} & \rho_{13} \\ \rho_{21} & 1.00 & \rho_{23} \\ \rho_{31} & \rho_{32} & 1.00 \end{bmatrix} = \begin{bmatrix} 1.00 & 0.90 & 0.80 \\ 0.90 & 1.00 & 0.72 \\ 0.80 & 0.72 & 1.00 \end{bmatrix} \tag{13.32}$$

を考えよう．この母相関係数行列に基づいて母偏相関係数行列を求めると

$$\Lambda = \begin{bmatrix} - & \rho_{12\cdot 3} & \rho_{13\cdot 2} \\ \rho_{21\cdot 3} & - & \rho_{23\cdot 1} \\ \rho_{31\cdot 2} & \rho_{32\cdot 1} & - \end{bmatrix} = \begin{bmatrix} - & 0.778 & 0.502 \\ 0.778 & - & 0 \\ 0.502 & 0 & - \end{bmatrix} \tag{13.33}$$

を得る．(13.33) 式より，x_1 を与えたとき x_2 と x_3 の母偏相関係数がゼロである（$\rho_{23\cdot 1} = 0$）という相関構造の存在することがわかる．

2 次元正規分布では，「無相関」と「独立」とは同値である．3 次元以上の正規分布においても同様で，例えば，$\rho_{23} = 0$ は x_2 と x_3 とが独立であることを意味する．さらに，母偏相関係数 $\rho_{23\cdot 1} = 0$ は，x_1 を与えたときに x_2 と x_3 が**条件付き独立**であることを意味している．

量的変数のグラフィカルモデリングでは，多次元正規分布を仮定した下で，条件付き独立の関係をグラフを用いて表現する．各変数をグラフの頂点とする．2 つの変数の対 (x_i, x_j) に対して，残りの変数を与えたときの母偏相関係数が $\rho_{ij\cdot\text{rest}} = 0$ ならば，x_i と x_j とは条件付き独立である．このとき，この 2 つの変数間は線分で直接結ばない．一方，$\rho_{ij\cdot\text{rest}} \neq 0$ なら，x_i と x_j を線分で直接結ぶ．このようにして，変数を頂点として，条件付き独立の関係を表現したグラフを**独立グラフ**と呼ぶ．

(13.33) 式の母偏相関係数行列の値より独立グラフを作成すると図 13.2 のようになる．

4 変数の場合も考えておこう（5 変数以上の場合も同様である）．母相関係数行列として (13.23) 式を考えると，母偏相関係数行列は (13.27) 式となった．(13.27) 式では，$\rho_{23 \cdot \mathrm{rest}} = 0$，$\rho_{24 \cdot \mathrm{rest}} = 0$，$\rho_{34 \cdot \mathrm{rest}} = 0$ だから，対応する独立グラフは図 13.3 となる．

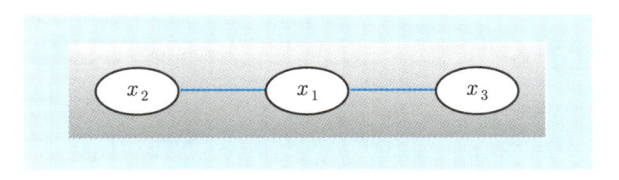

図 13.2 独立グラフ（(13.33) 式）

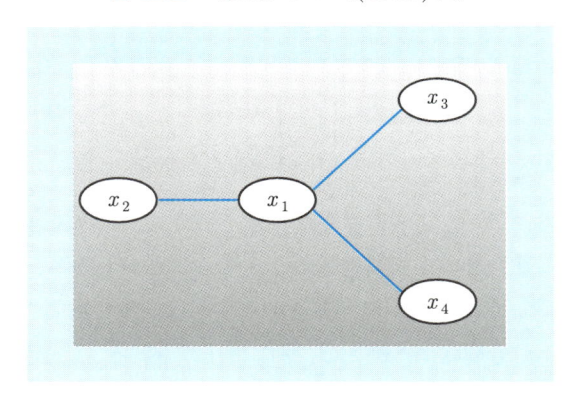

図 13.3 独立グラフ（(13.27) 式）

独立グラフでは，その作成の仕方通り，線で直接つながっていない変数対は，残りの変数を与えた下で条件付き独立となっている．さらに，線で直接つながっていない変数対については，「残りのすべての変数を与える」という条件をゆるめて，「その変数対を間接的につなぐ経路に含まれる変数のみを与えたもと」で条件付き独立であるというより解釈しやすいことが成り立つ．変数間の絡み具合に関して，直接的な関係なのか，ある変数を与えると関係が断ち切れる（条件付き独立となる）のか検討することが，独立グラフの基

本的な見方である．

図 13.2 では，x_1 を与えた下で，x_2 と x_3 は条件付き独立である．つまり，x_1 の値を固定するならば，x_2 と x_3 が独立になる．したがって，x_3 の値をコントロールする目的で x_2 を変化させても，x_1 が固定されているのなら目的を達することはできない．つまり，x_3 の制御には，x_2 を操作するよりも x_1 を操作する方がよい．

図 13.3 では，x_1 を与えると，x_2 と x_3，x_2 と x_4，x_3 と x_4 が条件付き独立である．(13.27) 式では，$\rho_{23 \cdot \text{rest}} = 0$, $\rho_{24 \cdot \text{rest}} = 0$, $\rho_{34 \cdot \text{rest}} = 0$ だったが，独立グラフを作成することによって，$\rho_{23 \cdot 1} = 0$, $\rho_{24 \cdot 1} = 0$, $\rho_{34 \cdot 1} = 0$ というさらに解釈しやすい結果の得られていることがわかる（rest が 1 となって，条件付ける変数の数が少なくなっている）．図 13.3 の状況では，x_1 の値を固定すると，x_2, x_3, x_4 の間に関係が無くなる．

(3) 共分散選択

実際のデータ解析では，データにばらつきがあるから，標本偏相関係数がぴったりとゼロになるということはほとんどない．

そこで，ゼロに近い標本偏相関係数が得られたら，それに対応する母偏相関係数をゼロとみなす．つまり，回帰分析における説明変数の選択と同様に，データに基づいていくつかの母偏相関係数をゼロとみなし，それに対応する独立グラフを描いて条件付き独立性を考察する．このような操作を**共分散選択**と呼ぶ．

共分散選択を行い，得られたモデルの妥当性を評価しながら，適切なモデルの選択を行うことがグラフィカルモデリングである．

13.3 因子分析

(1) 因子分析とは

因子分析は，多くの変数の相関関係を少数の**潜在因子**によって説明するための方法である．

国語 (x_1)・英語 (x_2)・数学 (x_3)・理科 (x_4) の4教科の試験の成績データを考え，それぞれの変数を標準化して国語 (u_1)・英語 (u_2)・数学 (u_3)・理科 (u_4) とおく．生徒の人数を n 人として，データの形式を表 13.1 に示す．

主成分分析でも表 13.1 と同じ形式のデータを解析した．主成分分析では，多数の変数（表 13.1 なら 4 変数）の情報をできるだけ少ない次元で解釈することを目的とし，観測変数の一次結合の形をした合成変数（主成分）を構成した．一方，因子分析では，多数の観測変数の背後に少数の潜在因子を想定し，それにより観測変数間に相関関係が生じていると考え，それをモデル化して解析を進める．つまり，「潜在因子を想定すること」「モデル化して分析すること」が主成分分析との違いである．しかし，実際には，主成分分析と因子分析では類似した解析結果の得られることが多い．

表 13.1 試験の成績のデータ

生徒 No.	国語 u_1	英語 u_2	数学 u_3	理科 u_4
1	u_{11}	u_{12}	u_{13}	u_{14}
2	u_{21}	u_{22}	u_{23}	u_{24}
⋮	⋮	⋮	⋮	⋮
i	u_{i1}	u_{i2}	u_{i3}	u_{i4}
⋮	⋮	⋮	⋮	⋮
n	u_{n1}	u_{n2}	u_{n3}	u_{n4}

（2）**因子分析のモデル**

表 13.1 のデータの形式に対して次のモデルを想定しよう．

$$\begin{aligned} u_{i1} &= b_{11}f_{i1} + b_{12}f_{i2} + \varepsilon_{i1} \\ u_{i2} &= b_{21}f_{i1} + b_{22}f_{i2} + \varepsilon_{i2} \\ u_{i3} &= b_{31}f_{i1} + b_{32}f_{i2} + \varepsilon_{i3} \\ u_{i4} &= b_{41}f_{i1} + b_{42}f_{i2} + \varepsilon_{i4} \end{aligned} \quad (i = 1, 2, \cdots, n) \tag{13.34}$$

左辺はデータの値である．右辺の量はすべて観測できない．f_{i1} と f_{i2} ($i = 1, 2, \cdots, n$) は潜在因子の個人ごとの値であり，**因子得点**と呼ぶ．また，これらの潜在因子を**共通因子**と呼ぶ．表 13.1 のデータについては，f_1 は

13.3 因子分析

「文系的能力」，f_2 は「理系的能力」とイメージするとよい（実際は，データ解析の結果から解釈する）．因子得点は生徒により異なる．$b_{11}, b_{21}, \cdots, b_{42}$ は共通因子に掛かる係数であり，生徒が異なっても同じ値である．これらの係数を**因子負荷量**と呼ぶ．また，$\varepsilon_{i1}, \varepsilon_{i2}, \varepsilon_{i3}, \varepsilon_{i4}$ $(i = 1, 2, \cdots, n)$ は共通因子では説明できない量で，**独自因子**と呼ぶ．観測誤差だけでなく，各科目独自の変動を表すので，このような名称が付いている．独自因子の値も生徒により異なる．

(13.34) 式において，因子負荷量だけが定数であり，他の量は確率変数である．共通因子 f_1 と f_2 はそれぞれ標準化されている（期待値が 0，分散が 1）と仮定し，独自因子 $\varepsilon_1, \varepsilon_2, \varepsilon_3, \varepsilon_4$ のそれぞれの期待値は 0，それぞれの分散は $d_1^2, d_2^2, d_3^2, d_4^2$ と仮定する．ここでは，共通因子間，独自因子間は無相関，共通因子と独自因子間も無相関と仮定する．

以上の仮定のもとで，因子負荷量は，観測される変数 u と共通因子 f との母相関係数に等しくなる．例えば，b_{11} は u_1 と f_1 との母相関係数，b_{12} は u_1 と f_2 との母相関係数となる（【問題 13.5】を参照）．

いま，$f_1, f_2, \varepsilon_1, \varepsilon_2$ が互いに無相関なので，(13.34) 式のモデルのもとで u_1 の分散および u_1 と u_2 の共分散は次のようになる．

$$\begin{aligned}
V(u_1) &= V(b_{11}f_1 + b_{12}f_2 + \varepsilon_1) \\
&= b_{11}^2 V(f_1) + b_{12}^2 V(f_2) + V(\varepsilon_1) \\
&= b_{11}^2 + b_{12}^2 + d_1^2
\end{aligned} \tag{13.35}$$

$$\begin{aligned}
C(u_1, u_2) &= C(b_{11}f_1 + b_{12}f_2 + \varepsilon_1, b_{21}f_1 + b_{22}f_2 + \varepsilon_2) \\
&= b_{11}b_{21} V(f_1) + b_{12}b_{22} V(f_2) \\
&= b_{11}b_{21} + b_{12}b_{22}
\end{aligned} \tag{13.36}$$

一方，u_1, u_2, u_3, u_4 は標準化されているので，$V(u_1) = 1$，$C(u_1, u_2) = \rho_{12}$（u_1 と u_2 の母相関係数）である．

他の u_j についても同様に分散や共分散を求めることにより，母相関係数行列 Π に関して次式を得る．

$$
\Pi = \begin{bmatrix} 1 & \rho_{12} & \rho_{13} & \rho_{14} \\ \rho_{21} & 1 & \rho_{23} & \rho_{24} \\ \rho_{31} & \rho_{32} & 1 & \rho_{34} \\ \rho_{41} & \rho_{42} & \rho_{43} & 1 \end{bmatrix}
$$

$$
= \begin{bmatrix} b_{11}^2 + b_{12}^2 & b_{11}b_{21} + b_{12}b_{22} & b_{11}b_{31} + b_{12}b_{32} & b_{11}b_{41} + b_{12}b_{42} \\ b_{21}b_{11} + b_{22}b_{12} & b_{21}^2 + b_{22}^2 & b_{21}b_{31} + b_{22}b_{32} & b_{21}b_{41} + b_{22}b_{42} \\ b_{31}b_{11} + b_{32}b_{12} & b_{31}b_{21} + b_{32}b_{22} & b_{31}^2 + b_{32}^2 & b_{31}b_{41} + b_{32}b_{42} \\ b_{41}b_{11} + b_{42}b_{12} & b_{41}b_{21} + b_{42}b_{22} & b_{41}b_{31} + b_{42}b_{32} & b_{41}^2 + b_{42}^2 \end{bmatrix}
$$

$$
+ \begin{bmatrix} d_1^2 & 0 & 0 & 0 \\ 0 & d_2^2 & 0 & 0 \\ 0 & 0 & d_3^2 & 0 \\ 0 & 0 & 0 & d_4^2 \end{bmatrix} \tag{13.37}
$$

ここで，

$$
B = \begin{bmatrix} b_{11} & b_{12} \\ b_{21} & b_{22} \\ b_{31} & b_{32} \\ b_{41} & b_{42} \end{bmatrix}, \quad D = \begin{bmatrix} d_1^2 & 0 & 0 & 0 \\ 0 & d_2^2 & 0 & 0 \\ 0 & 0 & d_3^2 & 0 \\ 0 & 0 & 0 & d_4^2 \end{bmatrix} \tag{13.38}
$$

とおくと，(13.37) 式は

$$
\Pi = BB' + D \tag{13.39}
$$

と表現することができる．

(13.37) 式の対角要素に注目する．(j,j) 要素については

$$
b_{j1}^2 + b_{j2}^2 = 1 - d_j^2 \quad (= h_j^2 \text{ とおく})\ (j = 1, 2, 3, 4) \tag{13.40}
$$

となる．この量 h_j^2 は，変数 u_j の変動のうち共通因子によって説明できる部

分を表すので u_j の**共通性**と呼ぶ．それに対して，d_j^2 は共通因子では説明できないばらつきの大きさなので u_j の**独自性**と呼ぶ．

(3) **解析の流れ**

(13.34) 式のモデルでは共通因子の個数を 2 とした．しかし，実際の解析では，共通因子の個数の設定が第 1 段階の作業であり，それによりモデルが定まる．共通因子の個数の設定は，主成分分析の場合と同様に考えて，標本相関係数行列 R ($= \hat{\Pi}$) の 1 より大きな固有値の個数とするのが 1 つの目安である．表 13.1 の形式のデータに対して，R の 1 より大きな固有値が 2 個だったとして，共通因子の個数を 2 と設定するとしよう．すなわち，この時点で，データに基づいて (13.34) 式のモデルを定めたことになる．

次に，因子負荷量を推定する．因子負荷量の推定方法はいろいろと提案されているが，ここでは**主因子法**を説明する．(13.37) 式より，

$$\Pi - D = \begin{bmatrix} 1-d_1^2 & \rho_{12} & \rho_{13} & \rho_{14} \\ \rho_{21} & 1-d_2^2 & \rho_{23} & \rho_{24} \\ \rho_{31} & \rho_{32} & 1-d_3^2 & \rho_{34} \\ \rho_{41} & \rho_{42} & \rho_{43} & 1-d_4^2 \end{bmatrix} \tag{13.41}$$

となる．対角線以外の要素は $\hat{\rho}_{jk} = r_{jk}$ (u_j と u_k の標本相関係数) と推定する．対角要素は共通性であり，その推定方法は多様である．1 つの方法は，例えば，$1-d_1^2$ の推定量として，「目的変数を u_1，説明変数を u_2, u_3, u_4 とした場合の重回帰分析における寄与率」を用いることである（他の $1-d_j^2$ の推定も同様）．しかし，この推定精度はあまりよくない．

もし，(13.34) 式のモデルがよくあてはまっているなら，$\widehat{\Pi - D}$ の固有値は $\lambda_1 \geq \lambda_2 > \lambda_3 \fallingdotseq \lambda_4 \fallingdotseq 0$ となる（第 (4♣) 項を参照）．そこで，λ_1 と λ_2 に対応する（長さ 1 の）固有ベクトルをそれぞれ $\boldsymbol{c}_1 = [c_{11}, c_{21}, c_{31}, c_{41}]'$，$\boldsymbol{c}_2 = [c_{12}, c_{22}, c_{32}, c_{42}]'$ とするとき，(13.38) 式の B を

$$\hat{B} = \begin{bmatrix} \sqrt{\lambda_1}c_{11} & \sqrt{\lambda_2}c_{12} \\ \sqrt{\lambda_1}c_{21} & \sqrt{\lambda_2}c_{22} \\ \sqrt{\lambda_1}c_{31} & \sqrt{\lambda_2}c_{32} \\ \sqrt{\lambda_1}c_{41} & \sqrt{\lambda_2}c_{42} \end{bmatrix} \tag{13.42}$$

と推定する（(9.30) 式および (9.36) 式を参照）．しかし，$1 - d_j^2$ の推定精度がよくないため，実際は，$\widehat{\Pi - D}$ の対角要素を $\hat{B}\hat{B}'$ の対角要素で置き換え，その行列の固有値・固有ベクトルを求めて B を (13.42) 式で再び推定し，「対角要素を置き換えた $\widehat{\Pi - D}$」と「新たに求めた $\hat{B}\hat{B}'$」の対角要素が十分近くなるまで反復推定を行うことが多い．

このようにして求めた因子負荷量に基づいて，主成分分析の場合と同様に，因子の解釈を試みる．ただし，因子分析では**回転の不定性**があることに注意する．2 次元の回転を表す行列

$$T = \begin{bmatrix} \cos\theta & -\sin\theta \\ \sin\theta & \cos\theta \end{bmatrix} \tag{13.43}$$

に対して，その逆行列（逆回転）は

$$\begin{aligned} T^{-1} &= \begin{bmatrix} \cos(-\theta) & -\sin(-\theta) \\ \sin(-\theta) & \cos(-\theta) \end{bmatrix} \\ &= \begin{bmatrix} \cos\theta & \sin\theta \\ -\sin\theta & \cos\theta \end{bmatrix} = T' \end{aligned} \tag{13.44}$$

である（$T^{-1}T = T'T = I_2$（2 次の単位行列）：T は直交行列）．これより，上で得られた因子負荷量の推定量 $\hat{B}$ に対して，$\hat{B}^* = \hat{B}T'$ とおくと，$\hat{B}^*\hat{B}^{*\prime} = \hat{B}T'T\hat{B}' = \hat{B}\hat{B}'$ となる．すなわち，$\hat{B}^* = \hat{B}T'$ も (13.39) 式の関係を満たす因子負荷量の推定量である．以下，$\hat{B}^*$ の (j,k) 要素を $\hat{b}_{jk}^*$ と表す．

回転の意味について補足する．(13.34) 式のモデルにおいて，例えば，u_{i1} の右辺は次のようになる．

13.3 因子分析

$$u_{i1} = b_{11} f_{i1} + b_{12} f_{i2} + \varepsilon_{i1} = [\, b_{11}, b_{12} \,] \begin{bmatrix} f_{i1} \\ f_{i2} \end{bmatrix} + \varepsilon_{i1}$$

$$= [\, b_{11}, b_{12} \,] T'T \begin{bmatrix} f_{i1} \\ f_{i2} \end{bmatrix} + \varepsilon_{i1} = b_{11}^* f_{i1}^* + b_{12}^* f_{i2}^* + \varepsilon_{i1} \quad (13.45)$$

ここで，$[\, b_{11}, b_{12} \,]T' = [b_{11}^*, b_{12}^*]$, $T[\, f_{i1}, f_{i2} \,]' = [f_{i1}^*, f_{i2}^*]'$ とおいた．$T[\, f_{i1}, f_{i2} \,]'$ は共通因子を回転させることに対応する．それにともなって因子負荷量にも回転の行列が掛かっている．

回転後も，f_1^* と f_2^* のそれぞれの期待値は 0，それぞれの分散は 1 であり，f_1^* と f_2^* は無相関である（【問題 13.8♣】を参照）．また，f_1^* と f_2^* は，f_1 と f_2 の変換なので，各 ε と無相関である．したがって，b_{11}^* は u_1 と f_1^* の母相関係数，b_{12}^* は u_1 と f_2^* の母相関係数である．

回転後の u_j の共通性の推定値は，(13.40) 式の左辺に基づいて，$\hat{b}_{j1}^{*2} + \hat{b}_{j2}^{*2}$ と定義できる．ただし，$\hat{B}^* \hat{B}^{*\prime} = \hat{B} \hat{B}'$ なので，$\hat{b}_{j1}^{*2} + \hat{b}_{j2}^{*2} = \hat{b}_{j1}^{2} + \hat{b}_{j2}^{2}$ であり，u_j の共通性の推定値は回転に対して不変である．

回転の不定性より，因子の解釈が容易になるように回転を施すことが許される．「因子の解釈が容易である」というのは主観的な問題だが，通常，因子負荷量がゼロに近いものとゼロから大きく離れるものに分離できるとき「解釈が容易」と考える．例えば，(13.34) 式のモデルにおいて「$\hat{b}_{11}^*, \hat{b}_{21}^*, \hat{b}_{32}^*, \hat{b}_{42}^*$ が（ゼロと大きく異なる）正の値で，残りがゼロに近い値」と分離できれば，f_1^* は国語 (u_1)・英語 (u_2) に関係する因子，すなわち「文系的能力」と解釈でき，f_2^* は数学 (u_3)・理科 (u_4) に関係する因子，すなわち「理系的能力」と解釈できる．このような回転は，(13.42) 式の行列 $\hat{B}^*$ の各列ごとの各要素の 2 乗の分散の和を最大にするという基準で求める．これを**バリマックス基準**と呼ぶ．

主成分分析の場合のように，因子の**寄与率**を求めることもできる．いま，観測変数が 4 つあり，分散の合計（総変動）は $V(u_1)+V(u_2)+V(u_3)+V(u_4)=4$ である．(13.37) 式より，個々の因子の寄与率は，それに掛かっている因子負

荷量の推定値の2乗和を総変動で割ったものと定義する．すなわち，

$$(f_1^* \text{の寄与率}) = (\hat{b}_{11}^{*2} + \hat{b}_{21}^{*2} + \hat{b}_{31}^{*2} + \hat{b}_{41}^{*2})/4 \tag{13.46}$$

$$(f_2^* \text{の寄与率}) = (\hat{b}_{12}^{*2} + \hat{b}_{22}^{*2} + \hat{b}_{32}^{*2} + \hat{b}_{42}^{*2})/4 \tag{13.47}$$

である．個々の因子の寄与率は回転によって変化することに注意する．次に，取り上げたすべての因子の**累積寄与率**を個々の因子の寄与率の和と定義する．このとき，

$$(\text{累積寄与率}) = (\hat{h}_1^2 + \hat{h}_2^2 + \hat{h}_3^2 + \hat{h}_4^2)/4 \tag{13.48}$$

となる（【問題13.7】を参照）．共通性は回転に対して不変だったから，累積寄与率は回転に対して不変である．

最後に，各サンプルの因子得点を推定する．そのために，

$$\hat{f}_1^* = \hat{\beta}_{11} u_1 + \hat{\beta}_{12} u_2 + \hat{\beta}_{13} u_3 + \hat{\beta}_{14} u_4 \tag{13.49}$$

$$\hat{f}_2^* = \hat{\beta}_{21} u_1 + \hat{\beta}_{22} u_2 + \hat{\beta}_{23} u_3 + \hat{\beta}_{24} u_4 \tag{13.50}$$

として，最小2乗法によりuのそれぞれの係数$\hat{\beta}$を求める．

例えば(13.49)式について，目的変数がf_1^*，説明変数がu_1, u_2, u_3, u_4の重回帰分析として考えてみよう．変数はすべて標準化されているから定数項は省略できる．因子分析ではf_1^*の値は観測されていないから，重回帰分析の状況とは異なる．しかし，重回帰分析において最小2乗法により偏回帰係数（いまの場合は標準偏回帰係数）は(5.63)式を用いて求めることができた．(5.63)式を(13.49)式に対応させると次のようになる．

$$\begin{bmatrix} \hat{\beta}_{11} \\ \hat{\beta}_{12} \\ \hat{\beta}_{13} \\ \hat{\beta}_{14} \end{bmatrix} = \begin{bmatrix} S_{11} & S_{12} & S_{13} & S_{14} \\ S_{21} & S_{22} & S_{23} & S_{24} \\ S_{31} & S_{32} & S_{33} & S_{34} \\ S_{41} & S_{42} & S_{43} & S_{44} \end{bmatrix}^{-1} \begin{bmatrix} S_{1f_1^*} \\ S_{2f_1^*} \\ S_{3f_1^*} \\ S_{4f_1^*} \end{bmatrix} \tag{13.51}$$

ここで，f_1^*とuが母集団では標準化されていることに考慮し，$S_{jk} = (n-1)r_{jk}$，$S_{jf_1^*} = (n-1)\hat{b}_{j1}^*$（$\hat{b}_{j1}^*$は因子負荷量の推定量，$b_{j1}^*$は$u_j$と$f_1^*$の母

13.3 因子分析

相関係数だった）と考えることにして（(2.11) 式を参照），偏回帰係数を求めることができる．そのようにして求めた予測式 (13.49) の各 u_j に各サンプルの観測値を代入すれば因子得点を推定することができる．因子得点の利用の仕方は主成分分析の場合の主成分得点の利用と同様である．

(4♣) 因子負荷量の推定の考え方

ここでも表 13.1 に基づいて 4 次元の場合について説明する．
主成分分析で，例えば「第 2 主成分まで考えればよい」となったとしよう．この意味は，9.4 節で述べたように，標本相関係数行列 R を

$$R = \eta_1 \boldsymbol{a}_1 \boldsymbol{a}_1' + \eta_2 \boldsymbol{a}_2 \boldsymbol{a}_2' + \eta_3 \boldsymbol{a}_3 \boldsymbol{a}_3' + \eta_4 \boldsymbol{a}_4 \boldsymbol{a}_4' \tag{13.52}$$

とスペクトル分解したとき（ここでは第（3）項に出てきた λ と区別するため，R の固有値を η と表示している），$\eta_3 \fallingdotseq \eta_4 \fallingdotseq 0$ なので，

$$R \fallingdotseq \eta_1 \boldsymbol{a}_1 \boldsymbol{a}_1' + \eta_2 \boldsymbol{a}_2 \boldsymbol{a}_2' = [\sqrt{\eta_1}\boldsymbol{a}_1, \sqrt{\eta_2}\boldsymbol{a}_2] \begin{bmatrix} \sqrt{\eta_1}\boldsymbol{a}_1' \\ \sqrt{\eta_2}\boldsymbol{a}_2' \end{bmatrix} \tag{13.53}$$

という近似を考えることができるということだった．

一方，(13.34) 式のモデルを考えよう．このとき，(13.39) 式が成り立つことより，$\boldsymbol{b}_1 = [b_{11}, b_{21}, b_{31}, b_{41}]'$, $\boldsymbol{b}_2 = [b_{12}, b_{22}, b_{32}, b_{42}]'$ とおくと，

$$\Pi - D = BB' = [\boldsymbol{b}_1, \boldsymbol{b}_2] \begin{bmatrix} \boldsymbol{b}_1' \\ \boldsymbol{b}_2' \end{bmatrix} = \boldsymbol{b}_1 \boldsymbol{b}_1' + \boldsymbol{b}_2 \boldsymbol{b}_2' \tag{13.54}$$

となる．(13.54) 式の右辺の階数は 2 なので，(13.34) 式のモデルがよくあてはまっているなら，$\Pi - D$ の推定量 $\widehat{\Pi - D}$ を

$$\widehat{\Pi - D} = \lambda_1 \boldsymbol{c}_1 \boldsymbol{c}_1' + \lambda_2 \boldsymbol{c}_2 \boldsymbol{c}_2' + \lambda_3 \boldsymbol{c}_3 \boldsymbol{c}_3' + \lambda_4 \boldsymbol{c}_4 \boldsymbol{c}_4' \tag{13.55}$$

とスペクトル分解したとき，$\lambda_1 \geq \lambda_2 > \lambda_3 \fallingdotseq \lambda_4 \fallingdotseq 0$ となるはずである．すなわち，

$$\widehat{\Pi - D} \fallingdotseq \lambda_1 \boldsymbol{c}_1 \boldsymbol{c}_1' + \lambda_2 \boldsymbol{c}_2 \boldsymbol{c}_2' \tag{13.56}$$

という近似式が成り立つ．このもとで，(13.54) 式と (13.56) 式とを対比することにより，(13.42) 式に示した推定量を得る．

13.4 正準相関分析

(1) 正準相関分析とは

変数が 2 つのグループに分けられているとする．正準相関分析は，グループごとに合成変数を構成し，それらのあいだの相関係数を最大にする方法である．この方法を用いることにより，2 つのグループの変数間の関連性を考察することができる．

小学 6 年生のときの 4 教科の成績を変数の第 1 グループ，中学 3 年生の 3 教科の成績を変数の第 2 グループとした，生徒 n 人のデータ形式を表 13.2 に示す．各変数は標準化されているとする．第 1 グループの変数に基づく合成変数を

$$y_1 = a_1 u_1 + a_2 u_2 + a_3 u_3 + a_4 u_4 \tag{13.57}$$

とし，第 2 グループの変数に基づく合成変数を

$$z_1 = b_1 w_1 + b_2 w_2 + b_3 w_3 \tag{13.58}$$

として，y_1 と z_1 の相関係数が最大になるように定数 $a_1, a_2, a_3, a_4, b_1, b_2, b_3$ を定める．y_1 と z_1 を**第 1 正準変数**と呼び，y_1 と z_1 の相関係数を**第 1 正準相関係数**と呼ぶ．

y_1 および z_1 だけでは説明力が十分でない場合には，主成分分析の場合と同様に，**第 2 正準変数** y_2, z_2 を考える（第 3 正準変数以降も同様である）．

表 13.2 成績のデータ

生徒 No.	第 1 グループ：小学 6 年での成績				第 2 グループ：中学 3 年での成績		
	国語	社会	算数	理科	国語	英語	数学
	u_1	u_2	u_3	u_4	w_1	w_2	w_3
1	u_{11}	u_{12}	u_{13}	u_{14}	w_{11}	w_{12}	w_{13}
2	u_{21}	u_{22}	u_{23}	u_{24}	w_{21}	w_{22}	w_{23}
⋮	⋮	⋮	⋮	⋮	⋮	⋮	⋮
i	u_{i1}	u_{i2}	u_{i3}	u_{i4}	w_{i1}	w_{i2}	w_{i3}
⋮	⋮	⋮	⋮	⋮	⋮	⋮	⋮
n	u_{n1}	u_{n2}	u_{n3}	u_{n4}	w_{n1}	w_{n2}	w_{n3}

13.4 正準相関分析

主成分分析では，変数のグループを 1 つだけ考えて，合成変数（主成分）を構成し，その意味の解釈を試みた．正準相関分析では，それぞれの変数のグループごとに合成変数（正準変数）y_1 と z_1 を構成し，y_1 と z_1 の意味および相関の大きさより，2 つのグループの変数の関連性を検討する．

重回帰分析は，第 1 グループに変数が 1 つしかない場合の正準相関分析に相当する．第 1 グループに属する 1 つだけの変数（目的変数）を，第 2 グループに属する複数の変数（説明変数）に基づいて相関係数（重相関係数）が高くなるように合成変数（回帰式）を構成する形式になっている．一方，正準相関分析では，第 1 グループの変数も複数個あり，それらを正準変数という 1 つの目的変数に合成した上で，第 2 グループの変数との関連を重回帰分析と同様に解析すると考えることもできる．

（2）正準相関分析の考え方

解析方法の考え方を説明するため，第 1 グループに属する変数は u_1, u_2 の 2 つ，第 2 グループに属する変数は w_1, w_2 の 2 つとする（変数の個数が増えても考え方は同じである）．求める第 1 正準変数は

$$y_1 = a_1 u_1 + a_2 u_2 \tag{13.59}$$

$$z_1 = b_1 w_1 + b_2 w_2 \tag{13.60}$$

である．u_1, u_2, w_1, w_2 は標準化されているので，$\bar{y}_1 = \bar{z}_1 = 0$ となる．

ここで，次のようにベクトルと行列を定義する．

$$\boldsymbol{a} = \begin{bmatrix} a_1 \\ a_2 \end{bmatrix}, \quad \boldsymbol{b} = \begin{bmatrix} b_1 \\ b_2 \end{bmatrix} \tag{13.61}$$

$$R_u = \begin{bmatrix} 1 & r_{u_1 u_2} \\ r_{u_1 u_2} & 1 \end{bmatrix}, \quad R_w = \begin{bmatrix} 1 & r_{w_1 w_2} \\ r_{w_1 w_2} & 1 \end{bmatrix} \tag{13.62}$$

$$R_{uw} = \begin{bmatrix} r_{u_1 w_1} & r_{u_1 w_2} \\ r_{u_2 w_1} & r_{u_2 w_2} \end{bmatrix} \tag{13.63}$$

主成分分析で説明した内容とまったく同じ展開により，y_1 と z_1 の分散は次のようになる（(9.6) 式および (9.7) 式を参照）．

$$V_{y_1} = a_1^2 + a_2^2 + 2r_{u_1 u_2} a_1 a_2 = \boldsymbol{a}' R_u \boldsymbol{a} \tag{13.64}$$

$$V_{z_1} = b_1^2 + b_2^2 + 2r_{w_1 w_2} b_1 b_2 = \boldsymbol{b}' R_w \boldsymbol{b} \tag{13.65}$$

また，y_1 と z_1 の共分散は，

$$\begin{aligned} C_{y_1 z_1} &= \frac{1}{n-1} \sum_{i=1}^{n} (y_{i1} - \bar{y}_1)(z_{i1} - \bar{z}_1) = \frac{1}{n-1} \sum y_{i1}\, z_{i1} \\ &= \frac{1}{n-1} \sum (a_1 u_{i1} + a_2 u_{i2})(b_1 w_{i1} + b_2 w_{i2}) \\ &= r_{u_1 w_1} a_1 b_1 + r_{u_1 w_2} a_1 b_2 + r_{u_2 w_1} a_2 b_1 + r_{u_2 w_2} a_2 b_2 \\ &= \boldsymbol{a}' R_{uw} \boldsymbol{b} \end{aligned} \tag{13.66}$$

となる．

y_1 と z_1 の相関係数は $r_{y_1 z_1} = C_{y_1 z_1} / \sqrt{V_{y_1} V_{z_1}}$ であり，これを最大にするために，

$$V_{y_1} = V_{z_1} = 1 \tag{13.67}$$

の制約のもとで $C_{y_1 z_1}$ の最大化問題を考える．ラグランジュの未定乗数法を用いることにより，次式を得る（第 (4♣) 項を参照）．

$$R_{uw} \boldsymbol{b} = \lambda R_u \boldsymbol{a} \tag{13.68}$$

$$R'_{uw} \boldsymbol{a} = \lambda R_w \boldsymbol{b} \tag{13.69}$$

(13.69) 式より $\lambda \neq 0$ なら $\boldsymbol{b} = R_w^{-1} R'_{uw} \boldsymbol{a} / \lambda$ であり，これを (13.68) 式に代入することにより (13.70) 式を得る．同様に，$\boldsymbol{a}$ を消去すれば，(13.71) 式を得る．

$$R_u^{-1} R_{uw} R_w^{-1} R'_{uw} \boldsymbol{a} = \lambda^2 \boldsymbol{a} \tag{13.70}$$

$$R_w^{-1} R'_{uw} R_u^{-1} R_{uw} \boldsymbol{b} = \lambda^2 \boldsymbol{b} \tag{13.71}$$

両式の左辺の行列 $R_u^{-1}R_{uw}R_w^{-1}R'_{uw}$ と $R_w^{-1}R'_{uw}R_u^{-1}R_{uw}$ は，共通の固有値 $\lambda_1^2 \geq \lambda_2^2 > 0$ をもち，$\lambda^2 = C_{y_1z_1}^2$ が対応する（(13.85) 式を参照）．したがって，(13.70) 式または (13.71) 式のいずれかの固有値問題を解き，最大の固有値 λ_1^2 に対応する固有ベクトルで，制約条件 (13.67) 式を満たす $\boldsymbol{a}$ と $\boldsymbol{b}$ を求めればよい（ただし，$C_{y_1z_1} = \lambda_1$ が $\lambda_1 > 0$ となるようにとる）．このとき，y_1 と z_1 の相関係数，すなわち，第 1 正準相関係数は $\lambda_1(>0)$ となる．

第 1 正準変数 y_1 と z_1 だけでは十分でないとき，第 2 正準変数 y_2 と z_2 を求める．y_2 と z_2 のそれぞれの分散が 1 であるという条件に加えて，y_2 はすでに求めた y_1 および z_1 と無相関であり，z_2 も y_1 および z_1 と無相関であるという条件のもとで，y_2 と z_2 の相関係数が最大になるように求める．この場合も，(13.70) 式と (13.71) 式の固有値問題に帰着し，2 番目の固有値 λ_2^2 に対応する固有ベクトルに基づいて y_2 と z_2 の係数を定めればよい．

（3）正準変数の解釈

本項でも，第（2）項と同じ設定で説明する．得られた正準変数の意味を解釈するために，正準変数の係数 a_1, a_2, b_1, b_2 の符号や絶対値を考察する．また，各正準変数と同じグループに属するもとの変数との相関係数を考える．これを**正準負荷量**と呼ぶ．

y_1 については，$V_{y_1} = V_{u_1} = V_{u_2} = 1$ なので，

$$\begin{aligned} r_{y_1u_1} &= a_1 + r_{u_1u_2}a_2 \\ r_{y_1u_2} &= r_{u_1u_2}a_1 + a_2 \end{aligned} \tag{13.72}$$

であり，z_1 については，

$$\begin{aligned} r_{z_1w_1} &= b_1 + r_{w_1w_2}b_2 \\ r_{z_1w_2} &= r_{w_1w_2}b_1 + b_2 \end{aligned} \tag{13.73}$$

となる（【問題 13.9】を参照）．

次に，それぞれの正準変数に対して，正準負荷量の 2 乗和を各グループのもとの変数の分散の和で割ったものを正準変数の**寄与率**と定義する．

$$(y_1 \text{ の寄与率}) = \frac{r_{y_1 u_1}^2 + r_{y_1 u_2}^2}{V_{u_1} + V_{u_2}} = \frac{r_{y_1 u_1}^2 + r_{y_1 u_2}^2}{2} \tag{13.74}$$

$$(z_1 \text{ の寄与率}) = \frac{r_{z_1 w_1}^2 + r_{z_1 w_2}^2}{V_{w_1} + V_{w_2}} = \frac{r_{z_1 w_1}^2 + r_{z_1 w_2}^2}{2} \tag{13.75}$$

となる.

第2正準変数以降を考慮する場合には,各グループごとに寄与率を加えることにより**累積寄与率**を定義できる.

正準負荷量は「正準変数とそれを構成するもとの変数との関連の強さ」を測る量である.これに対して,「正準変数ともう一方のグループのもとの変数との関連の強さ」を測る量を考えることができる.これを**交差負荷量**と呼ぶ.例えば,y_1 と w_1 との相関係数,y_1 と w_2 との相関係数,z_1 と u_1 との相関係数,z_1 と u_2 との相関係数である.これらを具体的に求めると次のようになる(【問題13.10】を参照).

$$r_{y_1 w_1} = r_{u_1 w_1} a_1 + r_{u_2 w_1} a_2, \quad r_{y_1 w_2} = r_{u_1 w_2} a_1 + r_{u_2 w_2} a_2 \tag{13.76}$$

$$r_{z_1 u_1} = r_{u_1 w_1} b_1 + r_{u_1 w_2} b_2, \quad r_{z_1 u_2} = r_{u_2 w_1} b_1 + r_{u_2 w_2} b_2 \tag{13.77}$$

また,交差負荷量から求めた寄与率に対応するものとして,次の量を**冗長性係数**と呼ぶ.

$$(y_1 \text{ に対する冗長性係数}) = \frac{r_{y_1 w_1}^2 + r_{y_1 w_2}^2}{V_{w_1} + V_{w_2}} = \frac{r_{y_1 w_1}^2 + r_{y_1 w_2}^2}{2} \tag{13.78}$$

$$(z_1 \text{ に対する冗長性係数}) = \frac{r_{z_1 u_1}^2 + r_{z_1 u_2}^2}{V_{u_1} + V_{u_2}} = \frac{r_{z_1 u_1}^2 + r_{z_1 u_2}^2}{2} \tag{13.79}$$

例えば,y_1 に対する冗長性係数は,第2グループの変数 (w_1, w_2) の変動のうち y_1 で説明できる割合を表している.正準変数と変数をクロスして考えているところがポイントである.

各グループごとに冗長性係数を加えたものを**累積冗長性係数**と呼ぶ.

なお,(13.76) 式と (13.77) 式の交差負荷量は,(13.68) 式と (13.69) 式を用いることにより,(13.72) 式と (13.73) 式の正準負荷量と次のような関係がある.

$$\begin{bmatrix} r_{y_1 w_1} \\ r_{y_1 w_2} \end{bmatrix} = R'_{uw}\boldsymbol{a} = \lambda_1 R_w \boldsymbol{b} = \lambda_1 \begin{bmatrix} r_{z_1 w_1} \\ r_{z_1 w_2} \end{bmatrix} \tag{13.80}$$

$$\begin{bmatrix} r_{z_1 u_1} \\ r_{z_1 u_2} \end{bmatrix} = R_{uw}\boldsymbol{b} = \lambda_1 R_u \boldsymbol{a} = \lambda_1 \begin{bmatrix} r_{y_1 u_1} \\ r_{y_1 u_2} \end{bmatrix} \tag{13.81}$$

(4♣) 正準変数の導出

第（2）項で述べた第 1 正準変数 y_1 と z_1 の導出をベクトルと行列の微分を用いて説明する．

(13.64) 式と (13.65) 式の y_1 と z_1 の分散を 1 とおいた制約のもとで (13.66) 式の y_1 と z_1 の共分散を最大にする．未定乗数を λ と η として，ラグランジュの未定乗数法を用いる．

$$\begin{aligned} f(\boldsymbol{a},\boldsymbol{b},\lambda,\eta) &= \boldsymbol{a}' R_{uw}\boldsymbol{b} - \frac{\lambda}{2}(\boldsymbol{a}' R_u \boldsymbol{a} - 1) - \frac{\eta}{2}(\boldsymbol{b}' R_w \boldsymbol{b} - 1) \\ &= \boldsymbol{b}' R'_{uw}\boldsymbol{a} - \frac{\lambda}{2}(\boldsymbol{a}' R_u \boldsymbol{a} - 1) - \frac{\eta}{2}(\boldsymbol{b}' R_w \boldsymbol{b} - 1) \end{aligned} \tag{13.82}$$

ここで，$\boldsymbol{a}' R_{uw}\boldsymbol{b} = \boldsymbol{b}' R'_{uw}\boldsymbol{a}$ に注意する（これらの量がスカラーであることと，行列の転置の性質 (3.4) 式を用いている）．$f(\boldsymbol{a},\boldsymbol{b},\lambda,\eta)$ をベクトル $\boldsymbol{a}$ と $\boldsymbol{b}$ に関して微分してゼロとおくと次式を得る（(3.39) 式と (3.40) 式を参照）．

$$\frac{\partial f}{\partial \boldsymbol{a}} = R_{uw}\boldsymbol{b} - \lambda R_u \boldsymbol{a} = \boldsymbol{0} \tag{13.83}$$

$$\frac{\partial f}{\partial \boldsymbol{b}} = R'_{uw}\boldsymbol{a} - \eta R_w \boldsymbol{b} = \boldsymbol{0} \tag{13.84}$$

(13.83) 式に左から $\boldsymbol{a}'$ を掛け，(13.84) 式に左から $\boldsymbol{b}'$ を掛けて，$\boldsymbol{a}' R_u \boldsymbol{a} = \boldsymbol{b}' R_w \boldsymbol{b} = 1$ を考慮すると，

$$\lambda = \eta = \boldsymbol{a}' R_{uw}\boldsymbol{b} = C_{y_1 z_1} \tag{13.85}$$

となる．以上より，(13.68) 式および (13.69) 式の成り立つことがわかる．

13.5 多段層別分析

(1) 多段層別分析とは

目的変数 y（量的変数）および説明変数 $x_1, x_2, \cdots, x_p$（量的変数，質的変数が混在していてもよい）のデータの形式を表 13.3 に示す．これは，重回帰分析および数量化 1 類を用いて解析するタイプのデータの形式である．

表 13.3　多段層別分析のデータ形式

No.	x_1	x_2	$\cdots$	x_p	y
1	x_{11}	x_{12}	$\cdots$	x_{1p}	y_1
2	x_{21}	x_{22}	$\cdots$	x_{2p}	y_2
$\vdots$	$\vdots$	$\vdots$	$\cdots$	$\vdots$	$\vdots$
i	x_{i1}	x_{i2}	$\cdots$	x_{ip}	y_i
$\vdots$	$\vdots$	$\vdots$	$\cdots$	$\vdots$	$\vdots$
n	x_{n1}	x_{n2}	$\cdots$	x_{np}	y_n

重回帰分析や数量化 1 類では，回帰式を構成して y の変動を説明することが目的だった．それに対して，多段層別分析では，モデルを想定せずに解析する．サンプルサイズが大きい場合に，サンプルの分類を目的として，目的変数 y の違いをできるだけ際立たせる説明変数を用いて逐次サンプルを 2 分割していく．

例えば，説明変数が x_1, x_2, x_3 と 3 つあり，すべて量的変数であるとしよう．まず，全サンプルを 2 分割することを考える．各説明変数に対する分割点 a, b, c を様々に変化させながら，「$x_1 < a$ と $x_1 \geq a$」「$x_2 < b$ と $x_2 \geq b$」「$x_3 < c$ と $x_3 \geq c$」のうちで，どの説明変数を用いてサンプルを 2 分割するのが目的変数 y の違いを最も浮き出させるのかを検討する．その結果，$x_1 < a_0$ となるサンプルをグループ 1 (G_1)，$x_1 \geq a_0$ となるサンプルをグループ 2 (G_2) に分割したとしよう．次に，同じ要領で，G_1 と G_2 をそれぞれ 2 分割する．その結果，G_1 においては，$x_2 < b_0$ となるサンプルをグループ 1-1 (G_{11})，$x_2 \geq b_0$ となるサンプルをグループ 1-2 (G_{12}) に分割し，G_2 においては，$x_3 < c_0$ となるサンプルをグループ 2-1 (G_{21})，$x_3 \geq c_0$ となるサンプルをグループ 2-2 (G_{22}) に分割したとする（図 13.4 を参照）．

13.5 多段層別分析

注意すべきことは，G_1 を 2 分割するときには x_2 を用いているのに対して，G_2 を 2 分割するときには x_3 を用いているという点である．すなわち，それぞれのグループの分割ごとに，「y の違い」という観点から最もよく分割できる説明変数をグループごとに選定して，グループごとに分割点（a_0, b_0, c_0 などの値）を定める．

この解析では，説明変数間の**交互作用**を自動的に考えていることになる．そこで，多段層別分析を **AID**（Automatic Interaction Detector）と呼ぶことがある（Interaction とは交互作用のことである）．また，**2進木解析法**とか **CART**（Classification and Regression Trees）と呼ぶこともある．

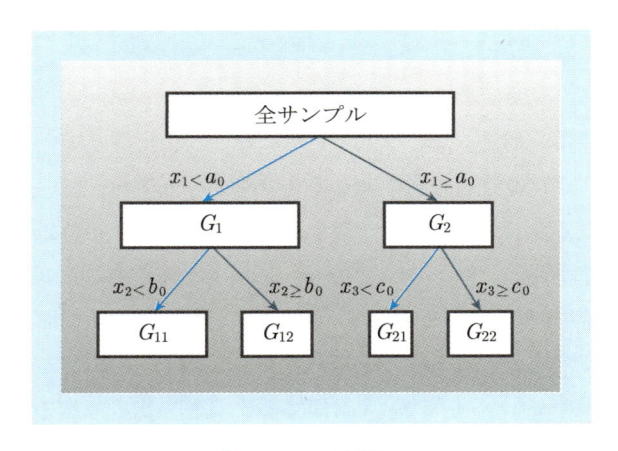

図 13.4　分割図

（2）多段層別分析の考え方

第 1 段階として，全サンプルの 2 分割を考える．

x_1 に着目する．x_1 が量的変数なら，分割点 a を決めると $x_1 < a$ を満たすサンプルのグループ（G_1）と $x_1 \geq a$ を満たすサンプルのグループ（G_2）に分割することができる．連続量なので分割点 a の選び方は無限にあるが，実際はサンプルサイズ n が有限なので，たかだか $n-1$ 通りである．

x_1 が質的変数の場合は，カテゴリーを 2 つに区分することにより，全サンプルを G_1 と G_2 に分割することができる．例えば，カテゴリーが

C_1, C_2, C_3, C_4 と 4 つあり，カテゴリーに順序がないなら，カテゴリーの 2 つへの分け方は

$$\{C_1,C_2,C_3\}\cup\{C_4\}, \quad \{C_1,C_2,C_4\}\cup\{C_3\}, \quad \{C_1,C_3,C_4\}\cup\{C_2\},$$
$$\{C_1,C_2\}\cup\{C_3,C_4\}, \quad \{C_1,C_3\}\cup\{C_2,C_4\}, \quad \{C_1,C_4\}\cup\{C_2,C_3\},$$
$$\{C_1\}\cup\{C_2,C_3,C_4\}$$
(13.86)

の 7 通りある．もし，カテゴリーに $C_1 < C_2 < C_3 < C_4$ という自然な順序があるなら，分け方は

$$\{C_1,C_2,C_3\}\cup\{C_4\}, \{C_1,C_2\}\cup\{C_3,C_4\}, \{C_1\}\cup\{C_2,C_3,C_4\} \quad (13.87)$$

の 3 通りである．

このように，説明変数 x_1 に着目すると，何通りかの分割方法が存在する．まったく同様に，$x_2,\cdots,x_p$ のそれぞれに着目した分割方法を考えることができる．それぞれの分割方法によって 2 つのグループ G_1 と G_2 を得る．

サンプルを 2 つのグループに分割するとき，目的変数 y が 2 つのグループ間でできるだけ異なるようにしたい．そこで，G_1 に属するサンプルサイズを n_1，G_2 に属するサンプルサイズを n_2 として，G_1 に属するサンプルの y の値に基づいて平均 $\bar{y}_1$，平方和 S_1 を計算し，G_2 に属するサンプルの y の値に基づいて平均 $\bar{y}_2$，平方和 S_2 を計算する．これらより，次の F_0 値を計算する．

$$F_0 = \frac{(\bar{y}_1 - \bar{y}_2)^2}{V\left(\dfrac{1}{n_1} + \dfrac{1}{n_2}\right)} \tag{13.88}$$

である．ここで，

$$V = \frac{S_1 + S_2}{(n_1 - 1) + (n_2 - 1)} \tag{13.89}$$

である．この F_0 は 2.3 節の第（3）項で述べた「2 つの母平均の差の検定」で用いる検定統計量 t_0 の 2 乗になっている．G_1 と G_2 の違いが y の値の違いをよく反映しているかどうかを (13.88) 式の F_0 の大きさで測る．

13.5 多段層別分析

すべての説明変数とそれぞれの説明変数の分割方法に対して (13.88) 式の F_0 値を計算し，F_0 値が最も大きくなる説明変数とその分割点を用いて全サンプルを G_1 と G_2 に分割する．

次に，G_1 と G_2 のそれぞれを 2 分割する．分割の考え方は第 1 段階と同じである．ここでは，第 1 段階で用いた説明変数をもう一度用いてもよい．例えば，第 1 段階で，$x_1 < a_0$ となるサンプルを G_1，$x_1 \geq a_0$ となるサンプルを G_2 に分割したとしよう．このとき，第 2 段階において，$x_1 < a_1 (< a_0)$ となるサンプルを G_{11}，$a_1 \leq x_1 < a_0$ となるサンプルを G_{12} に分割するパターンも G_1 の分割の候補に含めて考える．

以上の操作を繰り返すことにより分割が進んでいく．ここで，分割の**停止規則**が必要になる．これがないと，分割が細かくなりすぎるからである．分割の停止規則はいろいろと考えることができるが，次の 3 点をあげておこう．以下では，さらに 2 分割されないグループを**最終グループ**と呼ぶことにする．

> （1）最終グループの個数の最大値を決めておく．
> （2）各最終グループに含まれるサンプルサイズの最小値を決めておく．
> （3）分割を行わない F_0 値の下限を決めておく．

例えば，「たくさんのグループが得られても面倒なので最終のグループの個数は 10 以下とし，グループと呼ぶからにはある程度のサンプルサイズがほしいので各最終グループのサンプルサイズは 5 以上とする．また，F_0 値は重回帰分析や判別分析の F_0 と同様に考えて 2.0 以下ならば分割を行わないものとする．」のように解析を行う前に停止規則を定める．このような設定により，停止規則のどれか 1 つでも該当した場合には，それ以上の分割を停止する．

最終グループが得られたら，得られたグループごとに「どのような説明変数の組合せによりそのグループが構成されているのか」「y の平均や分散はどれくらいの値なのか」を考察する．

（3）目的変数が2値データの場合

目的変数 y が「1」「2」の2値のみをとる場合を考えよう．形式的には，判別分析のパターンと考えることができる．

2つのグループ G_1 と G_2 に分割されたとする．このとき，G_1 のサンプルサイズを n_1，「1」の個数を r_1 とし，G_2 のサンプルサイズを n_2，「1」の個数を r_2 とすると，G_1 における「1」の比率は $p_1 = r_1/n_1$，G_2 における「1」の比率は $p_2 = r_2/n_2$ である．これらの比率の違いを測る量として，次の F_0 を求める．

$$F_0 = \frac{(p_1 - p_2)^2}{\bar{p}(1-\bar{p})\left(\dfrac{1}{n_1} + \dfrac{1}{n_2}\right)} \tag{13.90}$$

ここで，

$$\bar{p} = \frac{r_1 + r_2}{n_1 + n_2} \tag{13.91}$$

である．(13.90)式の F_0 は「2つの母不良率の差の検定」で用いる検定統計量の2乗である．

解析の考え方は，(13.90)式の F_0 を用いる点を除いて，第（2）項の内容とまったく同様である．

■■練習問題■■■■■■■■■■■■■■■■■■■■■■■■■■■■■■

◆**問題 13.1**　次のパスダイアグラムに基づいて以下の設問に答えよ．
（1）線形構造方程式を示せ．
（2）相関の分解を行い，それぞれの項が「直接効果」「間接効果」「擬似相関」のいずれに対応するのか明記せよ．

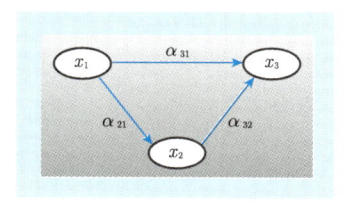

図　パスダイアグラム

◆問題 **13.2**　図 13.1 のパスダイアグラムに基づいて，相関係数 $\rho_{13}, \rho_{14}, \rho_{34}$ のそれぞれについて相関の分解を行い，それぞれの項が「直接効果」「間接効果」「擬似相関」のいずれに対応するのか明記せよ．

◆問題 **13.3**　回帰モデル (13.1) に基づいて最小 2 乗法で得た回帰係数の推定量を $\hat{\beta}_0, \hat{\beta}_1, \hat{\beta}_2$ と表す．一方，$x'_{i1} = ax_{i1}, x'_{i2} = bx_{i2}$ とデータを変換して最小 2 乗法で得た回帰係数の推定量を $\hat{\beta}'_0, \hat{\beta}'_1, \hat{\beta}'_2$ と表す．このとき，$\hat{\beta}'_0 = \hat{\beta}_0$, $\hat{\beta}'_1 = \hat{\beta}_1/a$, $\hat{\beta}'_2 = \hat{\beta}_2/b$ であることを示せ．

◆問題 **13.4**　3 変数の次の母相関係数行列に基づいて，(13.8) 式および (13.22) 式を用いて母偏相関係数行列を求めよ．得られた母偏相関係数行列に基づいて独立グラフを作成せよ．

$$\Pi = \begin{bmatrix} 1 & 0.48 & 0.60 \\ 0.48 & 1 & 0.80 \\ 0.60 & 0.80 & 1 \end{bmatrix}$$

◆問題 **13.5**　(13.34) 式のモデルの第 1 式において，b_{11} は u_1 と f_1 との母相関係数，b_{12} は u_1 と f_2 との母相関係数となることを示せ．

◆問題 **13.6**　次の設問に答えよ．
（1）(13.35) 式を示せ．
（2）(13.36) 式を示せ．

◆問題 **13.7**　(13.48) 式を示せ．

◆問題 **13.8**♣　f_1^* と f_2^* のそれぞれの平均が 0，分散が 1 であることを示せ．さらに，f_1^* と f_2^* が無相関であることを示せ．

◆問題 **13.9**　(13.72) 式および (13.73) 式を示せ．

◆問題 **13.10**　(13.76) 式および (13.77) 式を示せ．

練習問題の解答

第2章

2.1 （1）$N(30,5^2), N(10,5^2), N(-10,5^2), N(40,180)$ （2）$0.1587, 0.0228, 0.9986$

2.2 （1）$|t_0|=3.280 \geq t(9,0.05)=2.262$ となるので有意である．母平均 μ は 3.0 と異なる．信頼区間：$(3.7, 6.5)$ （2）$\chi^2(9,0.975)=2.70 < \chi_0^2 = 9.225 < \chi^2(9,0.025)=19.02$ となるので有意でない．母分散 σ^2 は 2.0^2 と異なるとはいえない．信頼区間：$(1.94, 13.7)$

2.3 $|t_0|=3.961 \geq t(15,0.05)=2.131$ となるので有意である．2つの母平均は異なる．信頼区間：$(-5.1, -1.5)$

2.4 $F_0 = 6.182 \geq F(10,9;0.025)=3.96$ となるので有意である．2つの母分散は異なる．信頼区間：$(0.0428, 0.641)$

2.5 （1）$r_{xy}=0.895$ （2）$|r_{xy}|=0.895 \geq r(10,0.05)=0.5760$ となるので有意である．母相関係数 ρ_{xy} は 0 と異なる． （3）$(0.659, 0.970)$

2.6 （1）$\chi^2 = 16.67 \geq \chi^2(2,0.05)=5.99$ となるので有意である．行と列には関連がある． （2）$V=0.408$

2.7 次の分散分析表を得る．有意である．

表　分散分析表

要因	平方和 S	自由度 ϕ	分散 V	分散比 F_0
A	47.25	2	23.6	30.3
誤差	7.00	9	0.778	
計	54.25	11		

2.8 $\bar{x} = \sum x_i / n$ を用いて次のようになる．

$$S_{xx} = \sum(x_i-\bar{x})^2 = \sum x_i^2 - 2\bar{x}\sum x_i + n\bar{x}^2$$
$$= \sum x_i^2 - 2\frac{(\sum x_i)^2}{n} + n\left(\frac{\sum x_i}{n}\right)^2 = \sum x_i^2 - \frac{(\sum x_i)^2}{n}$$

2.9 $n\bar{x} = \sum x_i$ を用いて次のようになる．

$$\bar{u} = \frac{1}{n}\sum \frac{x_i - \bar{x}}{s_x} = \frac{1}{ns_x}\left(\sum x_i - n\bar{x}\right) = 0$$

次に，$s_x^2 = V_x = S_{xx}/(n-1)$ より次式を得る．

$$S_{uu} = \sum(u_i - \bar{u})^2 = \sum u_i^2 = \sum \left(\frac{x_i - \bar{x}}{s_x}\right)^2$$
$$= \frac{1}{s_x^2}\sum(x_i - \bar{x})^2 = \frac{n-1}{S_{xx}} \times S_{xx} = n-1$$

これより, $V_u = S_{uu}/(n-1) = 1$ となる.

2.10 $\bar{x} = \sum x_i/n,\ \bar{y} = \sum y_i/n$ を用いて次のようになる.
$$S_{xy} = \sum(x_i - \bar{x})(y_i - \bar{y})$$
$$= \sum x_i y_i - \bar{x}\sum y_i - \bar{y}\sum x_i + n\bar{x}\bar{y}$$
$$= \sum x_i y_i - \frac{(\sum x_i)(\sum y_i)}{n} - \frac{(\sum x_i)(\sum y_i)}{n} + n \times \frac{(\sum x_i)(\sum y_i)}{n^2}$$
$$= \sum x_i y_i - \frac{(\sum x_i)(\sum y_i)}{n}$$

2.11 $f(t) = \sum\{t(x_i - \bar{x}) + (y_i - \bar{y})\}^2$ とおく.
$$f(t) = t^2\sum(x_i - \bar{x})^2 + 2t\sum(x_i - \bar{x})(y_i - \bar{y}) + \sum(y_i - \bar{y})^2$$
$$= S_{xx}t^2 + 2tS_{xy} + S_{yy}$$

$f(t)$ は t についての 2 次関数でつねに非負だから, その判別式 D はゼロ以下である.
$$D = 4S_{xy}^2 - 4S_{xx}S_{yy} \leq 0 \iff \frac{S_{xy}^2}{S_{xx}S_{yy}} \leq 1$$
$$\iff r_{xy}^2 \leq 1 \iff -1 \leq r_{xy} \leq 1$$

2.12 $C_{xy} = S_{xy}/(n-1),\ s_x = \sqrt{V_x},\ s_y = \sqrt{V_y}$ に注意する.
$$C_{u_x u_y} = \frac{S_{u_x u_y}}{n-1} = \frac{\sum u_{xi}u_{yi}}{n-1}$$
$$= \sum \frac{(x_i - \bar{x})(y_i - \bar{y})}{(n-1)s_x s_y} = \frac{C_{xy}}{\sqrt{V_x V_y}} = r_{xy}$$

2.13
$$S_T = \sum_{i=1}^{a}\sum_{j=1}^{n_i}(y_{ij} - \bar{\bar{y}})^2 = \sum_{i=1}^{a}\sum_{j=1}^{n_i}(y_{ij} - \bar{y}_i + \bar{y}_i - \bar{\bar{y}})^2$$
$$= \sum_{i=1}^{a}\sum_{j=1}^{n_i}(y_{ij} - \bar{y}_i)^2 + \sum_{i=1}^{a}\sum_{j=1}^{n_i}(\bar{y}_i - \bar{\bar{y}})^2 + 2\sum_{i=1}^{a}\sum_{j=1}^{n_i}(y_{ij} - \bar{y}_i)(\bar{y}_i - \bar{\bar{y}})$$

ここで, 上式の最後の項は, $\bar{y}_i = \sum_{j=1}^{n_i} y_{ij}/n_i$ に注意すれば次のようになる.
$$2\sum_{i=1}^{a}\sum_{j=1}^{n_i}(y_{ij} - \bar{y}_i)(\bar{y}_i - \bar{\bar{y}}) = 2\sum_{i=1}^{a}(\bar{y}_i - \bar{\bar{y}})\sum_{j=1}^{n_i}(y_{ij} - \bar{y}_i)$$

$$= 2\sum_{i=1}^{a}(\bar{y}_i - \bar{\bar{y}})\underbrace{\left\{\sum_{j=1}^{n_i} y_{ij} - n_i\bar{y}_i\right\}}_{=0} = 0$$

第3章

3.1 （1） $(AB)' = B'A' = \begin{bmatrix} 20 & 24 \\ 11 & 14 \end{bmatrix}$ （2） $(AB)^{-1} = B^{-1}A^{-1} = \begin{bmatrix} 7/8 & -11/16 \\ -3/2 & 5/4 \end{bmatrix}$ （3） $(A')^{-1} = (A^{-1})' = \begin{bmatrix} 1/2 & -1/2 \\ -1/4 & 3/4 \end{bmatrix}$
（4） $|AB| = |A||B| = 16$, $|A'| = |A| = 4$ （5） rank $A = 2$, rank $B = 2$, rank $C = 1$ （6） tr $(A+B) =$ tr $A +$ tr $B = 14$, tr $AB =$ tr $BA = 34$ （7） A の固有値は 4 と 1 であり，対応する（長さ 1 の）固有ベクトルは $\boldsymbol{a}_1 = [\sqrt{2}/2, \sqrt{2}/2]'$, $\boldsymbol{a}_2 = [\sqrt{5}/5, -2\sqrt{5}/5]'$ である．C の固有値は 5 と 0 であり，対応する（長さ 1 の）固有ベクトルは $\boldsymbol{c}_1 = [\sqrt{5}/5, 2\sqrt{5}/5]'$, $\boldsymbol{c}_2 = [2\sqrt{5}/5, -\sqrt{5}/5]'$ である． （8） $C = 5\boldsymbol{c}_1\boldsymbol{c}_1'$

3.2 （1） $(X'X)' = X'(X')' = X'X$
（2） $\{X(X'X)^{-1}X'\}' = (X')'\{(X'X)^{-1}\}'X' = X(X'X)^{-1}X'$,
$\{X(X'X)^{-1}X'\}^2 = X(X'X)^{-1}X'X(X'X)^{-1}X' = X(X'X)^{-1}X'$,
tr $X(X'X)^{-1}X' =$ tr $(X'X)^{-1}X'X =$ tr $I_p = p$
（3） $(I_n - X(X'X)^{-1}X')' = I_n' - \{X(X'X)^{-1}X'\}' = I_n - X(X'X)^{-1}X'$, $(I_n - X(X'X)^{-1}X')(I_n - X(X'X)^{-1}X') = I_n - X(X'X)^{-1}X' - X(X'X)^{-1}X' + X(X'X)^{-1}X'X(X'X)^{-1}X' = I_n - X(X'X)^{-1}X'$,
tr $(I_n - X(X'X)^{-1}X') =$ tr $I_n -$ tr $X(X'X)^{-1}X' = n - p$

3.3 （1） $\boldsymbol{y}$ の母平均ベクトルと母分散共分散行列は次のようになる．

$$E(\boldsymbol{y}) = A\boldsymbol{\mu} = \begin{bmatrix} 25 \\ -25 \end{bmatrix}, \quad V(\boldsymbol{y}) = A\Sigma A' = \begin{bmatrix} 36 & -22 \\ -22 & 44 \end{bmatrix}$$

（2） $E(z) = \boldsymbol{a}'\boldsymbol{\mu} = 35$, $V(z) = \boldsymbol{a}'\Sigma\boldsymbol{a} = 67$

第4章

4.1 （1） $\hat{y} = 14.01 + 0.737x$, $R^2 = 0.750$, $R^{*2} = 0.709$ （2） $t_0 = 4.245$. 有意である．$\beta_1 \neq 0$ といえる．信頼区間：$(0.312, 1.162)$ （3） 次表に示す．

表 問題 4.1 の標準化残差とテコ比

No.	1	2	3	4	5	6	7	8
e'	-0.80	1.07	-1.05	-0.16	-0.85	1.27	-0.31	0.82
h	0.18	0.18	0.13	0.45	0.29	0.18	0.45	0.13

(4) (22.9,27.2),(21.7,28.4)

4.2 (4.6) 式が $\sum e_i = 0$ (これより $\bar{e} = 0$) を, (4.7) 式が $\sum x_i e_i = 0$ を意味していることに注意する.

(1) r_{xe} の分子は次のようになる.

$$\sum (x_i - \bar{x})(e_i - \bar{e}) = \sum (x_i - \bar{x})e_i = \sum x_i e_i - \bar{x} \sum e_i = 0$$

(2) $r_{\hat{y}e}$ の分子は次のようになる.

$$\sum (\hat{y}_i - \bar{\hat{y}})(e_i - \bar{e}) = \sum (\hat{y}_i - \bar{\hat{y}})e_i = \sum \hat{y}_i e_i - \bar{\hat{y}} \sum e_i = \sum (\hat{\beta}_0 + \hat{\beta}_1 x_i)e_i = 0$$

4.3 $\sum \{y_i - (\hat{\beta}_0 + \hat{\beta}_1 x_i)\}\{(\hat{\beta}_0 + \hat{\beta}_1 x_i) - \bar{y}\} = 0$ を示せばよい. 他は容易である. 問題 **4.2** の解答で注意した, $\sum e_i = \sum x_i e_i = 0$ を用いる.

$$\sum \{y_i - (\hat{\beta}_0 + \hat{\beta}_1 x_i)\}\{(\hat{\beta}_0 + \hat{\beta}_1 x_i) - \bar{y}\} = \sum e_i\{(\hat{\beta}_0 + \hat{\beta}_1 x_i) - \bar{y}\}$$
$$= (\hat{\beta}_0 - \bar{y})\sum e_i + \hat{\beta}_1 \sum x_i e_i = 0$$

4.4 $h_{kk} \geq 1/n$ は (4.36) 式よりすぐにわかる. $h_{kk} \leq 1$ については, 直接計算すると次のようになる. まず, $x_i - \bar{x} = X_i$ とおく. $\sum_{i=1}^{n}(x_i - \bar{x}) = 0$ より, $-X_n = \sum_{i=1}^{n-1} X_i$ に注意する. $k = n$ として $h_{nn} \leq 1$ を示す (他の場合も同じ).

$$1 - h_{nn} = 1 - \frac{1}{n} - \frac{(x_n - \bar{x})^2}{S_{xx}} = \frac{1}{nS_{xx}}\{(n-1)S_{xx} - n(x_n - \bar{x})^2\}$$

$$= \frac{1}{nS_{xx}}\left\{(n-1)\sum_{i=1}^{n-1} X_i^2 - X_n^2\right\} = \frac{n-1}{nS_{xx}}\left(\sum_{i=1}^{n-1} X_i^2 - \frac{\left(\sum_{i=1}^{n-1} X_i\right)^2}{n-1}\right) \geq 0$$

最後の量は $X_1, X_2, \cdots, X_{n-1}$ から求めた平方和の計算式だからゼロ以上である.

(4.71) 式のすぐ下に $e_k \sim N(0, (1-h_{kk})\sigma^2)$ であることを述べた. 分散は非負なので, $h_{kk} \leq 1$ と考えてもよい.

4.5 (4.39) 式を標準化すると

$$u = \frac{\hat{\beta}_0 + \hat{\beta}_1 x - (\beta_0 + \beta_1 x)}{\sqrt{\left(\frac{1}{n} + \frac{(x - \bar{x})^2}{S_{xx}}\right)\sigma^2}} \sim N(0, 1^2)$$

となる．上式の σ^2 に (4.18) 式の $\hat{\sigma}^2 = V_e$ を代入すると

$$t = \frac{\hat{\beta}_0 + \hat{\beta}_1 x - (\beta_0 + \beta_1 x)}{\sqrt{\left(\frac{1}{n} + \frac{(x-\bar{x})^2}{S_{xx}}\right) V_e}} \sim t(\phi_e)$$

となる．自由度 ϕ_e の t 分布に従う変量 t に対して $Pr(-t(\phi_e, 0.05) < t < t(\phi_e, 0.05)) = 0.95$ が成り立つので，括弧内の t に上式の右辺を代入して，不等式を $\beta_0 + \beta_1 x$ について解き，$x = x_0$ とおけば，(4.40) 式を得る．

次に，$y = \beta_0 + \beta_1 x + \varepsilon \sim N(\beta_0 + \beta_1 x, \sigma^2)$ に注意する．このことと (4.39) 式より

$$\hat{\beta}_0 + \hat{\beta}_1 x - y \sim N\left(0, \left\{1 + \frac{1}{n} + \frac{(x-\bar{x})^2}{S_{xx}}\right\}\sigma^2\right)$$

が成り立つ．この後は，上の構成と同じである．すなわち，標準化して，$\hat{\sigma}^2 = V_e$ を代入したものを t とおき，$Pr(-t(\phi_e, 0.05) < t < t(\phi_e, 0.05)) = 0.95$ の括弧内の t に代入して，不等式を y について解き，$x = x_0$ とおけば，(4.41) 式を得る．

4.6♣ (4.63) 式の下で説明したことより，$\hat{\beta}_0 = \hat{\alpha}_0 - \hat{\beta}_1 \bar{x}$ である．また，(4.62) 式より $V(\hat{\beta}_1) = \sigma^2/S_{xx}$ である．これらと，(4.63) 式を用いると，次のようになる．

$$C(\hat{\beta}_0, \hat{\beta}_1) = C(\hat{\alpha}_0 - \hat{\beta}_1\bar{x}, \hat{\beta}_1) = C(\hat{\alpha}_0, \hat{\beta}_1) - \bar{x}C(\hat{\beta}_1, \hat{\beta}_1) = -\frac{\bar{x}\sigma^2}{S_{xx}}$$

第 5 章

5.1 （1）$r_{x_1y} = 0.866$, $r_{x_2y} = 0.651$, $r_{x_1x_2} = 0.861$ （2）$\hat{y} = 13.01 + 1.01x_1 - 0.584x_2$, $R^2 = 0.785$, $R^{*2} = 0.699$ （3）$F_0 = 18.0$, $\hat{y} = 14.01 + 0.737x_1$, $R^2 = 0.750$, $R^{*2} = 0.709$ （問題 **4.1** の（1）と同じ） （4）$F_0 = 4.40$, $\hat{y} = 18.52 + 1.03x_2$, $R^2 = 0.423$, $R^{*2} = 0.327$ （5）$F_0 = 0.813$

5.2 (5.7) 式が $\sum e_i = 0$ ($\bar{e} = 0$) を，(5.8) 式および (5.9) 式がそれぞれ $\sum x_{i1}e_i = 0$, $\sum x_{i2}e_i = 0$ を意味していることに注意する．（1）r_{x_1e} の分子は次のようになる．

$$\sum(x_{i1} - \bar{x}_1)(e_i - \bar{e}) = \sum(x_{i1} - \bar{x}_1)e_i = \sum x_{i1}e_i - \bar{x}_1\sum e_i = 0$$

となる．r_{x_2e} についても同様である．（2）$r_{\hat{y}e}$ の分子は次のようになる．

$$\sum(\hat{y}_i - \bar{y})(e_i - \bar{e}) = \sum(\hat{y}_i - \bar{y})e_i = \sum \hat{y}_i e_i - \bar{y}\sum e_i = \sum(\hat{\beta}_0 + \hat{\beta}_1 x_{i1} + \hat{\beta}_2 x_{i2})e_i = 0$$

5.3 $\sum\{y_i - (\hat{\beta}_0 + \hat{\beta}_1 x_{i1} + \hat{\beta}_2 x_{i2})\}\{(\hat{\beta}_0 + \hat{\beta}_1 x_{i1} + \hat{\beta}_2 x_{i2}) - \bar{y}\} = 0$ を示せばよい．

練習問題の解答

他は容易である. 問題 **5.2** の解答で注意した, $\sum e_i = \sum x_{i1}e_i = \sum x_{i2}e_i = 0$ を用いる.

$$\sum \{y_i - (\hat{\beta}_0 + \hat{\beta}_1 x_{i1} + \hat{\beta}_2 x_{i2})\}\{(\hat{\beta}_0 + \hat{\beta}_1 x_{i1} + \hat{\beta}_2 x_{i2}) - \bar{y}\}$$
$$= \sum e_i \{(\hat{\beta}_0 + \hat{\beta}_1 x_{i1} + \hat{\beta}_2 x_{i2}) - \bar{y}\}$$
$$= (\hat{\beta}_0 - \bar{y})\sum e_i + \hat{\beta}_1 \sum x_{i1}e_i + \hat{\beta}_2 \sum x_{i2}e_i = 0$$

5.4 問題 **5.2** の解答より $\sum e_i = 0$ であり, $\sum e_i = \sum(y_i - \hat{y}_i) = n\bar{y} - n\bar{\hat{y}}$ なので, $\bar{y} = \bar{\hat{y}}$ に注意する. また, 問題 **5.3** の解答より $\sum e_i(\hat{y}_i - \bar{\hat{y}}) = 0$ にも注意する. (5.37) 式の R の分子は

$$\sum(y_i - \bar{y})(\hat{y}_i - \bar{\hat{y}}) = \sum(y_i - \hat{y}_i + \hat{y}_i - \bar{y})(\hat{y}_i - \bar{\hat{y}})$$
$$= \sum e_i(\hat{y}_i - \bar{\hat{y}}) + \sum(\hat{y}_i - \bar{y})^2 = S_R$$

となる. また, R の分母の根号内で $\sum(\hat{y}_i - \bar{\hat{y}})^2 = \sum(\hat{y}_i - \bar{y})^2 = S_R$ となるので, 結局, 次式が成り立つ.

$$R^2 = \frac{S_R^2}{S_T S_R} = \frac{S_R}{S_T}$$

5.5（1）$S_{e(M2)}$ の方が $S_{e(M1)}$ の場合より多くの変数を取り込んで最小化したものなので, $S_{e(M1)} \geq S_{e(M2)}$ となることに注意する. これより, 次式が成り立つ.

$$R_{(M2)}^2 - R_{(M1)}^2 = \left(1 - \frac{S_{e(M2)}}{S_{yy}}\right) - \left(1 - \frac{S_{e(M1)}}{S_{yy}}\right) = \frac{S_{e(M1)} - S_{e(M2)}}{S_{yy}} \geq 0$$

（2）まず,

$$R_{(M2)}^{*2} - R_{(M1)}^{*2} = \left(1 - \frac{S_{e(M2)}/\phi_{e(M2)}}{S_{yy}/\phi_T}\right) - \left(1 - \frac{S_{e(M1)}/\phi_{e(M1)}}{S_{yy}/\phi_T}\right)$$
$$= \frac{S_{e(M1)}/\phi_{e(M1)} - S_{e(M2)}/\phi_{e(M2)}}{S_{yy}/\phi_T}$$

となる. 次に, (5.45) 式より,

$$\frac{S_{e(M1)}}{\phi_{e(M1)}} = \frac{S_{e(M2)}}{\phi_{e(M1)}\phi_{e(M2)}}(\phi_{e(M1)} - \phi_{e(M2)})F_0 + \frac{S_{e(M2)}}{\phi_{e(M1)}}$$

が成り立つので, これを上式に代入する.

$$R_{(M2)}^{*2} - R_{(M1)}^{*2} = (\phi_{e(M1)} - \phi_{e(M2)})\frac{S_{e(M2)}/(\phi_{e(M1)}\phi_{e(M2)})}{S_{yy}/\phi_T}(F_0 - 1)$$

これより, $\phi_{e(M1)} - \phi_{e(M2)} = (n-2) - (n-3) = 1$ に注意すると, 題意を得る.

5.6♣（1）次のようになる.

$$X'X = \begin{bmatrix} n & 0 & 0 \\ 0 & S_{11} & S_{12} \\ 0 & S_{12} & S_{22} \end{bmatrix}, \quad (X'X)^{-1} = \begin{bmatrix} 1/n & 0 & 0 \\ 0 & S^{11} & S^{12} \\ 0 & S^{12} & S^{22} \end{bmatrix}$$

（2）$\hat{\alpha}_0 \sim N(\alpha_0, \sigma^2/n)$, $\hat{\beta}_1 \sim N(\beta_1, \sigma^2 S^{11})$, $\hat{\beta}_2 \sim N(\beta_2, \sigma^2 S^{22})$
（3）$Cov(\hat{\alpha}_0, \hat{\beta}_1) = 0$, $Cov(\hat{\alpha}_0, \hat{\beta}_2) = 0$, $Cov(\hat{\beta}_1, \hat{\beta}_2) = \sigma^2 S^{12}$
（4）$\hat{\beta}_0 + \hat{\beta}_1 x_1 + \hat{\beta}_2 x_2 = \hat{\alpha}_0 + \hat{\beta}_1(x_1 - \bar{x}_1) + \hat{\beta}_2(x_2 - \bar{x}_2)$ であり，（2）と（3）を用いると，(5.52) 式を得る．

5.7♣ (5.97) 式の次に定義した行列 H について行列のトレースの性質（(3.27) 式）を用いると次式を得る．

$$\sum_{k=1}^{n} h_{kk} = \text{tr } H = \text{tr } X(X'X)^{-1}X' = \text{tr } (X'X)^{-1}X'X = \text{tr } I_3 = 3$$

（2）$H^2 = H$ となることに注意する（H はべき等行列である）．これより，H が対称行列であることに注意して，H^2 と H の $(1,1)$ 要素を取り出すと次を得る．

$$h_{11}^2 + h_{12}^2 + \cdots + h_{1n}^2 = h_{11}$$

これより，

$$h_{11}(1 - h_{11}) = h_{12}^2 + \cdots + h_{1n}^2 \geq 0 \implies 0 \leq h_{11} \leq 1$$

となる（上で $(1,1)$ 要素の代わりに (k,k) 要素を考えれば h_{kk} についても同様である）．一方，(5.49) 式および，マハラノビスの距離の 2 乗は非負となることより，題意を得る．

第6章

6.1（1）回帰式は次のように推定される．

$$\hat{y} = 13.0 - 2.0 x_{1(2)} - 3.0 x_{1(3)} = 13.0 + \begin{cases} 0 & (A \text{ の場合}) \\ -2.0 & (B \text{ の場合}) \\ -3.0 & (C \text{ の場合}) \end{cases}$$

（2）$\hat{y} = 13.0 \ (x = A)$, $\hat{y} = 11.0 \ (x = B)$, $\hat{y} = 10.0 \ (x = C)$
（3）$R = 0.816$, $R^2 = 0.667$, $R^{*2} = 0.533$ （4）$F_0 = 5.00$

6.2 分散分析表は次の通りである．

表　分散分析表

要因	平方和 S	自由度 ϕ	分散 V	F_0
x	12.0	2	6.00	5.00
誤差	6.0	5	1.20	
計	18.0	7		

第 7 章

7.1 （1）$\hat{z} = 8.25 - 1.50x_1$ （2）$Pr(z < 0) = 0.270$, $Pr(z \geq 0) = 0.270$
（3）判別表は次の通りである．

表　判別表

データ結果	判別結果		計
	A	B	
A	3	1	4
B	1	3	4
計	4	4	8

（4）$\hat{D}^2_{x_1}([1],[2]) = 1.50$ 　（5）$F_0 = 3.000$

7.2 （1）$\hat{D}^2_{x_2}([1],[2]) = 0.771$ 　（2）$F_0 = 1.543$ 　（3）$\hat{D}^2_{x_1 x_2}([1],[2]) = 7.853$
（4）$F_0 = 7.059$ 　（5）$\hat{z} = 18.31 - 4.68x_1 + 2.12x_2$ 　（6）$Pr(z < 0) = 0.0806$, $Pr(z \geq 0) = 0.0806$ 　（7）判別表は次の通りである．

表　判別表

データ結果	判別結果		計
	A	B	
A	4	0	4
B	0	4	4
計	4	4	8

7.3♣ （考え方 1）マハラノビスの距離の 2 乗を求めてその大小を比較する．マハラノビスの距離の 2 乗を

$$D^{[1]2} = \frac{(x - \mu^{[1]})^2}{\sigma^{[1]2}}, \quad D^{[2]2} = \frac{(x - \mu^{[2]})^2}{\sigma^{[2]2}}$$

と定義する．判別関数 $z = (D^{[2]2} - D^{[1]2})/2$ を求めて，$z \geq 0$ なら母集団 [1] に属する，$z < 0$ なら母集団 [2] に属すると判断する．z には x の 2 次項が残るので，2 次判別関数と呼ぶ．

$\mu^{[1]} < \mu^{[2]}$ と仮定する．このとき，

$$2z = \frac{1}{\sigma^{[1]2}\sigma^{[2]2}} \{(\sigma^{[1]2} - \sigma^{[2]2})x^2 - 2(\sigma^{[1]2}\mu^{[2]} - \sigma^{[2]2}\mu^{[1]})x + \sigma^{[1]2}\mu^{[2]2} - \sigma^{[2]2}\mu^{[1]2} \geq 0$$

の不等式の解を求める．2 次方程式の 2 つの解は $a = (\sigma^{[2]}\mu^{[1]} + \sigma^{[1]}\mu^{[2]})/(\sigma^{[1]} + \sigma^{[2]})$ と $b = (\sigma^{[2]}\mu^{[1]} - \sigma^{[1]}\mu^{[2]})/(\sigma^{[2]} - \sigma^{[1]})$ である．$\sigma^{[2]} > \sigma^{[1]}$ なら $b < a$ なので，x^2 の符号に注意すると，$x \leq b$ または $x \geq a$ のとき $z < 0$，$b < x < a$ のとき $z \geq 0$ となる．一方，$\sigma^{[2]} < \sigma^{[1]}$ なら $a < b$ なので，$x \leq a$ または $x \geq b$ のとき $z \geq 0$，$a < x < b$ のとき $z < 0$ となる．

2次元以上の場合もマハラノビスの距離の2乗を

$$D^{[1]2} = (\boldsymbol{x} - \boldsymbol{\mu}^{[1]})' \Sigma^{[1]-1} (\boldsymbol{x} - \boldsymbol{\mu}^{[1]}),$$
$$D^{[2]2} = (\boldsymbol{x} - \boldsymbol{\mu}^{[2]})' \Sigma^{[2]-1} (\boldsymbol{x} - \boldsymbol{\mu}^{[2]})$$

と定義する.判別関数 $z = (D^{[2]2} - D^{[1]2})/2$ を求めて,$z \geq 0$ なら母集団 [1] に属する,$z < 0$ なら母集団 [2] に属すると判断する.やはり,z には $\boldsymbol{x}$ の2次の項が残る.

(考え方2)正規分布の確率密度関数を比較する.(7.2) 式に正規分布の確率密度関数を示した.これに,母集団を表す添え字を付けると次のようになる.

$$f^{[1]}(x) = \frac{1}{\sqrt{2\pi}\sigma^{[1]}} \exp\left\{-\frac{(x-\mu^{[1]})^2}{2\sigma^{[1]2}}\right\} = \frac{1}{\sqrt{2\pi}\sigma^{[1]}} \exp\left\{-\frac{D^{[1]2}}{2}\right\}$$

$$f^{[2]}(x) = \frac{1}{\sqrt{2\pi}\sigma^{[2]}} \exp\left\{-\frac{(x-\mu^{[2]})^2}{2\sigma^{[2]2}}\right\} = \frac{1}{\sqrt{2\pi}\sigma^{[2]}} \exp\left\{-\frac{D^{[2]2}}{2}\right\}$$

これらの確率密度関数の値を比較して,$f^{[1]}(x) \geq f^{[2]}(x)$ なら母集団 [1] に属する,$f^{[1]}(x) < f^{[2]}(x)$ なら母集団 [2] に属すると判断する.2つの母分散が等しい場合にはこの比較はマハラノビスの距離の2乗の比較と同値だが,母分散が異なる場合には判定結果が考え方1の場合とは少し異なる.

2次元以上の場合にも (7.17) 式に示した正規分布の確率密度関数の大小により判定する.

第8章

8.1 (1) $\hat{z} = 6.00 - 6.00x_{(2)} - 12.00x_{(3)}$($x_{(2)}$ は B のときのみ 1 の値を取るダミー変数,$x_{(3)}$ は C のときのみ 1 の値を取るダミー変数) (2) 判別表は次の通りである.

表 判別表

データ結果	判別結果		計
	[1]	[2]	
[1]	4	0	4
[2]	1	3	4
計	5	3	8

(3) $\hat{D}^2_{x_{(2)}x_{(3)}}([1],[2]) = 9.00$ (4) $F_0 = 7.500$

第9章

9.1 （1）$z_1 = (\sqrt{2}/2)u_1 + (\sqrt{2}/2)u_2$, $z_2 = (\sqrt{2}/2)u_1 - (\sqrt{2}/2)u_2$, $\lambda_1 = 1.376$, $\lambda_2 = 0.624$ （2）$0.688, 0.312$ （3）$r_{z_1x_1} = r_{z_1x_2} = 0.829$, $r_{z_2x_1} = 0.599$, $r_{z_2x_2} = -0.559$

9.2 （1）$z_1 = (\sqrt{2}/2)u_1 + (\sqrt{2}/2)u_2$, $z_2 = u_3$, $z_3 = (\sqrt{2}/2)u_1 - (\sqrt{2}/2)u_2$, $\lambda_1 = 1.8$, $\lambda_2 = 1.0$, $\lambda_3 = 0.2$, 寄与率：$0.600, 0.333, 0.067$, $r_{z_1x_1} = r_{z_1x_2} = 0.949$, $r_{z_1x_3} = 0$, $r_{z_2x_1} = r_{z_2x_2} = 0$, $r_{z_2x_3} = 1$, $r_{z_3x_1} = 0.316$, $r_{z_3x_2} = -0.316$, $r_{z_3x_3} = 0$ （2）$z_1 = (5\sqrt{2}/10)u_1 + (4\sqrt{2}/10)u_2 + (3\sqrt{2}/10)u_3$, $z_2 = 0.6u_2 - 0.8u_3$, $z_3 = (5\sqrt{2}/10)u_1 - (4\sqrt{2}/10)u_2 - (3\sqrt{2}/10)u_3$, $\lambda_1 = 1.5$, $\lambda_2 = 1.0$, $\lambda_3 = 0.5$, 寄与率：$0.500, 0.333, 0.167$, $r_{z_1x_1} = 0.866$, $r_{z_1x_2} = 0.693$, $r_{z_1x_3} = 0.520$, $r_{z_2x_1} = 0$, $r_{z_2x_2} = 0.6$, $r_{z_2x_3} = -0.8$, $r_{z_3x_1} = 0.866$, $r_{z_3x_2} = -0.693$, $r_{z_3x_3} = -0.520$

9.3 （1）$\bar{z}_1 = 0.0001\,(\fallingdotseq 0)$, $\bar{z}_2 = -0.0002\,(\fallingdotseq 0)$, $V_{z_1} = 2.714\,(\fallingdotseq \lambda_1 = 2.721)$, $V_{z_2} = 1.221\,(\fallingdotseq \lambda_2 = 1.222)$ （2）$r_{z_1z_2} = 0.002\,(\fallingdotseq 0)$

9.4 （1）u_1 について示す．
$$V_{u_1} = \frac{1}{n-1}\sum (u_{i1} - \bar{u}_1)^2 = \frac{1}{n-1}\sum u_{i1}^2 = 1 \implies \sum u_{i1}^2 = n-1$$
（2）次式のようになる．
$$\sum_{i=1}^n u_{i1}u_{i2} = \frac{\sum (x_{i1} - \bar{x}_1)(x_{i2} - \bar{x}_2)}{s_1 s_2}$$
$$= \frac{\sum (x_{i1} - \bar{x}_1)(x_{i2} - \bar{x}_2)}{\sqrt{\sum (x_{i1} - \bar{x}_1)^2 \sum (x_{i2} - \bar{x}_2)^2/(n-1)^2}}$$
$$= (n-1)r_{x_1x_2}$$

9.5 $r_{z_1x_1} = \sqrt{\lambda_1}a_1$ を示す．他も同様に示すことができる．(9.11) 式より $\lambda = \lambda_1$ とおいて，$a_1 + r_{x_1x_2}a_2 = \lambda_1 a_1$ となることに注意する．
$$r_{z_1x_1} = r_{z_1u_1} = \frac{\sum z_{i1}u_{i1}}{\sqrt{\sum z_{i1}^2 \sum u_{i1}^2}} = \frac{\sum (a_1 u_{i1} + a_2 u_{i2})u_{i1}}{\sqrt{(n-1)^2 V_{z_1}}}$$
$$= \frac{a_1 \sum u_{i1}^2 + a_2 \sum u_{i1}u_{i2}}{\sqrt{(n-1)^2 \lambda_1}} = \frac{a_1 + a_2 r_{x_1x_2}}{\sqrt{\lambda_1}}$$
$$= \frac{\lambda_1 a_1}{\sqrt{\lambda_1}} = \sqrt{\lambda_1}a_1$$

第10章

10.1 固有値問題の表現式は次のようになる．
$$\begin{bmatrix} 3/4 & 1/4 \\ 1/4 & 3/4 \end{bmatrix} \begin{bmatrix} v_1 \\ v_2 \end{bmatrix} = \lambda^2 \begin{bmatrix} v_1 \\ v_2 \end{bmatrix}$$
固有値：1, 1/2，固有ベクトル：$[\sqrt{2}/2, \sqrt{2}/2]$, $[\sqrt{2}/2, -\sqrt{2}/2]$, $[x_1^{(1)}, x_2^{(1)}] = [1/2, -1/2]$, $[y_1^{(1)}, y_2^{(1)}, y_3^{(1)}] = [\sqrt{2}/2, 0, -\sqrt{2}/2]$

10.2 （1）固有値問題の表現式は次のようになる．
$$\begin{bmatrix} 1/2 & 0 & 1/2 \\ 0 & 3/4 & 1/4 \\ 1/6 & 1/6 & 2/3 \end{bmatrix} \begin{bmatrix} x_1 \\ x_2 \\ x_3 \end{bmatrix} = \lambda^2 \begin{bmatrix} x_1 \\ x_2 \\ x_3 \end{bmatrix}$$
（2）固有値：1, 2/3, 1/4，固有ベクトル：$[\sqrt{3}/3, \sqrt{3}/3, \sqrt{3}/3]$, $[-3\sqrt{19}/19, 3\sqrt{19}/19, -\sqrt{19}/19]$, $[4\sqrt{21}/21, \sqrt{21}/21, -2\sqrt{21}/21]$ （3）$[x_1^{(1)}, x_2^{(1)}, x_3^{(1)}] = [-3\sqrt{30}/30, 3\sqrt{30}/30, -\sqrt{30}/30]$, $[y_1^{(1)}, y_2^{(1)}, y_3^{(1)}, y_4^{(1)}] = [\sqrt{5}/10, 3\sqrt{5}/10, -\sqrt{5}/10, -2\sqrt{5}/10]$

第11章

11.1 図のように軸を書き入れると，横軸は右は京都，大阪などの関西の都市が，左は東京，横浜などの関東の都市が，中央には中間である長野が布置されている．したがって，次元1は関西系か，関東系かを表している．また，縦軸は上に長野，京都などの内陸，山側の都市が，下は神戸，横浜などの港，海をイメージできる都市が布置されている．したがって，内陸か海側かを表す軸である．

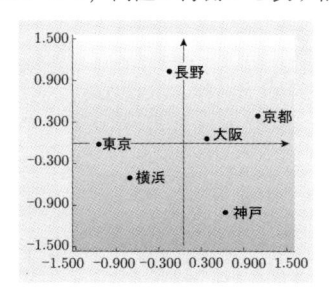

図　散布図　問題 **11.1**

11.2♣ 重心が原点とする．すなわち，$\bar{x}_{.l} = 0 \iff \sum_{k=1}^{n} x_{kl} = 0 \ (l = 1, 2, \cdots, P)$

である.地点 i と地点 j の内積 $z_{ij} = \sum_{m=1}^{P} x_{im}x_{jm}$ について余弦定理より

$$z_{ij} = \frac{1}{2}(d_{i0}^2 + d_{j0}^2 - d_{ij}^2)$$

となる.ここで,d_{i0} と d_{j0} はそれぞれ原点から地点 i と j までの距離である.重心が原点であることより次式が成り立つ.

$$\sum_{i=1}^{n} z_{ij} = \sum_{m=1}^{P} \left(\sum_{i=1}^{n} x_{im}\right) x_{jm} = 0, \quad \sum_{j=1}^{n} z_{ij} = \sum_{m=1}^{P} x_{im} \left(\sum_{j=1}^{n} x_{jm}\right) = 0$$

したがって,余弦定理との関係で得た式より

$$\sum_{i=1}^{n} z_{ij} = \frac{1}{2}\left(\sum_{i=1}^{n} d_{i0}^2 + nd_{j0}^2 - \sum_{i=1}^{n} d_{ij}^2\right) = 0$$

$$\sum_{j=1}^{n} z_{ij} = \frac{1}{2}\left(nd_{i0}^2 + \sum_{j=1}^{n} d_{j0}^2 - \sum_{j=1}^{n} d_{ij}^2\right) = 0$$

$$\sum_{i=1}^{n}\sum_{j=1}^{n} z_{ij} = \frac{1}{2}\left(n\sum_{i=1}^{n} d_{i0}^2 + n\sum_{j=1}^{n} d_{j0}^2 - \sum_{j=1}^{n}\sum_{i=1}^{n} d_{ij}^2\right) = 0$$

これらの式のうち上の2式より

$$d_{i0}^2 + d_{j0}^2 = \frac{1}{n}\sum_{i=1}^{n} d_{ij}^2 + \frac{1}{n}\sum_{j=1}^{n} d_{ij}^2 - \frac{1}{n}\left(\sum_{i=1}^{n} d_{i0}^2 + \sum_{j=1}^{n} d_{j0}^2\right)$$

を得る.これに,上の3番目の式から得られる関係を考慮して,もとの余弦定理で得た関係式に代入すれば (11.15) 式を得る.

第12章

12.1 各対象間(学生間)のユークリッド距離を計算すると下表のようになる.また,デンドログラムを作成すると下図を得る.

表 各対象間のユークリッド距離(問題 **12.1**)

学生 No.	1	2	3	4
1				
2	5.83			
3	17.69	17.00		
4	16.55	22.36	28.44	

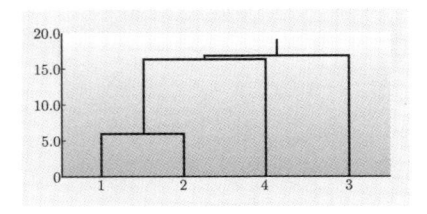

図 デンドログラム（問題 **12.1**）

12.2 2つのクラスターのそれぞれが対象を1つだけしか含まない場合には，(12.9)式は2つの対象間のユークリッド距離の平方の1/2倍である．したがって，表12.3に示したそれぞれの値を2乗して1/2倍すれば表12.7の値を得る．

$C1(4,5)$ と No.1 との距離を (12.9) 式に基づいて求める．クラスター $C1$ に対して，$n_{C1}=2$, $(\bar{x}_{C1\cdot 1}, \bar{x}_{C1\cdot 2})=(5.0, 4.5)$, No.1 に対して，$n_1=1$, $(x_{11}, x_{12})=(5,1)$ だから

$$\Delta S_{C11} = \frac{2\times 1}{2+1}\{(5.0-5)^2 + (4.5-1)^2\} = 8.17$$

を得る．この値は表12.8に記載されている．

次に，$C1(4,5)$ と $C2(1,2)$ との距離を (12.9) 式に基づいて求める．クラスター $C1$ に対して，$n_{C1}=2$, $(\bar{x}_{C1\cdot 1}, \bar{x}_{C1\cdot 2})=(5.0, 4.5)$, クラスター $C2$ に対して，$n_{C2}=2$, $(\bar{x}_{C2\cdot 1}, \bar{x}_{C2\cdot 2})=(4.5, 1.5)$ だから

$$\Delta S_{C1C2} = \frac{2\times 2}{2+2}\{(5.0-4.5)^2 + (4.5-1.5)^2\} = 9.25$$

を得る．この値は表12.9に記載されている．

他の値も同様に求めることができる．

第13章

13.1 （1） $x_2 = \alpha_{21}x_1 + \varepsilon_2$, $x_3 = \alpha_{31}x_1 + \alpha_{32}x_2 + \varepsilon_3$

（2） $\rho_{12} = \underbrace{\alpha_{21}}_{\text{直接効果}}$, $\rho_{13} = \underbrace{\alpha_{31}}_{\text{直接効果}} + \underbrace{\alpha_{32}\alpha_{21}}_{\text{間接効果}}$, $\rho_{23} = \underbrace{\alpha_{32}}_{\text{直接効果}} + \underbrace{\alpha_{31}\alpha_{21}}_{\text{擬似相関}}$

13.2 $\rho_{13} = \underbrace{\alpha_{31}}_{\text{直接効果}} + \underbrace{\alpha_{32}\alpha_{21}}_{\text{間接相関}}$,

$\rho_{14} = \underbrace{\alpha_{41}}_{\text{直接効果}} + \underbrace{\alpha_{42}\alpha_{21}}_{\text{間接効果}} + \underbrace{\alpha_{43}\alpha_{31}}_{\text{間接効果}} + \underbrace{\alpha_{43}\alpha_{32}\alpha_{21}}_{\text{間接効果}}$,

$$\rho_{34} = \underbrace{\alpha_{43}}_{\text{直接効果}} + \underbrace{\alpha_{31}\alpha_{41}}_{\text{擬似相関}} + \underbrace{\alpha_{32}\alpha_{42}}_{\text{擬似相関}} + \underbrace{\alpha_{32}\alpha_{21}\alpha_{41}}_{\text{擬似相関}} + \underbrace{\alpha_{42}\alpha_{21}\alpha_{31}}_{\text{擬似相関}}$$

13.3 (y_i, x_{i1}, x_{i2}) に基づく平方和と偏差積和を $S_{11}, S_{22}, S_{12}, S_{yy}, S_{1y}, S_{2y}$ と表し，(y_i, x'_{i1}, x'_{i2}) に基づく平方和と偏差積和を $S'_{11}, S'_{22}, S'_{12}, S'_{yy}, S'_{1y}, S'_{2y}$ と表す．$\bar{x}'_1 = a\bar{x}_1$, $\bar{x}'_2 = b\bar{x}_2$, $S'_{11} = a^2 S_{11}$, $S'_{22} = b^2 S_{22}$, $S'_{12} = abS_{12}$, $S'_{yy} = S_{yy}$, $S'_{1y} = aS_{1y}$, $S'_{2y} = bS_{2y}$ が成り立つ．これらより，次式を得る．

$$\begin{bmatrix} \hat{\beta}'_1 \\ \hat{\beta}'_2 \end{bmatrix} = \begin{bmatrix} S'_{11} & S'_{12} \\ S'_{12} & S'_{22} \end{bmatrix}^{-1} \begin{bmatrix} S'_{1y} \\ S'_{2y} \end{bmatrix}$$

$$= \frac{1}{a^2 b^2 S_{11} S_{22} - a^2 b^2 S_{12}^2} \begin{bmatrix} b^2 S_{22} & -abS_{12} \\ -abS_{12} & a^2 S_{11} \end{bmatrix} \begin{bmatrix} aS_{1y} \\ bS_{2y} \end{bmatrix}$$

$$= \frac{1}{a^2 b^2 (S_{11} S_{22} - S_{12}^2)} \begin{bmatrix} ab^2 S_{22} S_{1y} - ab^2 S_{12} S_{2y} \\ -a^2 b S_{12} S_{1y} + a^2 b S_{11} S_{2y} \end{bmatrix}$$

$$= \begin{bmatrix} \hat{\beta}_1/a \\ \hat{\beta}_2/b \end{bmatrix}$$

$$\hat{\beta}'_0 = \bar{y} - \hat{\beta}'_1 \bar{x}'_1 - \hat{\beta}'_2 \bar{x}'_2 = \bar{y} - \hat{\beta}_1 \bar{x}_1 - \hat{\beta}_2 \bar{x}_2 = \hat{\beta}_0$$

13.4 母偏相関係数行列は次のようになる．

$$\Lambda = \begin{bmatrix} - & 0 & 0.410 \\ 0 & - & 0.730 \\ 0.410 & 0.730 & - \end{bmatrix}$$

これに基づいて独立グラフを作成すると下図となる．

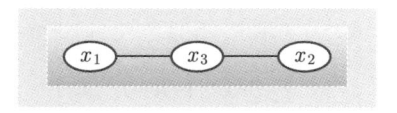

図 独立グラフ（問題 **13.4**）

13.5 $u_1 = b_{11}f_1 + b_{12}f_2 + \varepsilon_1$ の両辺に f_1 を掛けると

$$u_1 f_1 = b_{11} f_1^2 + b_{12} f_2 f_1 + \varepsilon_1 f_1$$

となる．この両辺の期待値をとる．f_1 と f_2，ε_1 と f_1 が無相関であること，および，u_1 と f_1 が標準化されていることより，$E(u_1 f_1) = \rho_{u_1 f_1}$, $E(f_1^2) = 1$, $E(f_1 f_2) = 0$, $E(\varepsilon_1 f_1) = 0$ である．したがって，b_{11} が u_1 と f_1 の母相関係数 $\rho_{u_1 f_1}$ に一致することがわかる．同様に，最初の式に f_2 を掛けて期待値をとれば，b_{12} が u_1 と f_2 の

母相関係数に一致することがわかる．

13.6 （1）一般に，
$$V(ax+by+cz) = a^2V(x)+b^2V(y)+c^2V(z)+2abC(x,y)+2acC(x,z)+2bcC(y,z)$$
が成り立つ．ここで，無相関性より，$C(x,y) = C(x,z) = C(y,z) = 0$ となることに注意すればよい． （2）次式が成り立つ．
$$C(ax+by+w, cx+dy+z) = acV(x) + bdV(y) + (ad+bc)C(x,y) + aC(x,z)$$
$$+ bC(y,z) + cC(x,w) + dC(y,w) + C(w,z)$$
ここで，無相関性より，$C(x,y) = C(x,z) = C(y,z) = C(x,w) = C(y,w) = C(w,z) = 0$ となることに注意すればよい．

13.7 f_1^* と f_2^* の寄与率の分子を加えると
$$(\hat{b}_{11}^{*2} + \hat{b}_{21}^{*2} + \hat{b}_{31}^{*2} + \hat{b}_{41}^{*2}) + (\hat{b}_{12}^{*2} + \hat{b}_{22}^{*2} + \hat{b}_{32}^{*2} + \hat{b}_{42}^{*2})$$
$$= (\hat{b}_{11}^{*2} + \hat{b}_{12}^{*2}) + (\hat{b}_{21}^{*2} + \hat{b}_{22}^{*2}) + (\hat{b}_{31}^{*2} + \hat{b}_{32}^{*2}) + (\hat{b}_{41}^{*2} + \hat{b}_{42}^{*2})$$
$$= (\hat{b}_{11}^{2} + \hat{b}_{12}^{2}) + (\hat{b}_{21}^{2} + \hat{b}_{22}^{2}) + (\hat{b}_{31}^{2} + \hat{b}_{32}^{2}) + (\hat{b}_{41}^{2} + \hat{b}_{42}^{2})$$
$$= \hat{h}_1^2 + \hat{h}_2^2 + \hat{h}_3^2 + \hat{h}_4^2$$
となる．

13.8♣ 行列とベクトルを用いて記述する．$\boldsymbol{f} = [f_1, f_2]'$，$\boldsymbol{f}^* = [f_1^*, f_2^*]'$ とし，T は (13.43) 式に示した回転を与える行列とする．(13.34) 式における仮定より，$E(\boldsymbol{f}) = \boldsymbol{0}$，$V(\boldsymbol{f}) = I_2$ である．これより，
$$E(\boldsymbol{f}^*) = E(T\boldsymbol{f}) = TE(\boldsymbol{f}) = \boldsymbol{0}$$
$$V(\boldsymbol{f}^*) = V(T\boldsymbol{f}) = TV(\boldsymbol{f})T' = TI_2T' = TT' = I_2$$
となる．

13.9 (13.72) 式の第 1 式だけを示す．他はすべて同様である．
$$r_{y_1 u_1} = C_{y_1 u_1} = \frac{1}{n-1}\sum_{i=1}^n (y_{i1} - \bar{y}_1)(u_{i1} - \bar{u}_1) = \frac{1}{n-1}\sum y_{i1}u_{i1}$$
$$= \frac{1}{n-1}\sum(a_1 u_{i1} + a_2 u_{i2})u_{i1} = \frac{1}{n-1}\sum(a_1 u_{i1}^2 + a_2 u_{i2}u_{i1})$$
$$= a_1 V_{u_1} + a_2 C_{u_1 u_2} = a_1 + r_{u_1 u_2}a_2$$

13.10 (13.76) 式の第 1 式だけを示す．他はすべて同様である．
$$r_{y_1 w_1} = C_{y_1 w_1} = \frac{1}{n-1}\sum_{i=1}^n (y_{i1} - \bar{y}_1)(w_{i1} - \bar{w}_1) = \frac{1}{n-1}\sum y_{i1}w_{i1}$$
$$= \frac{1}{n-1}\sum(a_1 u_{i1} + a_2 u_{i2})w_{i1} = \frac{1}{n-1}\sum(a_1 u_{i1}w_{i1} + a_2 u_{i2}w_{i1})$$
$$= a_1 C_{u_1 w_1} + a_2 C_{u_2 w_1} = r_{u_1 w_1}a_1 + r_{u_2 w_1}a_2$$

付　　表

付表 1　　正規分布表 (I)
付表 2　　正規分布表 (II)
付表 3　　χ^2　表
付表 4　　t　表
付表 5-1　F　表 (5%, 1%)
付表 5-2　F　表 (2.5%)
付表 6　　r　表

出　典

　付表 2 を除く付表 1〜付表 6 は，森口繁一・日科技連数値表委員会編『新編日科技連数値表 (第 4 刷)』(日科技連出版社) から引用.

付表1　正規分布表 (I)

$$k \longrightarrow P = Pr\{u \geq k\} = \frac{1}{\sqrt{2\pi}} \int_k^\infty e^{-\frac{u^2}{2}} du$$

(k から P を求める表)

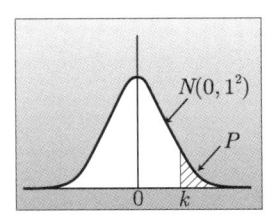

k	*=0	1	2	3	4	5	6	7	8	9
0.0*	.5000	.4960	.4920	.4880	.4840	.4801	.4761	.4721	.4681	.4641
0.1*	.4602	.4562	.4522	.4483	.4443	.4404	.4364	.4325	.4286	.4247
0.2*	.4207	.4168	.4129	.4090	.4052	.4013	.3974	.3936	.3897	.3859
0.3*	.3821	.3783	.3745	.3707	.3669	.3632	.3594	.3557	.3520	.3483
0.4*	.3446	.3409	.3372	.3336	.3300	.3264	.3228	.3192	.3156	.3121
0.5*	.3085	.3050	.3015	.2981	.2946	.2912	.2877	.2843	.2810	.2776
0.6*	.2743	.2709	.2676	.2643	.2611	.2578	.2546	.2514	.2483	.2451
0.7*	.2420	.2389	.2358	.2327	.2296	.2266	.2236	.2206	.2177	.2148
0.8*	.2119	.2090	.2061	.2033	.2005	.1977	.1949	.1922	.1894	.1867
0.9*	.1841	.1814	.1788	.1762	.1736	.1711	.1685	.1660	.1635	.1611
1.0*	.1587	.1562	.1539	.1515	.1492	.1469	.1446	.1423	.1401	.1379
1.1*	.1357	.1335	.1314	.1292	.1271	.1251	.1230	.1210	.1190	.1170
1.2*	.1151	.1131	.1112	.1093	.1075	.1056	.1038	.1020	.1003	.0985
1.3*	.0968	.0951	.0934	.0918	.0901	.0885	.0869	.0853	.0838	.0823
1.4*	.0808	.0793	.0778	.0764	.0749	.0735	.0721	.0708	.0694	.0681
1.5*	.0668	.0655	.0643	.0630	.0618	.0606	.0594	.0582	.0571	.0559
1.6*	.0548	.0537	.0526	.0516	.0505	.0495	.0485	.0475	.0465	.0455
1.7*	.0446	.0436	.0427	.0418	.0409	.0401	.0392	.0384	.0375	.0367
1.8*	.0359	.0351	.0344	.0336	.0329	.0322	.0314	.0307	.0301	.0294
1.9*	.0287	.0281	.0274	.0268	.0262	.0256	.0250	.0244	.0239	.0233
2.0*	.0228	.0222	.0217	.0212	.0207	.0202	.0197	.0192	.0188	.0183
2.1*	.0179	.0174	.0170	.0166	.0162	.0158	.0154	.0150	.0146	.0143
2.2*	.0139	.0136	.0132	.0129	.0125	.0122	.0119	.0116	.0113	.0110
2.3*	.0107	.0104	.0102	.0099	.0096	.0094	.0091	.0089	.0087	.0084
2.4*	.0082	.0080	.0078	.0075	.0073	.0071	.0069	.0068	.0066	.0064
2.5*	.0062	.0060	.0059	.0057	.0055	.0054	.0052	.0051	.0049	.0048
2.6*	.0047	.0045	.0044	.0043	.0041	.0040	.0039	.0038	.0037	.0036
2.7*	.0035	.0034	.0033	.0032	.0031	.0030	.0029	.0028	.0027	.0026
2.8*	.0026	.0025	.0024	.0023	.0023	.0022	.0021	.0021	.0020	.0019
2.9*	.0019	.0018	.0018	.0017	.0016	.0016	.0015	.0015	.0014	.0014
3.0*	.0013	.0013	.0013	.0012	.0012	.0011	.0011	.0011	.0010	.0010

付表 2　正規分布表 (II)

(P から k を求める表)

P	·001	·005	·010	·025	·05	·10	·20	·30	·40
k	3·090	2·576	2·326	1·960	1·645	1·282	·842	·524	·253

付表3 χ^2 表

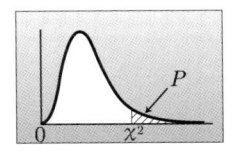

$\chi^2(\phi, P)$

（自由度 ϕ と上側確率 P とから χ^2 を求める表）

ϕ \ P	·995	·99	·975	·95	·90	·75	·50	·25	·10	·05	·025	·01	·005
1	0.0^4393	0.0^3157	0.0^3982	0.0^2393	0·0158	0·102	0·455	1·323	2·71	3·84	5·02	6·63	7·88
2	0·0100	0·0201	0·0506	0·103	0·211	0·575	1·386	2·77	4·61	5·99	7·38	9·21	10·60
3	0·0717	0·115	0·216	0·352	0·584	1·213	2·37	4·11	6·25	7·81	9·35	11·34	12·84
4	0·207	0·297	0·484	0·711	1·064	1·923	3·36	5·39	7·78	9·49	11·14	13·28	14·86
5	0·412	0·554	0·831	1·145	1·610	2·67	4·35	6·63	9·24	11·07	12·83	15·09	16·75
6	0·676	0·872	1·237	1·635	2·20	3·45	5·35	7·84	10·64	12·59	14·45	16·81	18·55
7	0·989	1·239	1·690	2·17	2·83	4·25	6·35	9·04	12·02	14·07	16·01	18·48	20·3
8	1·344	1·646	2·18	2·73	3·49	5·07	7·34	10·22	13·36	15·51	17·53	20·1	22·0
9	1·735	2·09	2·70	3·33	4·17	5·90	8·34	11·39	14·68	16·92	19·02	21·7	23·6
10	2·16	2·56	3·25	3·94	4·87	6·74	9·34	12·55	15·99	18·31	20·5	23·2	25·2
11	2·60	3·05	3·82	4·57	5·58	7·58	10·34	13·70	17·28	19·68	21·9	24·7	26·8
12	3·07	3·57	4·40	5·23	6·30	8·44	11·34	14·85	18·55	21·0	23·3	26·2	28·3
13	3·57	4·11	5·01	5·89	7·04	9·30	12·34	15·98	19·81	22·4	24·7	27·7	29·8
14	4·07	4·66	5·63	6·57	7·79	10·17	13·34	17·12	21·1	23·7	26·1	29·1	31·3
15	4·60	5·23	6·26	7·26	8·55	11·04	14·34	18·25	22·3	25·0	27·5	30·6	32·8
16	5·14	5·81	6·91	7·96	9·31	11·91	15·34	19·37	23·5	26·3	28·8	32·0	34·3
17	5·70	6·41	7·56	8·67	10·09	12·79	16·34	20·5	24·8	27·6	30·2	33·4	35·7
18	6·26	7·01	8·23	9·39	10·86	13·68	17·34	21·6	26·0	28·9	31·5	34·8	37·2
19	6·84	7·63	8·91	10·12	11·65	14·56	18·34	22·7	27·2	30·1	32·9	36·2	38·6
20	7·43	8·26	9·59	10·85	12·44	15·45	19·34	23·8	28·4	31·4	34·2	37·6	40·0
21	8·03	8·90	10·28	11·59	13·24	16·34	20·3	24·9	29·6	32·7	35·5	38·9	41·4
22	8·64	9·54	10·98	12·34	14·04	17·24	21·3	26·0	30·8	33·9	36·8	40·3	42·8
23	9·26	10·20	11·69	13·09	14·85	18·14	22·3	27·1	32·0	35·2	38·1	41·6	44·2
24	9·89	10·86	12·40	13·85	15·66	19·04	23·3	28·2	33·2	36·4	39·4	43·0	45·6
25	10·52	11·52	13·12	14·61	16·47	19·94	24·3	29·3	34·4	37·7	40·6	44·3	46·9
26	11·16	12·20	13·84	15·38	17·29	20·8	25·3	30·4	35·6	38·9	41·9	45·6	48·3
27	11·81	12·88	14·57	16·15	18·11	21·7	26·3	31·5	36·7	40·1	43·2	47·0	49·6
28	12·46	13·56	15·31	16·93	18·94	22·7	27·3	32·6	37·9	41·3	44·5	48·3	51·0
29	13·12	14·26	16·05	17·71	19·77	23·6	28·3	33·7	39·1	42·6	45·7	49·6	52·3
30	13·79	14·95	16·79	18·49	20·6	24·5	29·3	34·8	40·3	43·8	47·0	50·9	53·7
40	20·7	22·2	24·4	26·5	29·1	33·7	39·3	45·6	51·8	55·8	59·3	63·7	66·8
50	28·0	29·7	32·4	34·8	37·7	42·9	49·3	56·3	63·2	67·5	71·4	76·2	79·5
60	35·5	37·5	40·5	43·2	46·5	52·3	59·3	67·0	74·4	79·1	83·3	88·4	92·0
70	43·3	45·4	48·8	51·7	55·3	61·7	69·3	77·6	85·5	90·5	95·0	100·4	104·2
80	51·2	53·5	57·2	60·4	64·3	71·1	79·3	88·1	96·6	101·9	106·6	112·3	116·3
90	59·2	61·8	65·6	69·1	73·3	80·6	89·3	98·6	107·6	113·1	118·1	124·1	128·3
100	67·3	70·1	74·2	77·9	82·4	90·1	99·3	109·1	118·5	124·3	129·6	135·8	140·2

付表4 t 表

$t(\phi, P)$

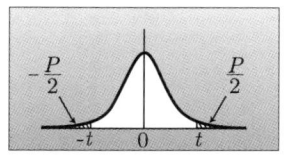

$\begin{pmatrix} \text{自由度 } \phi \text{ と両側確率 } P \\ \text{から } t \text{ を求める表} \end{pmatrix}$

ϕ \ P	0.5	0.40	0.30	0.20	0.10	0.05	0.02	0.01	0.001
1	1.000	1.376	1.963	3.078	6.314	12.706	31.821	63.657	636.619
2	0.816	1.061	1.386	1.886	2.920	4.303	6.965	9.925	31.599
3	0.765	0.978	1.250	1.638	2.353	3.182	4.541	5.841	12.924
4	0.741	0.941	1.190	1.533	2.132	2.776	3.747	4.604	8.610
5	0.727	0.920	1.156	1.476	2.015	2.571	3.365	4.032	6.869
6	0.718	0.906	1.134	1.440	1.943	2.447	3.143	3.707	5.959
7	0.711	0.896	1.119	1.415	1.895	2.365	2.998	3.499	5.408
8	0.706	0.889	1.108	1.397	1.860	2.306	2.896	3.355	5.041
9	0.703	0.883	1.100	1.383	1.833	2.262	2.821	3.250	4.781
10	0.700	0.879	1.093	1.372	1.812	2.228	2.764	3.169	4.587
11	0.697	0.876	1.088	1.363	1.796	2.201	2.718	3.106	4.437
12	0.695	0.873	1.083	1.356	1.782	2.179	2.681	3.055	4.318
13	0.694	0.870	1.079	1.350	1.771	2.160	2.650	3.012	4.221
14	0.692	0.868	1.076	1.345	1.761	2.145	2.624	2.977	4.140
15	0.691	0.866	1.074	1.341	1.753	2.131	2.602	2.947	4.073
16	0.690	0.865	1.071	1.337	1.746	2.120	2.583	2.921	4.015
17	0.689	0.863	1.069	1.333	1.740	2.110	2.567	2.898	3.965
18	0.688	0.862	1.067	1.330	1.734	2.101	2.552	2.878	3.922
19	0.688	0.861	1.066	1.328	1.729	2.093	2.539	2.861	3.883
20	0.687	0.860	1.064	1.325	1.725	2.086	2.528	2.845	3.850
21	0.686	0.859	1.063	1.323	1.721	2.080	2.518	2.831	3.819
22	0.686	0.858	1.061	1.321	1.717	2.074	2.508	2.819	3.792
23	0.685	0.858	1.060	1.319	1.714	2.069	2.500	2.807	3.768
24	0.685	0.857	1.059	1.318	1.711	2.064	2.492	2.797	3.745
25	0.684	0.856	1.058	1.316	1.708	2.060	2.485	2.787	3.725
26	0.684	0.856	1.058	1.315	1.706	2.056	2.479	2.779	3.707
27	0.684	0.855	1.057	1.314	1.703	2.052	2.473	2.771	3.690
28	0.683	0.855	1.056	1.313	1.701	2.048	2.467	2.763	3.674
29	0.683	0.854	1.055	1.311	1.699	2.045	2.462	2.756	3.659
30	0.683	0.854	1.055	1.310	1.697	2.042	2.457	2.750	3.646
40	0.681	0.851	1.050	1.303	1.684	2.021	2.423	2.704	3.551
60	0.679	0.848	1.045	1.296	1.671	2.000	2.390	2.660	3.460
120	0.677	0.845	1.041	1.289	1.658	1.980	2.358	2.617	3.373
∞	0.674	0.842	1.036	1.282	1.645	1.960	2.326	2.576	3.291

付表5-1 F 表 (5%, 1%)

$$P = \begin{cases} 0.05 \cdots \text{細字} \\ 0.01 \cdots \textbf{太字} \end{cases}$$

$\boxed{F(\phi_1, \phi_2; P)}$

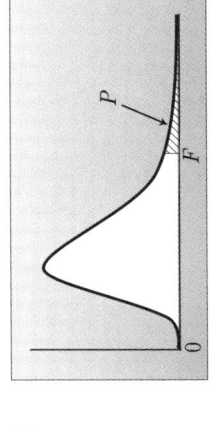

(分子の自由度 ϕ_1, 分母の自由度 ϕ_2 から, 上側確率 5%および 1%に対する F の値を求める表)
(細字は 5%, **太字は 1%**)

ϕ_2 \ ϕ_1	1	2	3	4	5	6	7	8	9	10	12	15	20	24	30	40	60	120	∞
1	161· **4052·**	200· **5000·**	216· **5403·**	225· **5625·**	230· **5764·**	234· **5859·**	237· **5928·**	239· **5981·**	241· **6022·**	242· **6056·**	244· **6106·**	246· **6157·**	248· **6209·**	249· **6235·**	250· **6261·**	251· **6287·**	252· **6313·**	253· **6339·**	254· **6366·**
2	18·5 **98·5**	19·0 **99·0**	19·2 **99·2**	19·2 **99·2**	19·3 **99·3**	19·3 **99·3**	19·4 **99·4**	19·4 **99·4**	19·4 **99·4**	19·4 **99·4**	19·4 **99·4**	19·4 **99·4**	19·4 **99·4**	19·5 **99·5**	19·5 **99·5**	19·5 **99·5**	19·5 **99·5**	19·5 **99·5**	19·5 **99·5**
3	10·1 **34·1**	9·55 **30·8**	9·28 **29·5**	9·12 **28·7**	9·01 **28·2**	8·94 **27·9**	8·89 **27·7**	8·85 **27·5**	8·81 **27·3**	8·79 **27·2**	8·74 **27·1**	8·70 **26·9**	8·66 **26·7**	8·64 **26·6**	8·62 **26·5**	8·59 **26·4**	8·57 **26·3**	8·55 **26·2**	8·53 **26·1**
4	7·71 **21·2**	6·94 **18·0**	6·59 **16·7**	6·39 **16·0**	6·26 **15·5**	6·16 **15·2**	6·09 **15·0**	6·04 **14·8**	6·00 **14·7**	5·96 **14·5**	5·91 **14·4**	5·86 **14·2**	5·80 **14·0**	5·77 **13·9**	5·75 **13·8**	5·72 **13·7**	5·69 **13·7**	5·66 **13·6**	5·63 **13·5**
5	6·61 **16·3**	5·79 **13·3**	5·41 **12·1**	5·19 **11·4**	5·05 **11·0**	4·95 **10·7**	4·88 **10·5**	4·82 **10·3**	4·77 **10·2**	4·74 **10·1**	4·68 **9·89**	4·62 **9·72**	4·56 **9·55**	4·53 **9·47**	4·50 **9·38**	4·46 **9·29**	4·43 **9·20**	4·40 **9·11**	4·36 **9·02**
6	5·99 **13·7**	5·14 **10·9**	4·76 **9·78**	4·53 **9·15**	4·39 **8·75**	4·28 **8·47**	4·21 **8·26**	4·15 **8·10**	4·10 **7·98**	4·06 **7·87**	4·00 **7·72**	3·94 **7·56**	3·87 **7·40**	3·84 **7·31**	3·81 **7·23**	3·77 **7·14**	3·74 **7·06**	3·70 **6·97**	3·67 **6·88**
7	5·59 **12·2**	4·74 **9·55**	4·35 **8·45**	4·12 **7·85**	3·97 **7·46**	3·87 **7·19**	3·79 **6·99**	3·73 **6·84**	3·68 **6·72**	3·64 **6·62**	3·57 **6·47**	3·51 **6·31**	3·44 **6·16**	3·41 **6·07**	3·38 **5·99**	3·34 **5·91**	3·30 **5·82**	3·27 **5·74**	3·23 **5·65**
8	5·32 **11·3**	4·46 **8·65**	4·07 **7·59**	3·84 **7·01**	3·69 **6·63**	3·58 **6·37**	3·50 **6·18**	3·44 **6·03**	3·39 **5·91**	3·35 **5·81**	3·28 **5·67**	3·22 **5·52**	3·15 **5·36**	3·12 **5·28**	3·08 **5·20**	3·04 **5·12**	3·01 **5·03**	2·97 **4·95**	2·93 **4·86**
9	5·12 **10·6**	4·26 **8·02**	3·86 **6·99**	3·63 **6·42**	3·48 **6·06**	3·37 **5·80**	3·29 **5·61**	3·23 **5·47**	3·18 **5·35**	3·14 **5·26**	3·07 **5·11**	3·01 **4·96**	2·94 **4·81**	2·90 **4·73**	2·86 **4·65**	2·83 **4·57**	2·79 **4·48**	2·75 **4·40**	2·71 **4·31**
10	4·96 **10·0**	4·10 **7·56**	3·71 **6·55**	3·48 **5·99**	3·33 **5·64**	3·22 **5·39**	3·14 **5·20**	3·07 **5·06**	3·02 **4·94**	2·98 **4·85**	2·91 **4·71**	2·85 **4·56**	2·77 **4·41**	2·74 **4·33**	2·70 **4·25**	2·66 **4·17**	2·62 **4·08**	2·58 **4·00**	2·54 **3·91**
11	4·84 **9·65**	3·98 **7·21**	3·59 **6·22**	3·36 **5·67**	3·20 **5·32**	3·09 **5·07**	3·01 **4·89**	2·95 **4·74**	2·90 **4·63**	2·85 **4·54**	2·79 **4·40**	2·72 **4·25**	2·65 **4·10**	2·61 **4·02**	2·57 **3·94**	2·53 **3·86**	2·49 **3·78**	2·45 **3·69**	2·40 **3·60**
12	4·75 **9·33**	3·89 **6·93**	3·49 **5·95**	3·26 **5·41**	3·11 **5·06**	3·00 **4·82**	2·91 **4·64**	2·85 **4·50**	2·80 **4·39**	2·75 **4·30**	2·69 **4·16**	2·62 **4·01**	2·54 **3·86**	2·51 **3·78**	2·47 **3·70**	2·43 **3·62**	2·38 **3·54**	2·34 **3·45**	2·30 **3·36**
13	4·67 **9·07**	3·81 **6·70**	3·41 **5·74**	3·18 **5·21**	3·03 **4·86**	2·92 **4·62**	2·83 **4·44**	2·77 **4·30**	2·71 **4·19**	2·67 **4·10**	2·60 **3·96**	2·53 **3·82**	2·46 **3·66**	2·42 **3·59**	2·38 **3·51**	2·34 **3·43**	2·30 **3·34**	2·25 **3·25**	2·21 **3·17**
14	4·60 **8·86**	3·74 **6·51**	3·34 **5·56**	3·11 **5·04**	2·96 **4·69**	2·85 **4·46**	2·76 **4·28**	2·70 **4·14**	2·65 **4·03**	2·60 **3·94**	2·53 **3·80**	2·46 **3·66**	2·39 **3·51**	2·35 **3·43**	2·31 **3·35**	2·27 **3·27**	2·22 **3·18**	2·18 **3·09**	2·13 **3·00**
15	4·54 **8·68**	3·68 **6·36**	3·29 **5·42**	3·06 **4·89**	2·90 **4·56**	2·79 **4·32**	2·71 **4·14**	2·64 **4·00**	2·59 **3·89**	2·54 **3·80**	2·48 **3·67**	2·40 **3·52**	2·33 **3·37**	2·29 **3·29**	2·25 **3·21**	2·20 **3·13**	2·16 **3·05**	2·11 **2·96**	2·07 **2·87**

付　表

ϕ_2 \ ϕ_1	1	2	3	4	5	6	7	8	9	10	12	15	20	24	30	40	60	120	∞	
16	4.49	3.63	3.24	3.01	2.85	2.74	2.66	2.59	2.54	2.49	2.42	2.35	2.28	2.24	2.19	2.15	2.11	2.06	2.01	
	8.53	6.23	5.29	4.77	4.44	4.20	4.03	3.89	3.78	3.69	3.55	3.41	3.26	3.18	3.10	3.02	2.93	2.84	2.75	
17	4.45	3.59	3.20	2.96	2.81	2.70	2.61	2.55	2.49	2.45	2.38	2.31	2.23	2.19	2.15	2.10	2.06	2.01	1.96	
	8.40	6.11	5.18	4.67	4.34	4.10	3.93	3.79	3.68	3.59	3.46	3.31	3.16	3.08	3.00	2.92	2.83	2.75	2.65	
18	4.41	3.55	3.16	2.93	2.77	2.66	2.58	2.51	2.46	2.41	2.34	2.27	2.19	2.15	2.11	2.06	2.02	1.97	1.92	
	8.29	6.01	5.09	4.58	4.25	4.01	3.84	3.71	3.60	3.51	3.37	3.23	3.08	3.00	2.92	2.84	2.75	2.66	2.57	
19	4.38	3.52	3.13	2.90	2.74	2.63	2.54	2.48	2.42	2.38	2.31	2.23	2.16	2.11	2.07	2.03	1.98	1.93	1.88	
	8.18	5.93	5.01	4.50	4.17	3.94	3.77	3.63	3.52	3.43	3.30	3.15	3.00	2.92	2.84	2.76	2.67	2.58	2.49	
20	4.35	3.49	3.10	2.87	2.71	2.60	2.51	2.45	2.39	2.35	2.28	2.20	2.12	2.08	2.04	1.99	1.95	1.90	1.84	
	8.10	5.85	4.94	4.43	4.10	3.87	3.70	3.56	3.46	3.37	3.23	3.09	2.94	2.86	2.78	2.69	2.61	2.52	2.42	
21	4.32	3.47	3.07	2.84	2.68	2.57	2.49	2.42	2.37	2.32	2.25	2.18	2.10	2.05	2.01	1.96	1.92	1.87	1.81	
	8.02	5.78	4.87	4.37	4.04	3.81	3.64	3.51	3.40	3.31	3.17	3.03	2.88	2.80	2.72	2.64	2.55	2.46	2.36	
22	4.30	3.44	3.05	2.82	2.66	2.55	2.46	2.40	2.34	2.30	2.23	2.15	2.07	2.03	1.98	1.94	1.89	1.84	1.78	
	7.95	5.72	4.82	4.31	3.99	3.76	3.59	3.45	3.35	3.26	3.12	2.98	2.83	2.75	2.67	2.58	2.50	2.40	2.31	
23	4.28	3.42	3.03	2.80	2.64	2.53	2.44	2.37	2.32	2.27	2.20	2.13	2.05	2.01	1.96	1.91	1.86	1.81	1.76	
	7.88	5.66	4.76	4.26	3.94	3.71	3.54	3.41	3.30	3.21	3.07	2.93	2.78	2.70	2.62	2.54	2.45	2.35	2.26	
24	4.26	3.40	3.01	2.78	2.62	2.51	2.42	2.36	2.30	2.25	2.18	2.11	2.03	1.98	1.94	1.89	1.84	1.79	1.73	
	7.82	5.61	4.72	4.22	3.90	3.67	3.50	3.36	3.26	3.17	3.03	2.89	2.74	2.66	2.58	2.49	2.40	2.31	2.21	
25	4.24	3.39	2.99	2.76	2.60	2.49	2.40	2.34	2.28	2.24	2.16	2.09	2.01	1.96	1.92	1.87	1.82	1.77	1.71	
	7.77	5.57	4.68	4.18	3.85	3.63	3.46	3.32	3.22	3.13	2.99	2.85	2.70	2.62	2.54	2.45	2.36	2.27	2.17	
26	4.23	3.37	2.98	2.74	2.59	2.47	2.39	2.32	2.27	2.22	2.15	2.07	1.99	1.95	1.90	1.85	1.80	1.75	1.69	
	7.72	5.53	4.64	4.14	3.82	3.59	3.42	3.29	3.18	3.09	2.96	2.81	2.66	2.58	2.50	2.42	2.33	2.23	2.13	
27	4.21	3.35	2.96	2.73	2.57	2.46	2.37	2.31	2.25	2.20	2.13	2.06	1.97	1.93	1.88	1.84	1.79	1.73	1.67	
	7.68	5.49	4.60	4.11	3.78	3.56	3.39	3.26	3.15	3.06	2.93	2.78	2.63	2.55	2.47	2.38	2.29	2.20	2.10	
28	4.20	3.34	2.95	2.71	2.56	2.45	2.36	2.29	2.24	2.19	2.12	2.04	1.96	1.91	1.87	1.82	1.77	1.71	1.65	
	7.64	5.45	4.57	4.07	3.75	3.53	3.36	3.23	3.12	3.03	2.90	2.75	2.60	2.52	2.44	2.35	2.26	2.17	2.06	
29	4.18	3.33	2.93	2.70	2.55	2.43	2.35	2.28	2.22	2.18	2.10	2.03	1.94	1.90	1.85	1.81	1.75	1.70	1.64	
	7.60	5.42	4.54	4.04	3.73	3.50	3.33	3.20	3.09	3.00	2.87	2.73	2.57	2.49	2.41	2.33	2.23	2.14	2.03	
30	4.17	3.32	2.92	2.69	2.53	2.42	2.33	2.27	2.21	2.16	2.09	2.01	1.93	1.89	1.84	1.79	1.74	1.68	1.62	
	7.56	5.39	4.51	4.02	3.70	3.47	3.30	3.17	3.07	2.98	2.84	2.70	2.55	2.47	2.39	2.30	2.21	2.11	2.01	
40	4.08	3.23	2.84	2.61	2.45	2.34	2.25	2.18	2.12	2.08	2.00	1.92	1.84	1.79	1.74	1.69	1.64	1.58	1.51	
	7.31	5.18	4.31	3.83	3.51	3.29	3.12	2.99	2.89	2.80	2.66	2.52	2.37	2.29	2.20	2.11	2.02	1.92	1.80	
60	4.00	3.15	2.76	2.53	2.37	2.25	2.17	2.10	2.04	1.99	1.92	1.84	1.75	1.70	1.65	1.59	1.53	1.47	1.39	
	7.08	4.98	4.13	3.65	3.34	3.12	2.95	2.82	2.72	2.63	2.50	2.35	2.20	2.12	2.03	1.94	1.84	1.73	1.60	
120	3.92	3.07	2.68	2.45	2.29	2.18	2.09	2.02	1.96	1.91	1.83	1.75	1.66	1.61	1.55	1.50	1.43	1.35	1.25	
	6.85	4.79	3.95	3.48	3.17	2.96	2.79	2.66	2.56	2.47	2.34	2.19	2.03	1.95	1.86	1.76	1.66	1.53	1.38	
∞	3.84	3.00	2.60	2.37	2.21	2.10	2.01	1.94	1.88	1.83	1.75	1.67	1.57	1.52	1.46	1.39	1.32	1.22	1.00	
	6.63	4.61	3.78	3.32	3.02	2.80	2.64	2.51	2.41	2.32	2.18	2.04	1.88	1.79	1.70	1.59	1.47	1.32	1.00	ϕ_2 \ ϕ_1

付表5-2 F 表 (2.5%)

$F(\phi_1, \phi_2; 0.025)$

(分子の自由度 ϕ_1, 分母の自由度 ϕ_2 の F 分布の上側 2.5% の点を求める表)

ϕ_1 \ ϕ_2	1	2	3	4	5	6	7	8	9	10	12	15	20	24	30	40	60	120	∞
1	648·	800·	864·	900·	922·	937·	948·	957·	963·	969·	977·	985·	993·	997·	1001·	1006·	1010·	1014·	1018·
2	38·5	39·0	39·2	39·2	39·3	39·3	39·4	39·4	39·4	39·4	39·4	39·4	39·4	39·5	39·5	39·5	39·5	39·5	39·5
3	17·4	16·0	15·4	15·1	14·9	14·7	14·6	14·5	14·5	14·4	14·3	14·3	14·2	14·1	14·1	14·0	14·0	13·9	13·9
4	12·2	10·6	9·98	9·60	9·36	9·20	9·07	8·98	8·90	8·84	8·75	8·66	8·56	8·51	8·46	8·41	8·36	8·31	8·26
5	10·0	8·43	7·76	7·39	7·15	6·98	6·85	6·76	6·68	6·62	6·52	6·43	6·33	6·28	6·23	6·18	6·12	6·07	6·02
6	8·81	7·26	6·60	6·23	5·99	5·82	5·70	5·60	5·52	5·46	5·37	5·27	5·17	5·12	5·07	5·01	4·96	4·90	4·85
7	8·07	6·54	5·89	5·52	5·29	5·12	4·99	4·90	4·82	4·76	4·67	4·57	4·47	4·42	4·36	4·31	4·25	4·20	4·14
8	7·57	6·06	5·42	5·05	4·82	4·65	4·53	4·43	4·36	4·30	4·20	4·10	4·00	3·95	3·89	3·84	3·78	3·73	3·67
9	7·21	5·71	5·08	4·72	4·48	4·32	4·20	4·10	4·03	3·96	3·87	3·77	3·67	3·61	3·56	3·51	3·45	3·39	3·33
10	6·94	5·46	4·83	4·47	4·24	4·07	3·95	3·85	3·78	3·72	3·62	3·52	3·42	3·37	3·31	3·26	3·20	3·14	3·08
11	6·72	5·26	4·63	4·28	4·04	3·88	3·76	3·66	3·59	3·53	3·43	3·33	3·23	3·17	3·12	3·06	3·00	2·94	2·88
12	6·55	5·10	4·47	4·12	3·89	3·73	3·61	3·51	3·44	3·37	3·28	3·18	3·07	3·02	2·96	2·91	2·85	2·79	2·72
13	6·41	4·97	4·35	4·00	3·77	3·60	3·48	3·39	3·31	3·25	3·15	3·05	2·95	2·89	2·84	2·78	2·72	2·66	2·60
14	6·30	4·86	4·24	3·89	3·66	3·50	3·38	3·29	3·21	3·15	3·05	2·95	2·84	2·79	2·73	2·67	2·61	2·55	2·49
15	6·20	4·77	4·15	3·80	3·58	3·41	3·29	3·20	3·12	3·06	2·96	2·86	2·76	2·70	2·64	2·59	2·52	2·46	2·40
16	6·12	4·69	4·08	3·73	3·50	3·34	3·22	3·12	3·05	2·99	2·89	2·79	2·68	2·63	2·57	2·51	2·45	2·38	2·32
17	6·04	4·62	4·01	3·66	3·44	3·28	3·16	3·06	2·98	2·92	2·82	2·72	2·62	2·56	2·50	2·44	2·38	2·32	2·25
18	5·98	4·56	3·95	3·61	3·38	3·22	3·10	3·01	2·93	2·87	2·77	2·67	2·56	2·50	2·44	2·38	2·32	2·26	2·19
19	5·92	4·51	3·90	3·56	3·33	3·17	3·05	2·96	2·88	2·82	2·72	2·62	2·51	2·45	2·39	2·33	2·27	2·20	2·13
20	5·87	4·46	3·86	3·51	3·29	3·13	3·01	2·91	2·84	2·77	2·68	2·57	2·46	2·41	2·35	2·29	2·22	2·16	2·09
21	5·83	4·42	3·82	3·48	3·25	3·09	2·97	2·87	2·80	2·73	2·64	2·53	2·42	2·37	2·31	2·25	2·18	2·11	2·04
22	5·79	4·38	3·78	3·44	3·22	3·05	2·93	2·84	2·76	2·70	2·60	2·50	2·39	2·33	2·27	2·21	2·14	2·08	2·00
23	5·75	4·35	3·75	3·41	3·18	3·02	2·90	2·81	2·73	2·67	2·57	2·47	2·36	2·30	2·24	2·18	2·11	2·04	1·97
24	5·72	4·32	3·72	3·38	3·15	2·99	2·87	2·78	2·70	2·64	2·54	2·44	2·33	2·27	2·21	2·15	2·08	2·01	1·94
25	5·69	4·29	3·69	3·35	3·13	2·97	2·85	2·75	2·68	2·61	2·51	2·41	2·30	2·24	2·18	2·12	2·05	1·98	1·91
26	5·66	4·27	3·67	3·33	3·10	2·94	2·82	2·73	2·65	2·59	2·49	2·39	2·28	2·22	2·16	2·09	2·03	1·95	1·88
27	5·63	4·24	3·65	3·31	3·08	2·92	2·80	2·71	2·63	2·57	2·47	2·36	2·25	2·19	2·13	2·07	2·00	1·93	1·85
28	5·61	4·22	3·63	3·29	3·06	2·90	2·78	2·69	2·61	2·55	2·45	2·34	2·23	2·17	2·11	2·05	1·98	1·91	1·83
29	5·59	4·20	3·61	3·27	3·04	2·88	2·76	2·67	2·59	2·53	2·43	2·32	2·21	2·15	2·09	2·03	1·96	1·89	1·81
30	5·57	4·18	3·59	3·25	3·03	2·87	2·75	2·65	2·57	2·51	2·41	2·31	2·20	2·14	2·07	2·01	1·94	1·87	1·79
40	5·42	4·05	3·46	3·13	2·90	2·74	2·62	2·53	2·45	2·39	2·29	2·18	2·07	2·01	1·94	1·88	1·80	1·72	1·64
60	5·29	3·93	3·34	3·01	2·79	2·63	2·51	2·41	2·33	2·27	2·17	2·06	1·94	1·88	1·82	1·74	1·67	1·58	1·48
120	5·15	3·80	3·23	2·89	2·67	2·52	2·39	2·30	2·22	2·16	2·05	1·94	1·82	1·76	1·69	1·61	1·53	1·43	1·31
∞	5·02	3·69	3·12	2·79	2·57	2·41	2·29	2·19	2·11	2·05	1·94	1·83	1·71	1·64	1·57	1·48	1·39	1·27	1·00

付　表

付表6　r　表

$r(\phi, P)$

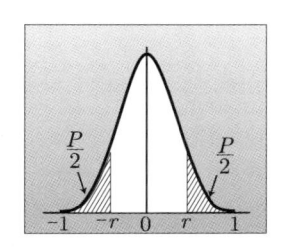

$\begin{pmatrix}\text{自由度 }\phi\text{ と両側確率 }P\\ \text{とから }r\text{ を求める表}\end{pmatrix}$

ϕ＼P	0·10	0·05	0·02	0·01
10	·4973	·5760	·6581	·7079
11	·4762	·5529	·6339	·6835
12	·4575	·5324	·6120	·6614
13	·4409	·5140	·5923	·6411
14	·4259	·4973	·5742	·6226
15	·4124	·4821	·5577	·6055
16	·4000	·4683	·5425	·5897
17	·3887	·4555	·5285	·5751
18	·3783	·4438	·5155	·5614
19	·3687	·4329	·5034	·5487
20	·3598	·4227	·4921	·5368
25	·3233	·3809	·4451	·4869
30	·2960	·3494	·4093	·4487
35	·2746	·3246	·3810	·4182
40	·2573	·3044	·3578	·3932
50	·2306	·2732	·3218	·3542
60	·2108	·2500	·2948	·3248
70	·1954	·2319	·2737	·3017
80	·1829	·2172	·2565	·2830
90	·1726	·2050	·2422	·2673
100	·1638	·1946	·2301	·2540

参 考 文 献

(A) 統計的推測の基礎を学ぶための本

[1] 稲垣宣生：『数理統計学』，裳華房，1990．
[2] 久米　均：『統計解析への出発』，岩波書店，1989．
[3] 近藤良夫，安藤貞一（編）：『統計的方法百問百答』，日科技連出版社，1967．
[4] 繁桝算男，柳井晴夫，森　敏昭（編著）：『Q＆Aで知る統計データ解析 DOs and DON'Ts』，サイエンス社，1999．
[5] 白旗慎吾：『統計解析入門』，共立出版，1992．
[6] 竹村彰道：『統計』，共立出版，1997．
[7] 永田　靖：『入門統計解析法』，日科技連出版社，1992．
[8] 永田　靖：『統計的方法のしくみ』，日科技連出版社，1996．
[9] 服部　環，海保博之：『Q＆A心理データ解析』，福村出版，1996．
[10] 宮川雅巳：『統計技法』，共立出版，1998．
[11] 棟近雅彦，奥原正夫，日本科学技術研修所：『SQC入門 QC七つ道具，検定・推定編』，日科技連出版社，1999．

(B) 本書と同じ程度のレベルの多変量解析の本

[12] 朝野熙彦：『入門多変量解析の実際』，講談社，1996．
[13] 圓川隆夫：『多変量のデータ解析』，朝倉書店，1988．
[14] 圓川隆夫，宮川雅巳：『SQC理論と実際』，朝倉書店，1992．
[15] 大滝　厚，堀江宥治，D.Steinberg：『応用2進木解析法』，日科技連出版社，1998．
[16] 大野高裕：『多変量解析入門』，同友館，1998．
[17] 奥野忠一，片山善三郎，上郡長昭，伊藤哲二，入倉則夫，藤原信夫：『工業における多変量データの解析』，日科技連出版社，1986．
[18] 狩野　裕：『AMOS, EQS, LISRELによるグラフィカル多変量解析』，現代数学社，1997．
[19] 久米　均，飯塚悦功：『回帰分析』，岩波書店，1987．
[20] 栗原考次：『データとデータ解析』，放送大学教育振興会，1996．
[21] 田中　豊，脇本和昌：『多変量統計解析法』，現代数学社，1983．

- [22] 日本科学技術研修所:『JUSE-MA による多変量解析』, 日科技連出版社, 1997.
- [23] 日本品質管理学会テクノメトリックス研究会(編):『グラフィカルモデリングの実際』, 日科技連出版社, 1999.
- [24] 本多正久, 島田一明:『経営のための多変量解析』, 産能大学出版部, 1977.
- [25] 三土修平:『初歩からの多変量統計』, 日本評論社, 1997.
- [26] 柳井晴夫, 高根芳雄:『多変量解析法』, 朝倉書店, 1977.
- [27] 吉澤 正, 芳賀敏郎(編):『多変量解析事例集(第1集)』, 日科技連出版社, 1992.
- [28] 吉澤 正, 芳賀敏郎(編):『多変量解析事例集(第2集)』, 日科技連出版社, 1997.
- [29] 渡部 洋(編著):『心理・教育のための多変量解析法入門−基礎編−』, 福村出版, 1988.

(C) 本書よりやや高いレベルの多変量解析の本

- [30] 浅野長一郎, 江島伸興:『基本多変量解析』, 日本規格協会, 1996.
- [31] 奥野忠一, 久米 均, 芳賀敏郎, 吉澤 正:『多変量解析法』, 日科技連出版社, 1971.
- [32] 奥野忠一, 芳賀敏郎, 矢島敬二, 奥野千恵子, 橋本茂, 古河陽子:『続多変量解析法』, 日科技連出版社, 1976.
- [33] 佐和隆光:『回帰分析』, 朝倉書店, 1979.
- [34] 田中 豊, 垂水共之(編):『Windows 版統計解析ハンドブック(多変量解析)』, 共立出版, 1995.
- [35] 丹後俊郎, 山岡和枝, 高木晴良:『ロジスティック回帰分析』, 朝倉書店, 1996.
- [36] S. チャタジー, B. プライス著, 佐和隆光, 加納 悟訳:『回帰分析の実際』, 新曜社, 1981.
- [37] 豊田秀樹:『共分散構造分析(入門編)』朝倉書店, 1998.
- [38] 豊田秀樹:『共分散構造分析(応用編)』朝倉書店, 2000.
- [39] 水野欽司:『多変量データ解析講義』, 朝倉書店, 1996.
- [40] 宮川雅巳:『グラフィカルモデリング』, 朝倉書店, 1997.

索　引

あ 行

アイテム　14
1 元配置分散分析　30, 93
一次従属　35
一次独立　35
因子得点　198
因子負荷量　140, 199
因子分析　197
上側 $100P\%$ 点　23, 25
ウォード法　181
AID　213
エッカート-ヤング分解　172
F 分布　24
MDS　164
重み付き平均　181

か 行

回帰係数　50
回帰による平方和　48, 69
回帰母数　44
回帰モデル　63
階数　36
回転の不定性　202
χ^2（カイ 2 乗）分布　23
確率分布　17
確率密度関数　17
カテゴリー　14
CART　213
間隔尺度　1
間接効果　191
擬似相関　188, 191
期待値　18
期待度数　14
基本統計量　11
逆行列　34
逆 z 変換　29
級間平方和　16
級内平方和　16
共通因子　198
共通性　201
共分散　13, 21
共分散選択　197
行列　32
行列式　34

寄与率　16, 48, 70, 81, 91, 95, 139, 161, 203, 209
区間推定　25
鎖効果　181
クラスカルの方法　166
クラスター　174
クラスター分析　10, 174
グラフィカルモデリング　191
クラメールの連関係数　15
群平均法　180
計量 MDS　164
決定係数　70, 81
検定　25
検定統計量　25
交互作用　213
交差負荷量　210
項目　14
誤判別の確率　104, 113, 123, 128
固有値　37, 136, 158
固有ベクトル　37, 136, 158
固有方程式　37

さ 行

最急降下法　167
最終グループ　215
最小 2 乗法　45, 57, 84
最短距離法　177, 180
最長距離法　180
残差　46, 52, 63, 74, 79, 82
残差平方和　46, 57, 63, 79, 90
残差ベクトル　57
サンプルスコア　162
シェパードダイアグラム　168
質的変数　1
主因子法　201
重回帰分析　2, 61
重回帰モデル　62, 79, 83

重心　181
重心法　181
修正項　16
重相関係数　69, 81
自由度調整済寄与率　49, 70, 81, 91, 95
自由度調整済決定係数　70
周辺確率密度関数　20
集落　174
樹形図　178
主成分　134
主成分得点　141
主成分分析　6, 132
順序尺度　1, 166
条件付き独立　195
冗長性係数　210
親近性データ　164
信頼率　25
数量化 1 類　3, 87
数量化 3 類　7, 152
数量化 2 類　5, 119
スカラー量　34
スコア　102
ストレス　165
スペクトル分解　38, 150, 205
正規分布　18
正規方程式　46, 64
正準相関係数　206
正準相関分析　206
正準負荷量　209
正準変数　206
正定値行列　37
正の相関　13
成分　155
正方行列　34
z 変換　28
説明変数　44
説明変数の選択　71, 81, 92, 96
線形構造方程式　190
線形判別関数　102
潜在因子　197
相関係数　13
相関係数行列　136

索引

相関の分解　190
相関比　16
総合効果　191
総平方和　16

た 行

第 1 主成分　135
対角化　38
対称行列　33
多次元尺度構成法　8, 164
多重共線性　67
多段層別分析　212
多変量データ　1
ダミー変数　89, 120
単位行列　34
単回帰分析　43
単回帰モデル　44, 56
直接効果　191
直交　34
直交行列　36
停止規則　215
t 値　52, 74, 82
t 分布　24
テコ比　52, 74
点推定量　25
デンドログラム　178
同時確率密度関数　20
ドガーソンの方法　171
独自因子　199
独自性　201
独立　21
独立グラフ　195
トレース　36

な 行

内積　33
2 次形式　37
2 次正規分布　22
2 次元分布　20
2 進木解析法　213

は 行

パス解析　186
パス係数　189
パスダイアグラム　189
ハット行列　59
パラメータ　18
バリマックス基準　203

範囲　11
反応　153
判別得点　102
判別表　105, 114, 123, 128
判別分析　4, 99
判別方式　100, 107, 120, 126
ピアソンの χ^2 統計量　14
非計量 MDS　164
ヒストグラム　18
非負定値行列　37, 141
微分　39
標準化　12, 19
標準化残差　52, 73, 82
標準正規分布　19
標準偏回帰係数　186
標準偏差　11
比率尺度　1
負の相関　13
分割図　213
分割表　14
分割表による独立性の検定　29
分散　11, 18
分散共分散行列　22
分散比　50, 71
分散分析　16
分散分析表　29, 93
分類　174
平均　11
平方和　11
平方和の分解　16, 48, 69
べき等行列　42
ベクトル　32
偏回帰係数　66, 186
偏差積和　13
変数　1
変数減少法　71
変数スコア　162
変数選択　71, 81, 92, 96, 106, 115, 124, 129
変数増加法　71
変数増減法　71, 82
偏相関係数　188

変量　1
母回帰　54, 77
母集団分布　18
母数　18
母相関係数　21
母分散　18
母分散共分散行列　40
母平均　18
母平均ベクトル　22
母偏相関係数　192
母偏相関係数行列　192

ま 行

マハラノビスの距離　74, 82, 100, 107, 120, 126
マハラノビスの汎距離　109
見せかけの相関　188
未定乗数　136, 156
ミンコフスキー距離　166
ミンコフスキー定数　167
無相関　13
無相関の検定　28
無名数　187
名義尺度　1
目的変数　44

や 行

有意　25
有意水準　25
ユークリッド距離　176, 179
予測　55
予測値　46, 63, 90

ら 行

ラグランジュの未定乗数法　135, 147, 156
ランク　36
両側 $100P\%$ 点　24, 28
量的変数　1
類似性　164
累積寄与率　140, 161, 204, 210
累積冗長性係数　210
レベレッジ　52, 74

著者略歴

永田　靖（ながた　やすし）

現　在　早稲田大学理工学部教授　工学博士

主要著書

入門統計解析法（日科技連出版社，1992 年）
統計的方法のしくみ（日科技連出版社，1996 年）
統計的多重比較法の基礎（共著，サイエンティスト社，1997 年）
グラフィカルモデリングの実際（共著，日科技連出版社，1999 年）
入門実験計画法（日科技連出版社，2000 年）
SQC 教育改革（日科技連出版社，2002 年）
サンプルサイズの決め方（朝倉書店，2003 年）

棟近雅彦（むねちか　まさひこ）

現　在　早稲田大学理工学部教授　工学博士

主要著書

統計学の基礎と実践（日本臨床衛生検査技師会，1995 年）
TQM21 世紀の総合「質」経営（共著，日科技連出版社，1998 年）
ISO9000s, 2000 年改訂でこう変わる（共著，日経 BP 社，1999 年）
SQC 入門 QC 七つ道具，検定・推定編（共著，日科技連出版社，1999 年）
SQC 入門 実験計画法編（共著，日科技連出版社，2000 年）

ライブラリ新数学大系＝E20

多変量解析法入門

2001 年 4 月 10 日 ⓒ		初版発行
2005 年 2 月 25 日		初版第 5 刷発行

著　者　永田　靖　　　　発行者　森平勇三
　　　　棟近雅彦　　　　印刷者　篠倉正信
　　　　　　　　　　　　製本者　関川　弘

発行所　　株式会社　サイエンス社

〒151-0051　東京都渋谷区千駄ヶ谷 1 丁目 3 番 25 号
営業　☎ (03) 5474-8500 （代）　振替 00170-7-2387
編集　☎ (03) 5474-8600 （代）
FAX　☎ (03) 5474-8900

印刷　　（株）ディグ　　　　製本　関川製本所

《検印省略》

本書の内容を無断で複写複製することは，著作者および出版者の権利を侵害することがありますので，その場合にはあらかじめ小社あて許諾をお求め下さい．

ISBN4-7819-0980-9
PRINTED IN JAPAN

サイエンス社のホームページのご案内
http://www.saiensu.co.jp
ご意見・ご要望は
rikei@saiensu.co.jp　まで．